光电信息科学与工程系列教材

U0396413

光电信息技术实验

GUANGDIAN XINXI JISHU SHIYAN

主　编　文尚胜

副主编　谢嘉宁　姚日晖

编　者　陈国杰　王　丹　李　斌　吴为敬

　　　　苏志锟　覃东欢　郑奕娜　蒋富裕

华南理工大学出版社

SOUTH CHINA UNIVERSITY OF TECHNOLOGY PRESS

·广州·

图书在版编目（CIP）数据

光电信息技术实验/文尚胜主编 . —广州：华南理工大学出版社，2018.9
光电信息科学与工程系列教材
ISBN 978 – 7 – 5623 – 5478 – 9

Ⅰ.①光…　Ⅱ.①文…　Ⅲ.①光电子技术 – 信息技术 – 实验 – 高等学校 – 教材
Ⅳ.①TN2 – 33

中国版本图书馆 CIP 数据核字（2018）第 025602 号

光电信息技术实验

文尚胜　主编　　谢嘉宁　姚日晖　副主编

出 版 人：卢家明
出版发行：华南理工大学出版社
　　　　　（广州五山华南理工大学 17 号楼，邮编 510640）
　　　　　http：//www. scutpress. com. cn　　E-mail：scutc13@ scut. edu. cn
　　　　　营销部电话：020 – 87113487　87111048（传真）
责任编辑：袁　泽
印 刷 者：广州星河印刷有限公司
开　　本：787mm×1092mm　1/16　印张：17.5　字数：437 千
版　　次：2018 年 9 月第 1 版　2018 年 9 月第 1 次印刷
定　　价：55.00 元

前　言

　　现代光电信息技术是光学技术、光电子技术、微电子技术、信息技术、光信息技术、计算机技术、图像处理技术等相互交叉、相互渗透和相互结合的产物，是多学科综合技术。它研究以光波为信息载体，通过对光波实施控制、调制、传感、转换、存储、处理和显示等技术手段，获取所需要的信息。其研究内容包括光的辐射、传输、探测，光与物质的相互作用，以及光电信息的转换、存储、处理与显示等。光电信息技术是一门实践性很强的学科，不仅要求学生牢固掌握光电信息技术基础知识与基本实验技能，具有很强的动手能力，同时也要求学生具备一定的科学研究素养，掌握科学的实验研究方法。

　　实验是科学研究中最基础，也是最重要的研究方法。根据科学研究的目的，人为地变革、控制或模拟研究对象，使某些事物（或过程）发生或再现，从而观察和探索科研对象的运行规律和机制。光电信息技术实验课程，旨在通过实验教学来增强学生的实验基本技能，掌握光电信息技术设计、分析方法，从而培养和提高学生分析和解决问题的能力以及创新能力，实现学生科学素养的提升。

　　本书建立了由绪论和54个实验项目组成的课程内容。绪论，系统介绍了光电信息技术实验的目的和意义、实验规程和实验报告的科学写法。54个实验分为两部分：验证性实验和虚拟仿真实验，涵盖光学实验、显示与驱动技术实验、半导体照明技术实验、太阳能电池技术实验、光电传感技术实验和虚拟仿真实验等六个类别。本书以光电信息技术的理论知识为基础，综合了光、机、电、算等手段，实现了理论与实践教学的结合，可以帮助学生理解和掌握光电信息技术实验的原理、方法和技能。

　　限于作者水平，书中难免有不妥和错误之处，恳请广大读者批评指正。

编　者

2017 年 12 月

目　录

第二部分　虚拟仿真实验

绪　论

0.1　光电信息技术实验的目的和意义

我国著名物理学家冯端提出"实验室是现代大学的心脏"，本科专业实验室是本科实践教学的重要支撑，是培养大学生创新能力的重要场所。光电信息技术实验是促进光电科学技术发展的重要手段。一方面，光电技术基本理论有许多来源于科学实验中获得的重要启示，并通过实验得到验证；另一方面，通过科学实验可以揭示光电现象的内在规律，并发现光电技术理论的不足，从而促进光电技术理论的进一步完善和发展。

光电信息技术是一门实践性很强的学科。实验教学是整个教学活动中的一个重要环节，是理论课教学无法替代的，它在培养学生工程素质和实践能力方面有其特有的作用。实验教学的基本任务是系统地传授科学实验的理论和基础知识、实验技术、实验方法和实验设计思想。在此基础上，通过实验训练，培养学生的综合实践能力，以及严肃的科学态度、严格的科学实验规划、严谨的科学思维习惯和强烈的创新意识。通过综合性实验和设计性实验，开阔学生视野，培养学生的光电工程设计能力、解决实际问题的能力和创新思维能力。

本实验课程的教学目标和任务，是通过大量的光电技术验证性、设计性基本实验，使学生加深理解光电信息技术的基本理论，形成科学的实验思想，熟练掌握光电信息技术的基本测试原理、基本实验原理、仪器操作技能，以及对实验数据、实验现象和误差进行科学处理与分析，并能撰写出合格的实验报告；培养和提高学生光电信息技术的设计能力，以及解决光电信息技术中的实际问题的能力和创新能力，为今后运用光电信息技术的思想和方法，解决实际中的光电工程问题打好基础。

0.2　光电信息技术实验规程

为确保实验的顺利进行，保障同学们的人身安全，避免损坏实验仪器，要求同学们必须严格地遵守下列实验规则，听从实验老师的指导，有秩序、有步骤地做好实验。

（一）实验前的预习工作

实验前的准备，是保证实验顺利进行并取得满意结果的重要步骤。

（1）认真阅读实验教材和必要的参考资料，掌握实验的基础知识，理解实验的理论依据。实验指导书后面的附录，可能包括实验设备使用说明书、部件说明书、软件使用说明书等，这些是完成实验的重要参考资料，必须认真阅读。

（2）了解所用实验仪器设备的工作原理、工作条件和操作规范。

（3）明确实验目的，了解实验原理、实验内容、实验方法、实验步骤和注意事项，并估计可能出现的问题。

（4）写出预习报告，包括实验名称、实验目的、实验仪器、实验原理、实验步骤和实验数据记录表格等。

（二）进入实验室的实验工作

学生进入实验室上课，必须携带实验教材、预习报告及记录本等，仔细听取指导教师的讲解后，才可开始实验。实验过程中应做到以下几点：

（1）必须保持实验室安静、整洁，不许高声谈笑、乱抛纸屑和随地吐痰。

（2）在实验开始之前，要充分了解所用仪器、设备的性能，以及正确的操作规程和仪器正常的工作条件（水平、铅直、工作电压、光照等），切勿盲目操作。

（3）在安装实验装置前，先断开电源和光信号源。实验装置安装完毕应认真检查，确定无误后，再请实验指导老师检查。检查完毕后，方可按要求合上电源，按实验步骤进行实验。严禁擅自更改实验系统或实验电路，如果确需变更，应及时请教指导老师，征得同意后方可实施。否则，可能会损坏实验仪器或配件，甚至造成安全事故。

（4）实验时，应集中精力，认真按实验指导老师规定的内容与操作步骤进行实验，不得改变实验步骤和内容，不得改变计划进行实验。

（5）要爱护实验仪器设备。所有与实验仪器相关的线缆，应该在断电情况下进行连接，严禁带电插拔连接线缆。在实验过程中，如遇到突发事故（跳闸断电等）或者出现异常现象时，应立即切断电源，经指导老师查明故障后，方可继续实验。

（6）实验时，切勿随意触摸裸露导线，以免触电。当一步实验完成或更换元件，应切断电源后再做下一步实验。在使用高压电源时，应注意高压电容的放电需要一定的时间，要待电容放电结束后才能进行下一步实验。

（7）读取实验数据时，一般要估读到最小分度的1/10或1/5。并切实记录好实验原始数据，注意实验现象的观测和分析。

（8）实验结束时，要将实验装置恢复原状，关掉电源（简称关机），并整理清洁仪器设备与台面，经指导老师同意后，方可离开实验室。

0.3　实验报告的撰写

实验报告是实验工作的全面总结，有助于理解和掌握实验原理和理论。实验结束后，要简明扼要地将实验结果完整并真实地表达出来。

（一）撰写实验报告的要求

（1）文理通顺、简明扼要、字迹端正、图标清晰、尊重原始数据、分析合理。

（2）实验报告应采用格式规范化的书写纸，曲线绘制用坐标纸，曲线必须注明坐标、量纲、比例。

（3）必须填写好实验日期、班级、组别、学号、姓名及同组者姓名。

（二）实验报告内容

（1）实验题目和实验目的。

（2）实验原理：包括实验的理论根据、必要的公式和必要的原理示意图。

（3）实验装置和器件：包括实验装置布置、测量仪器和测试样品等。

（4）实验步骤：主要写实验过程中的测试方法、简要的测试步骤和发现的现象，特别要注意新的实验现象。

（5）实验数据处理：实验数据必须详细、准确，必须有原始数据。数据记录要求列成表格，计算过程应写出计算公式、简明的计算过程以及计算结果等。除特殊需要外，实验数据一般都不应存在无效数。合理评价计算结果，估算结果的误差范围。

（6）实验结论和讨论：要说明本次实验是否达到了实验目的。例如，欲测某物理量，测出结果是多少、误差有多大、有多大使用价值等等。

第一部分　验证性实验

第1章　光学实验

实验1.1　偏振光的产生和检验

一、实验目的

（1）熟悉常用偏振器件的工作原理和使用方法；
（2）掌握利用波片获得（或检测）圆偏振光与椭圆偏振光的原理和方法。

二、实验原理

光的电磁理论指出，光波是一种横波。如果光矢量的振动方向在传播过程中保持不变，只是其大小随位相改变，这种光称为线偏振光。如果光在传播过程中，光矢量绕传播方向均匀转动，而其大小不变，则光矢量端点的轨迹是一个圆，这种光称为圆偏振光。如果光矢量的大小和方向在传播过程中都有规律地变化，光矢量端点的轨迹是一个椭圆，称为椭圆偏振光。

普通光源发出的光可以看作是具有一切可能振动方向的许多光波的总和，这些振动同时存在或迅速而无规则地互相替代着，这种光称为自然光。

自然光在传播过程中，如果受到外界的作用，造成在各个振动方向上的强度不等，使某一方向的振动比其它方向占优势，这种光称为部分偏振光。部分偏振光可以看作是由一个线偏振光和一个自然光混合而成，其中线偏振光的强度为 $I_p = I_{max} - I_{min}$，它在部分偏振光的总强度（$I_t = I_{max} + I_{min}$）中所占的比率 p 称为偏振度，即

$$p = \frac{I_p}{I_t} = \frac{I_{max} - I_{min}}{I_{max} + I_{min}} \qquad (1.1-1)$$

对于自然光，各方向的强度相等，故 $p = 0$；对于线偏振光，$p = 1$；其它情况下的 p 值都小于1。偏振度的数值愈接近1，光的偏振化程度愈高。

从自然光获得线偏振光的方法，归纳起来有以下四种：
①利用反射和折射；
②利用二向色性；
③利用晶体的双折射；
④利用散射。
在本实验中，将着重熟悉前三种方法。

利用线偏振器和 $\frac{1}{4}$ 波片，可组成圆偏振器和椭圆偏振器，用以产生圆偏振光和椭圆偏振光。

线偏振光通过与快轴（或慢轴）夹角为 α 的 $\frac{1}{2}$ 波片后，仍为线偏振光，但光矢量的

方向要向快轴（或慢轴）方向旋转 2α 角。

线偏振器用来从自然光获得线偏振光时，称为起偏器；用来检测线偏振光时，称为检偏器。将垂直于被检光束传播方向放置的检偏器旋转一周，若观察到两次消光现象，则被检光束为线偏振光。

将 $\frac{1}{4}$ 波片与检偏器配合使用，可以检测圆偏振光、自然光、椭圆偏振光与部分偏振光。

例如，让被检光束正入射到 $\frac{1}{4}$ 波片上，将检偏器旋转一周，若出现两次消光现象，说明透过 $\frac{1}{4}$ 波片的是线偏振光，则被检测的入射光为圆偏振光。若旋转检偏器一周无光强变化，则被检测的入射光为自然光。

若旋转检偏器一周，虽有光强变化但无消光现象出现，则被检测的入射光或为椭圆偏振光或为部分偏振光。

区分椭圆偏振光和部分偏振光时，首先不加 $\frac{1}{4}$ 波片，将检偏器旋转一周，确定透射光强的最大位置。然后将 $\frac{1}{4}$ 波片插在被检测光波与检偏器之间，调节波片的快轴（或慢轴）与透射光强最大的方向一致，然后再旋转检偏器一周。若出现两次消光，则被检测的光波为椭圆偏振光；若透过检偏器的光强虽有变化但无消光现象，则被检光波为部分偏振光。

按照下述方法，可以检测椭圆偏振光的旋向。先使检偏器的透光轴方向与被测椭圆偏振光的长轴（或短轴）平行，再在被检测椭圆偏振光与检偏器之间加入一 $\frac{1}{4}$ 波片，并使 $\frac{1}{4}$ 波片的快轴（或慢轴）与被检测椭圆偏振光的长轴（或短轴）一致。然后将检偏器向着光强减小并达到消光的方向旋转，该旋转方向即为被检测椭圆偏振光的旋向。

三、实验仪器和装置

人造偏振片、波片、玻璃片堆、白炽灯、钠光灯、汞灯、He - Ne 激光器、光电转换器、分光计、偏光显微镜、光具座等。

四、实验内容及步骤

1. 布鲁斯特定律及应用

由反射和折射产生线偏振光，如图 1.1 - 1a 所示，一束平行自然光投射到两种不同介质（如空气和玻璃）的分界面上，若入射角 θ_i 满足条件

$$\tan \theta_i = n \qquad\qquad (1.1 - 2)$$

则反射光中只有 s 分量，这个结果称为布鲁斯特定律。式（1.1 - 2）称为布鲁斯特公式，式中的入射角 θ_i 表示为 θ_B，称为布鲁斯特角。

从式（1.1 - 2）可看出，利用布鲁斯特定律，不仅可以获得线偏振光，还可以用来

测定介质的折射率。如图 1.1 − 1b 所示，将起偏器套在分光计平行光管的物镜上，检偏器套在自准直望远镜的物镜上，检测器采用光电池。偏振器的透光轴方向已事先确定，指示偏振器透光轴方向的分度盘最小格值为 1°。

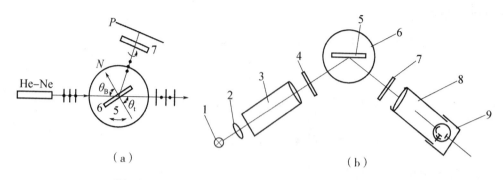

图 1.1 − 1　应用布鲁斯特定律获得偏振光的实验装置

1—光源；2—会聚透镜；3—平行光管；4—起偏器；5—待测样品；6—分光计平台；7—检偏器；8—在物镜焦面上装有狭缝的望远镜；9—光电池

1）观察起偏现象，测量介质折射率

将待测介质放在分光计平台上，使由平行光管射出的光以 θ_i 角入射到待测介质的表面上，调节起偏器使其透光轴平行于入射面。调节检偏器透光方向也与入射面平行。不改变 θ_i，同时旋转望远镜，直到 $\theta_i = \theta_B$，光电池的输出为零时为止。这表示 R_p 已为零，满足布鲁斯特定律。由式（1.1 − 2）可计算出被测介质的折射率 n。

2）利用反射光光矢量和入射面法线的夹角 ψ_r 与入射角 θ_i 的关系曲线确定 θ_B

从反射率 R_s、R_p 随入射角 θ_i 变化的曲线看出：在布鲁斯特角 θ_B 附近，P 分量的光强很小，并随入射角缓慢变化，因此，利用光强变化直接测量 θ_B 误差很大。正如下面分析指出的那样，若改用 $\psi_r - \theta_i$ 曲线来确定 θ_B 则可提高测量精度。

由菲涅耳公式知道，线偏振光经介质界面反射后仍为线偏振光，但振动面要发生旋转。设入射、反射线偏振光光矢量方向与入射面法线的夹角分别为 ψ_i 和 ψ_r，如图 1.1 − 2a 所示，则

$$\tan \psi_r = \frac{E_p^{(r)}}{E_s^{(r)}} = \frac{r_p E_p^{(i)}}{r_s E_s^{(i)}} = -\frac{\cos(\theta_i + \theta_t)}{\cos(\theta_i - \theta_t)} \tan \psi_i \qquad (1.1 − 3)$$

图 1.1 −2b 画出了以 $\tan\psi_i$ 为参变量，θ_i 为自变量的 $\psi_r - \theta_i$ 曲线。

$\psi_r - \theta_i$ 曲线有以下特点：

（1）当 $\theta_i = \theta_B$ 时，$\psi_r = 0$，因而 $r_p = 0$，满足布鲁斯特定律。

（2）入射角 θ_i 由 θ_B 的一侧变到另一侧时，ψ_r 改变符号，表明在 θ_B 的两侧，反射光有 π 位相突变。

（3）$\frac{E_p^{(i)}}{E_s^{(i)}}$ 越大，在 θ_B 附近，ψ_r 随 θ_i 的变化也越大。因此，用 $\frac{E_p^{(i)}}{E_s^{(i)}}$ 较大的入射光波来确定 θ_B，灵敏度最高。

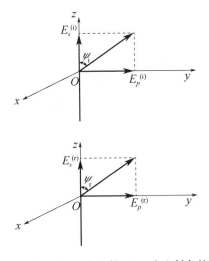
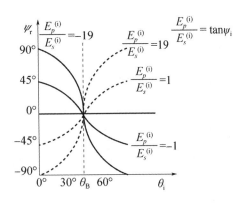

（a）xy 为入射面，z 为入射角的法线　　　（b）以 $\tan\psi_i$ 为参变量的 $\psi_r - \theta_i$ 曲线

图 1.1 - 2　ψ_r 定义及 $\psi_r - \theta_i$ 曲线

　　实验时，旋转起偏器，使起偏器透光轴与入射面法线方向之间的夹角 ψ_r 在 80°～87° 之间，记下所取的 ψ_i 值。对不同的入射角 θ_i，旋转检偏器，使其透光轴分别平行和垂直于入射面法线方向，测出相应的 R_s 和 R_p 值，利用

$$\psi_r = \tan^{-1}\left(\sqrt{\frac{R_p}{R_s}} \tan\psi_i\right) \tag{1.1 - 4}$$

计算 ψ_r，作出 $\psi_r \sim \theta_i$ 曲线。该曲线与横坐标轴的交点就是所求的 θ_B 值。将 θ_B 代入式（1.1-2）求出 n 值，并和用前一方法求出的 n 值进行比较。

　　3）用玻璃片堆获得线偏振光

　　利用布鲁斯特定律，当入射角 $\theta_i = \theta_B$ 时，从两介质的分界面上获得的反射光，尽管是完全线偏振光，但光强很小。如图 1.1 - 3 所示，让自然光通过由 N 片薄玻璃片组成的玻璃片堆，当 $\theta_i = \theta_B$ 时，反射光与透射光都是偏振度很高而强度又接近相等的线偏振光。若不考虑玻璃片堆的吸收及在同一分界面上的多次反射，则光矢量垂直于入射面分量的透射率约为

$$T_s = (1 - R_s)^{2N} \tag{1.1 - 5}$$

式中，R_s 是在 $\theta_i = \theta_B$ 时，垂直分量在一个分界面上反射一次的反射率。

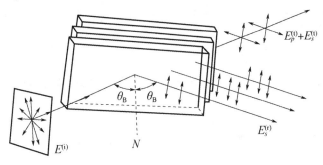

图 1.1 - 3　玻璃片堆的反射与透射

将 $N = 5$，10，15 的玻璃片堆依次放到分光计的载物平台上。取去平行光管物镜前的起偏器，使自然光以 $\theta_i = \theta_B$ 入射到玻璃片堆的表面上，如图 1.1-3 所示，调节望远镜以使透射光束处于正入射状况，旋转检偏器一周，记录所测量的最大光强 $I_{\max}$ 和最小光强 $I_{\min}$，代入式（1.1-1）求出透射光的偏振度 p。透射光强的最小值 $I_{\min}$ 实为透射光的 $I_s^{(t)}$，测出入射光中 s 分量的 $I_s^{(i)}$，得到 $T_s = \dfrac{I_s^{(t)}}{I_s^{(i)}}$，将实测的 T_s 与由式（1.1-5）给出的 T_s 进行比较，讨论并将分析结果写入实验报告。

2. 波片及其作用（以下实验在光具座上完成）

1）$\dfrac{1}{2}$ 波片（$\lambda_0 = 589.3\text{nm}$）对线偏振光的作用

根据所学知识，自己设计一个实验，验证 $\dfrac{1}{2}$ 波片对线偏振光的作用，要求写出主要实验仪器及实验步骤，并按步骤完成实验。自己设计实验数据表格，记录实验数据并分析实验结果。

2）椭圆偏振光的产生与检测

（1）将起偏器 P_1、检偏器 P_2 的透光轴调至正交。在 P_1 与 P_2 之间插入 $\dfrac{1}{4}$ 波片（$\lambda_0 = 589.3\text{nm}$），使其旋转 $360°$，用以校正波片主轴方位，观察消光现象的次数，并解释之。

（2）依次调节 $\dfrac{1}{4}$ 波片的快轴方向与 P_1 的透光轴方向之间的夹角 $\alpha = 15°$、$30°$、$45°$、$60°$、$75°$、$90°$，将 P_2 旋转一周，观察透过 P_2 的光强变化。确定相应的偏振态，理论分析其旋向并用实验证明之。实验结果填入下表并画出椭圆示意图。

$\dfrac{1}{4}$ 波片转动角度	检偏器转动一周 透射光强变化情况	透射光的偏振态
15°		
30°		
45°		
60°		
75°		
90°		

（3）给定两个波片，只知道一个是 $\dfrac{1}{2}$ 波片，另一个是 $\dfrac{1}{4}$ 波片，外形完全一样，因标记脱落无法辨认，试设计一实验方法将它们区别开，画出示意图并说明工作原理。

五、思考题

（1）利用布鲁斯特定律测量介质的折射率时，对光源的照明方式有什么要求？为什么？

（2）何谓波片？如何确定波片的快轴（或慢轴）方向？

实验1.2 晶体双折射实验

一、实验目的

了解方解石的双折射现象。

二、实验原理

原子（离子或分子）呈空间周期性排列的固体称为晶体。某些天然晶体，如方解石、石英等，呈规则的多面体外形。这种整体上保持空间有序结构的晶体称为单晶体。一般单晶体具有空间各向异性。方解石和石英是两种常用的光学晶体。方解石又名冰洲石，其化学成分是碳酸钙（$CaCO_3$）。

让一束光由空气射到某些各向异性的晶体表面，一般情况下，在晶体内将产生两束折射光，这种现象称为双折射。

将一块方解石晶体放在一张字母表上，则可以通过它看到每个字母的双像。

同一束入射光在双折射晶体内所产生的两束折射光中，其中一束光遵从折射定律，而另一束光一般情况下并不遵从折射定律，即其折射线一般不在入射面内，并且当两种介质一定时，$\sin i_1/\sin i_2$ 随入射角的改变而变化。遵从折射定律的光称为寻常光，简称 o 光，不遵从折射定律的光称为非寻常光，简称 e 光。让一束自然光正入射方解石晶体的某一表面，可以发现 o 光沿原入射方向在方解石内传播，而 e 光一般会偏离原入射方向；而且 e 光的传播方向不仅取决于入射光的方向，还与晶体的取向有关。以入射线为轴旋转方解石，则在屏幕上看到 e 光的光线绕 o 光的光线旋转。

利用检偏器来观察，可发现 o 光和 e 光都是线偏振光，但是它们的光矢量的振动方向各不相同。o 光光矢量的振动方向垂直于 o 光主平面，e 光光矢量的振动方向则在 e 光的主平面内。

三、实验仪器

激光器、方解石晶体、放大镜、投影屏、支架、底座、偏振片。

四、实验内容及步骤

（1）将方解石晶体固定在可转动支架上，打开激光器，让一束激光射向方解石晶体时，在方解石后方的投影屏上出现两个激光斑。

（2）转动支架，其中一个激光斑会旋转，并且强度会变化。

（3）利用偏振片检测激光通过方解石后的两束光的偏振状态，确定 o 光和 e 光偏振方向的关系。

五、注意事项

（1）不能用手触摸方解石晶体。

（2）要小心，不要打碎方解石晶体。

六、思考题

（1）什么是双折射现象？

（2）如何区分寻常光和非寻常光？

实验1.3　衍射光栅分光特性测量

一、实验目的

（1）了解光栅的分光原理及主要特性；

（2）掌握测量光栅分光特性的实验方法。

二、实验原理

衍射光栅最重要的应用是用作分光元件，熟悉其分光原理及主要特性，是正确使用光栅的基础，下面介绍光栅在这方面的性质。

从衍射理论可知，在多缝夫琅和费衍射条件下，光栅方程的普遍形式为

$$d\ (\sin i \pm \sin \theta) = m\lambda \quad |m| = 0, 1, 2, \cdots \tag{1.3-1}$$

式中，d 为光栅常数；i 为入射角；θ 为衍射角；λ 为入射光波长；m 为光谱级次；"＋"号对应于入射光与衍射光处在光栅法线的同侧；"－"号对应于入射光与衍射光分处在光栅法线的两侧。

由式（1.3-1）可看出，当用多色光照明时，不同波长的同一级谱线，除零级外，均不重合，即发生"色散"，这就是光栅的分光原理。利用光栅方程式可以导出光栅分光特性的表示式。

1. 光栅的色散本领

光栅的色散本领通常用角色散与线色散表示。

角色散：波长差为单位波长的两谱线分开的角距离称为光栅的角色散。当入射角一定时，对式（1.3-1）求微分得到角色散的表示式为

$$\frac{\mathrm{d}\theta}{\mathrm{d}\lambda} = \frac{m}{d \cos \theta} \tag{1.3-2}$$

线色散：聚焦物镜焦面上波长差为单位波长的两条谱线分开的距离称为线色散。线色散表示式为

$$\frac{\mathrm{d}l}{\mathrm{d}\lambda} = f \frac{\mathrm{d}\theta}{\mathrm{d}\lambda} = \frac{fm}{d \cos \theta} \tag{1.3-3}$$

式中，f 是聚焦物镜的焦距。

2. 光栅的色分辨本领

光栅的色分辨本领定义为：波长 λ 与其附近能被分辨的最小波长差 $\delta\lambda$ 的比值，按照瑞利判据可以求出

$$\delta\lambda = \frac{\lambda}{mN} \tag{1.3-4}$$

故色分辨本领

$$A = \frac{\lambda}{\delta\lambda} = mN \qquad (1.3-5)$$

式中，m 是光谱的级次；N 是光栅的总刻线数。

3. 光栅的自由光谱范围

光栅光谱中，不发生光谱级次重叠的最大光谱范围称为光栅的自由光谱范围，表示为

$$\Delta\lambda = \frac{\lambda}{m} \qquad (1.3-6)$$

由上列各式可看出，光栅的色散本领、色分辨本领、自由光谱范围是互相制约的。小的光栅常数、高的光谱级次固然可以提高色散本领和色分辨本领，但会缩小自由光谱范围。另外从式（1.3-2）可以看出，当其它条件不变时，采用斜入射照明，可以进一步提高色散本领与色分辨本领。在实际应用中，如何选择光栅，应根据具体要求综合考虑。

三、仪器和装置

分光仪（又称分光计）、不同规格的衍射光栅、汞灯、读数显微镜。

分光仪的外形结构如图 1.3-1 所示，中心轴采用半滚动式圆柱形轴系，自动定心，精度高，轴上装有刻度盘和游标。刻度盘随轴旋转（可与载物台连动）。游标和望远镜管一起绕中心轴旋转。刻度盘和游标都装有动调整和锁紧装置，用于精细调节。

光学系统由阿贝式准直望远镜和可变狭缝的平行光管，以及带照明装置的刻度盘、游标所组成，自准直望远镜的反射像为一绿色小十字，当望远镜光轴垂直于反射面时，小十字位于离分划板中心一定位置的十字线上，移动目镜可使分划板成像清晰。

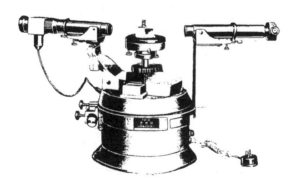

图 1.3-1 分光仪外形结构

通过放大镜读出相隔 180° 的两个游标的读数（眼睛要左右移动，当反射像和实像的数字重合后再进行读数，从而避免读数误差），角度的读法以游标的零线所处刻度盘的位置，读出度值和分值（刻度盘共刻 1080 条线，格值 20′），读游标与刻度盘刚好重合的亮线条，得出分值和秒值，两次数值相加，即得角度值（图 1.3-2）。

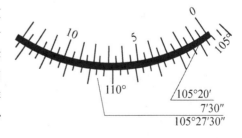

图 1.3-2 分光仪的读数

13

四、实验内容和步骤

（1）调节分光仪，步骤为：

①将分光仪调至正常工作状态。分光仪的调节主要是使平行光管发出平行光，望远镜聚焦于无穷远，同时使平行光管和望远镜的光轴与分光仪转轴垂直。

②调节光栅平面平行于分光仪的转轴。如图1.3-3a所示，将被测光栅放到分光仪载物台P上，使光栅平面垂直平分B_1B_2。调节B_1、B_2，直到在望远镜中观察到从光栅平面反射回来的叉丝的像位于图1.3-3b所示位置。把平台旋转180°，重复以上调节步骤，使光栅平面与分光仪转轴平行并且垂直于平行光管的光轴。

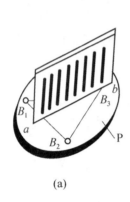
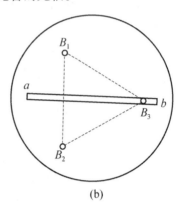

(a) (b)

图1.3-3　光栅在载物台上的放置方式

③调节光栅刻线平行于分光仪的转轴。用汞灯照亮平行光管狭缝，转动望远镜，可以看到不同波长的各级光谱。如果光栅刻线平行于分光仪的转轴，如图1.3-4a所示，转动望远镜时，目镜叉线交点将依次通过各光谱线的中点。否则，可调节图1.3-3中的B_3使之达到上述要求。

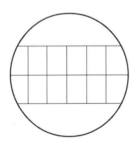
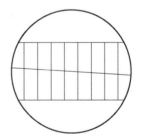

（a）光栅刻线平行于分光仪转轴　　　（b）光栅刻线不平行于分光仪转轴

图1.3-4　光栅刻线方向与谱线位置图

（2）选用300线对/mm的透射光栅，以汞灯为光源使光正入射到光栅上，测出汞绿光（$\lambda = 546.07\mu m$）在$m = \pm 1，\pm 2$级的衍射角θ，利用式（1.3-1）计算该光栅的常数d，并与理论值比较。但要注意，为减小测量角度θ的误差，+1级与-1级衍射角相差不能超过几分，否则，应重新检查入射角i是否为零。利用测得的衍射角计算出相应的色散本领。分光计望远物镜的焦距 $f = 168$ mm。

（3）测量大角度入射时的汞黄光各高级次光谱的衍射角，计算出相应的角散，分析其规律。利用校准过常数的光栅，测出其它各光谱的波长，画出汞灯的光谱图，分析光谱不重叠的范围，并将观察值与理论值比较。

（4）观察光栅刻线数 N 与色分辨本领 A 的关系

设法逐渐挡住入射光，减小光栅通光面积，观察汞黄双线随 N 减小发生的变化。

（5）取下光栅，用读数显微镜测量刻划面横向宽度 l，计算出相应的 N 值，据此计算出 ± 1，± 2 级光谱的理论分辨本领，各色光所能分辨的最小波长差；计算出光栅在 ± 1，± 2 级光谱的实际分辨本领，并与理论分辨本领相比较。分光仪平行光管通光孔径 $\phi = 22$ mm。

（6）换用 600 线对/mm 或其它线对的光栅重做上述实验，比较其结果并解释之。

五、思考题

如果光栅刻线不与分光计转轴平行，对测量结果有无影响，为什么？

实验 1.4　衍射光栅测定光波波长

一、实验目的

（1）进一步熟悉分光计的调节和使用；

（2）通过分光计观察光栅的衍射光谱，理解光栅衍射的基本规律，并测定光栅常数和光波波长等。

二、实验原理

根据夫琅和费衍射理论，当一束波长为 λ 的平行光垂直投射到光栅平面时，光波将在每个狭缝处发生衍射，经过所有狭缝衍射的光波又彼此发生干涉，这种由衍射光形成的干涉条纹是定域于无穷远处的。若在光栅后面放置一个汇聚透镜，则在各个方向上的衍射光经过汇聚透镜后都汇聚在它的焦平面上，得到衍射光的干涉条纹。根据光栅衍射理论，衍射光谱中明条纹的位置由下式决定：

$$d \sin \phi_k = \pm k\lambda \quad (k = 1, 2, 3, \cdots) \tag{1.4 - 1}$$

或

$$(a + b) \sin \phi_k = \pm k \quad (k = 1, 2, 3, \cdots) \tag{1.4 - 2}$$

上式称为光栅方程。式中 $d = (a + b)$ 是相邻两狭缝之间的距离，称为光栅常数；λ 为入射光的波长；k 为明条纹的级数；ϕ_k 是 k 级明条纹的衍射角，在衍射角方向上的光干涉加强，其它方向上的光干涉相消。

当入射平行光不与光栅平面垂直时，光栅方程应写为

$$d(\sin \phi_k - \sin i) = k\lambda \quad (k = 1, 2, 3, \cdots) \tag{1.4 - 3}$$

式中，i 是入射光与光栅平面法线的夹角。所以实验中一定要保证入射光垂直入射。

如果入射光不是单色光，而是包含几种不同波长的光，则由式（1.4 - 1）可以看出，

在中央明条纹（$k=0$、$\phi_k=0$）处，各单色光的中央明条纹重叠在一起。除零级条纹外，对于其它的同级谱线，因各单色光的波长 λ 不同，其衍射角 ϕ_k 也各不相同，于是复色入射光将被分解为单色光，如图 1.4-1 所示。因此，在透镜焦平面上将出现按波长次序排列的单色谱线，称为光栅的衍射光谱。由相同 k 值谱线组成的光谱就称为 k 级光谱。

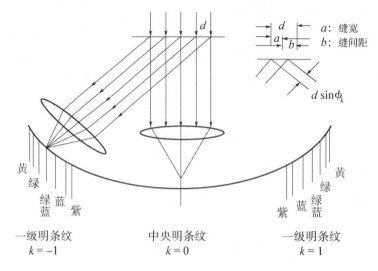

图 1.4-1　光栅的衍射光谱示意图

由此可以看出，光栅光谱与棱镜光谱的重要区别就在于光栅光谱一般有许多级，而棱镜光谱只有一级。

如果已知光栅常数 d，用分光计测出 k 级光谱中某一条纹的衍射角 ϕ_k，按式（1.4-1）即可算出该条纹所对应的单色光的波长 λ；若已知某单色光的波长 λ，用分光计测出 k 级光谱中该色条纹的衍射角 ϕ_k，即可算出光栅常数 d。

光栅的基本特性可以用它的"角色散率"和"色分辨本领"来表示。

光栅角色散率 D 定义为同一级两条谱线的衍射角之差 $\Delta\phi_k$ 与波长差 $\Delta\lambda$ 之比：

$$D = \frac{\Delta\phi_k}{\Delta\lambda} \qquad\qquad (1.4-4)$$

将式（1.4-1）两边微分，于是得：

$$D = \frac{\Delta\phi_k}{\Delta\lambda} = \frac{k}{d\cos\phi_k} \qquad\qquad (1.4-5)$$

它只反映两条谱线中心的分开程度，并不能说明两条谱线是否重叠。

由式（1.4-5）可知：光栅常数 d 越小（即每毫米所含的光栅狭缝越多），角色散率越大；高级数光谱线比低级数光谱线有较大的角色散；在衍射角 ϕ 很小时，$\cos\phi \approx 1$，角色散率 D 可看作常数，此时 $\Delta\phi_k$ 与 $\Delta\lambda$ 成正比，所以光栅光谱又称匀排光谱。

光栅分辨本领 R 定义为两条刚可被光栅分辨开的谱线的平均波长 λ 与它们的波长差 $\Delta\lambda = \lambda_2 - \lambda_1$ 之比

$$R = \frac{\lambda}{\Delta\lambda} \qquad\qquad (1.4-6)$$

按照瑞利判据，规定两条刚可被分开的谱线的极限为：一条谱线的极强刚好落在另一条谱线的极弱上。那么，两条谱线的衍射角之差为半角宽度 $\Delta\phi = \dfrac{\lambda}{Nd\cos\phi_k}$，于是得

$$R = \frac{\lambda}{\Delta\lambda} = \lambda\,\frac{D}{\Delta\phi} = \lambda\,\frac{k}{d\cos\phi_k}\,\frac{Nd\cos\phi_k}{\lambda} = kN \qquad (1.4-7)$$

式中，N 是光栅有效使用面积内的狭缝总数目。

由式（1.4-7）可见，光栅在使用面积一定的情况下，狭缝数越多，分辨率越高；对于光栅常数一定的光栅，有效使用面积越大，分辨率越高。

三、实验仪器

JJY 型 1′分光计、汞灯、平面透射光栅、平面镜。

四、实验内容及步骤

1. 调整分光计

为满足平行光入射的条件及衍射角的准确测量，分光计的调整必须满足下述要求：平行光管发出平行光，望远镜聚焦于无穷远，即适合于观察平行光，并且二者的光轴都垂直于分光计的转轴（详细的调整方法参见其它实验）。

2. 调整光栅

（1）调节光栅平面与平行光管的光轴垂直。

用水银灯把平行光管上的狭缝照亮，使望远镜中的叉丝对准狭缝像，如图 1.4-2 所示，然后固定望远镜。把光栅放在载物台上，放置方法和平面镜的放置方法一样，如图 1.4-3 所示，用自准直法严格调节光栅平面垂直望远镜光轴，此时只能调节载物台上的螺丝 1 或螺丝 2，不能再动望远镜的仰俯调节螺钉，直到光栅平面反射回来的像被调到标准位置，这时光栅平面与望远镜光轴垂直，即与分光计转轴平行，固定游标盘。调节时，只需对光栅的一面进行调节即可，不需要调节另一个面。

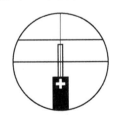

图 1.4-2 狭缝对准叉丝

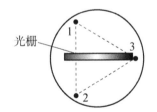

图 1.4-3 光栅的放置方法

（2）调节光栅刻线与分光计转轴平行。

松开望远镜锁紧螺丝，转动望远镜，就可以观察到一级和二级谱线，正负级对称地位于零级的两侧，注意观察分划板的叉丝的中心是否处在谱线的中央，如果不在中央，应调节载物台上的螺丝 3（见图 1.4-3）（注意：不能再动其它螺丝），使各级谱线中央都过分划板的中心，即正负级谱线等高。调好后，要重新检查光栅平面是否仍保持与望远镜光轴垂直，若有改变，反复调节，直到上述两个条件同时满足为止。这样做的目的是使各条衍射谱线的等高面垂直分光计转轴，以便从圆刻度盘上正确读出各条谱线的衍射角。

3. 测定光栅常数 d

以水银灯为光源，照亮平行光管的狭缝，以波长为 546.07nm 的绿光谱为标准，测出其在 $k = \pm 1$ 级时的衍射角 $\overline{\phi}_{1绿}$，代入式（1.4−2），计算出光栅常数 d。

4. 测定未知光波波长及角色散率

利用上述方法，测量水银灯的两条黄光谱线在 $k = \pm 1$ 级时的衍射角 $\overline{\phi}_{1黄1}$、$\overline{\phi}_{1黄2}$，代入式（1.4−2），计算出两条黄光谱线的波长 $\lambda_{黄1}$、$\lambda_{黄2}$。然后用式（1.4−4）和式（1.4−5）分别计算出角色散率 D，进行比较。

五、注意事项

（1）零级谱线很强，长时间观察会伤害眼睛，观察时必须在狭缝前加毛玻璃或白纸以减弱光强。

（2）水银灯的紫外线很强，不可直视。

（3）水银灯在使用时不要频繁启闭，否则会降低其寿命。

（4）本实验在读数中，同样采用双游标读数，所以注意左、右游标不要弄混。

六、实验记录与处理

数据记录及处理：

k	谱线	左游标读数 $\phi' = \theta' - \theta_0'$	右游标读数 $\phi'' = \theta'' - \theta''_0$	左右平均值 $\phi = \frac{1}{2}(\phi' + \phi'')$
+1 级	黄2			
	黄1			
	绿			
0 级	θ_0			
−1 级	绿			
	黄1			
	黄2			
$\overline{\phi}_1 = \dfrac{\phi_{+1} + \phi_{-1}}{2}$	$\overline{\phi}_{1绿}$			$\overline{\phi}_{1绿} =$
	$\overline{\phi}_{1黄1} =$			$\overline{\phi}_{1黄1} =$
	$\overline{\phi}_{1黄2} =$			$\overline{\phi}_{1黄2} =$

七、思考题

（1）对于同一光源，分别利用光栅分光和棱镜分光，所产生的光谱有何区别？

（2）用式（1.4−2）测量时应保证什么条件？如何保证？

（3）实验中如果两边光谱线不等高，对实验结果有何影响？

（4）如果光栅平面与分光计转轴平行，但刻痕与分光计转轴不平行，则整个光谱有什么异常？

实验 1.5　用透射光栅测定光的波长及光栅角色散率

光栅是一种根据多缝衍射原理制成的分光元件，由于它能产生亮度较大、间距较宽的匀排光谱，且分辨本领较大，故常用于光谱分析和精确测量光波波长。光栅不仅适用于可见光，也适用于 X 射线、紫外线、红外线甚至远红外线。

一、实验目的

（1）观察光通过透射光栅的衍射现象，了解透射光栅的主要特性；
（2）学会用透射光栅测定光的波长及光栅角色散率的方法。

二、实验原理

光栅是衍射光栅的简称。衍射光栅分为透射光栅和反射光栅两类。它们都相当于一组排列紧密的平行狭缝。透射光栅是用金刚石刻刀在平面玻璃上刻制而成；反射光栅则多是在铝蒸发层上刻线（以前常用的是硬质合金）。近年来，由于全息技术的发展，可以利用全息照相技术来制作光栅，这种光栅称为全息光栅。实验教学用的是复制光栅，由明胶或动物胶在金属反射光栅上印下痕线，再用平板玻璃夹好。

当一束单色平行光垂直地投射到光栅平面上时，透镜 L 将与光栅平面法线成 ϕ 角的衍射光会聚于其焦平面上，根据夫琅和费衍射理论，产生亮条纹的条件为

$$d \sin\phi = k\lambda \qquad (k = 0, \pm 1, \pm 2, \cdots) \qquad (1.5-1)$$

如果光源是复色光，则同一级谱线对不同波长将有不同的衍射角 ϕ，从而在不同地方形成彩色谱线。

当光栅常数 d 为已知时，如测得第 k 级谱线的衍射角 ϕ，则可求出相应于这个衍射角的谱线的波长及相应的角色散率 D。

三、实验仪器

分光计、透射光栅、汞灯。

四、实验内容及步骤

1. 仪器调节

（1）按照分光计调节操作要点，使分光计的望远镜聚焦于无穷远且光轴垂直于仪器转轴，使平行光管垂直于仪器转轴并射出平行光。狭缝宽度调至约 0.5mm，并使叉丝竖线与狭缝平行，叉丝交点恰好在狭缝像中点，再注意消除视差，调好后固定望远镜。

（2）将光栅按图 1.5-1 所示置于分光计的载物台上，使入射光垂直照射光栅表面（请同学们思考为什么），光栅刻痕和平行光管狭缝平行。具体调节步骤为：

①先目视调节光栅平面和平行光管轴线大致垂直，以光

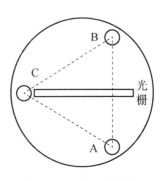

图 1.5-1　分光计载物台的调节

栅面作为反射面用自准值法使光栅平面与望远镜轴线垂直。注意，因望远镜已调好不能再动，应调节光栅支架或载物台上的两个螺丝 A、B，使从光栅面反射回来的叉丝像与原叉丝重合，随后固定载物台。

②调节载物台的螺丝 C，使光栅的刻痕和平行光管狭缝平行，这时转动望远镜可看到中央亮条纹两侧的谱线基本上在同一水平面内。

2. 测量

（1）测量衍射角。由于衍射光谱的中央亮条纹是对称的，转动望远镜让十字叉丝依次对准零级左右两边 $k = \pm 1$ 的绿线和两条黄线的亮条纹，测出其位置。每一条谱线 ± 1 级位置之差为其衍射角的 2 倍。为了消除分光计刻度盘的偏心差，测量每一条谱线时要分别读出刻度盘上两个游标的读数，然后取平均值。为使叉丝能精确对准光谱线，应使用望远镜微动螺旋来调准。测量的具体步骤和数据表格自拟。

（2）根据测得的衍射角和已知的光栅常数，代入式（1.5 - 1）计算相应的波长。

（3）计算角色散率。根据测得的衍射角和已知的光栅常数以及光谱级数代入式（1.4 - 5）计算出相应的角色散率。

五、注意事项

（1）汞灯的紫外线很强，不可直视，以免损伤眼睛。

（2）测量衍射角时应防止光栅移动，特别是不能调节主刻度盘的微动螺丝，以免引起测量的错误。

（3）光栅是精密光学器件，严禁用手触摸刻痕，以免弄脏或损坏。

六、思考题

（1）用式 $d\sin\phi = k\lambda$ 来测量波长 λ 时，应保证什么条件？如何保证？

（2）光栅分光和棱镜分光各有什么特点？有哪些不同之处？

（3）利用本实验装置可以测定光栅常数吗？如何测量？

（4）除了本实验指出的测量光波波长的方法外，你还能找出哪些测量光波波长的方法？试比较它们的优缺点。

实验 1.6 各种全息光栅的制作

光栅是一种重要的分光元件，在实际中被广泛应用。许多光学元件，例如单色仪、摄谱仪、光谱仪等都用光栅作分光元件。与刻划光栅相比，全息光栅具有杂散光少、分辨率高、适用光谱范围宽、有效孔径大、生产效率高、成本低廉等突出优点。

一、实验目的

（1）了解全息光栅的原理；

（2）用马赫 - 曾德干涉仪搭光路并拍照；

（3）学习对全息光栅的后处理。

二、实验原理

1. 全息光栅

当参考光波和物光波都是点光源且与全息干板对称放置时，可以在干板上形成平行直条纹图形，这便是全息光栅。采用线性曝光可以得到正弦振幅形全息光栅。本实验的内容，是从光的波动性出发，以光自身的干涉成像，并且利用全息照相的办法成像制作全息光栅。

2. 光栅制作原理与光栅频率的控制

用全息方法制作光栅，实际上就是拍摄一张相干的两束平行光波产生的干涉条纹的照相底片，如图1.6 - 1所示，当波长为λ的两束平行光以夹角θ交叠时，在其干涉场中放置一块全息干板H，经曝光、显影、定影、漂白等处理，就得到一块全息光栅。相邻干涉条纹之间的距离即为光栅的空间周期d（实验中常称为光栅常数）。

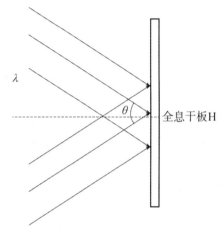

一般说来，这样制作的全息光栅是黑白光栅。但如果工艺上能做到线性曝光、线性冲洗，则可做成全息正弦光栅。

有多种光路可以制作全息光栅。其共同特点

图1.6 - 1 相干光干涉形成光栅的示意图

是：①将入射细光束分束后形成两个点光源，经准直后形成两束平面波；②采用对称光路，可方便地得到等光程。实验中常采用马赫 - 曾德干涉仪光路，如图1.6 - 2所示。

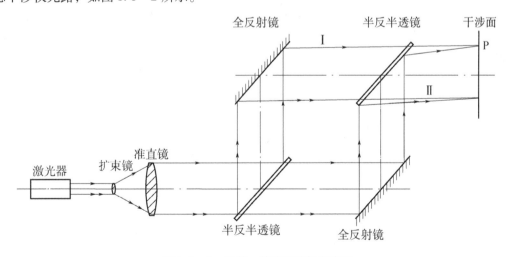

图1.6 - 2 马赫 - 曾德干涉仪光路图

它是由两块分束镜（半反半透镜）和两块全反射镜组成，四个反射面接近互相平行，中心光路构成一个平行四边形。从激光器出射的光束经过扩束镜及准直镜，形成一束宽度合适的平行光束。这束平行光射入分束板之后分为两束：一束由分束板反射后达反射镜，经过其再次反射并透过另一个分束镜，这是第一束光（Ⅰ）；另一束透过分束镜，经反射镜及分束镜两次反射后射出，这是第二束光（Ⅱ）。在最后一块分束镜前方两束光的重叠区域放上屏 P。若 Ⅰ、Ⅱ 两束光严格平行，则在屏幕上不出现干涉条纹；若两束光在水平方向有一个交角，那么在屏幕的竖直方向出现干涉条纹，而且两束光交角越大，干涉条纹越密。当条纹太密时，必须用显微镜才能观察到。在屏平面所在处放上全息感光干板，记录下干涉条纹，这就是一块全息光栅。

为了保证干涉条纹质量，光束 Ⅰ 和 Ⅱ 需要严格水平于光学平台，可在图中最后一个分束镜后面两束光的重叠区内放一透镜，将屏移到透镜的后焦面。细调两块反射镜使光束 Ⅰ 和 Ⅱ 在屏上的像点处于同一水平线上，这样 Ⅰ、Ⅱ 严格水平于平台。

然后，转动两块反射镜或最后一块分束镜使两个像点重合。这时光束 Ⅰ 和光束 Ⅱ 处于重合状态，会聚角 $\omega = 0$，应没有干涉条纹。撤去透镜后，微调两块反射镜或最后一块分束镜的水平调节旋钮，改变光束 Ⅰ、Ⅱ 的会聚角使其不为零，就可在光束 Ⅰ 和 Ⅱ 的重叠区看到较明显的干涉条纹。

准确地控制光栅常数（即光栅的空间频率），是光栅质量的重要环节之一。常采用透镜成像的方法来控制制作的光栅的空间频率 ν。

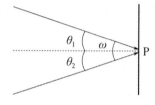

图 1.6 - 3　两束光投射到屏幕上的交角（俯视图）

如果图 1.6 - 2 中经最后一块分束镜射出的两相干光束 Ⅰ、Ⅱ 与 P 面水平法线的交角不相等，分别为 θ_1 和 θ_2，$\omega = \theta_1 + \theta_2$ 称为两束光的会聚角，如图 1.6 - 3 所示。

由杨氏干涉实验的计算得到两束光在 P 面形成的干涉条纹的间距为：

$$d = \frac{1}{\nu} = \frac{\lambda}{\sin\theta_1 + \sin\theta_2} = \frac{\lambda}{2\sin\left(\dfrac{\theta_1 + \theta_2}{2}\right)\cos\left(\dfrac{\theta_1 - \theta_2}{2}\right)} \qquad (1.6 - 1)$$

式中，λ 为激光束的波长，对于 He - Ne 激光器，$\lambda = 632.8\text{nm}$。当 $\theta_1 = \theta_2$ 而且 $(\theta_1 + \theta_2)/2 \ll 1$ 时，近似有：

$$d \approx \frac{\lambda}{\omega} \qquad (1.6 - 2)$$

在本实验中，由于两束光的会聚角 ω 不大，因此可以根据上式估算光栅的空间频率。具体办法是：把透镜 L 放在两束光 Ⅰ、Ⅱ 的重叠区，如图 1.6 - 4 所示。

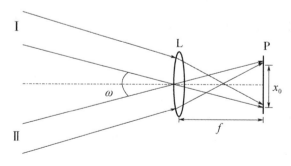

图 1.6 - 4　用透镜估算两束光的会聚角

在 L 的焦面上两束光会聚成两个亮点。若两个亮点的间距为 x_0，透镜 L 的焦距为 f，则有 $\omega \approx x_0/f$，代入式（1.6 − 2）可得：$d \approx f\lambda/x_0$。

从而所得到的正弦光栅的空间频率为：

$$\nu = \frac{1}{d} = \frac{x_0}{f\lambda} \qquad (1.6-3)$$

根据式（1.6 − 3），按需要制作的全息光栅对空间频率的要求，调整图 1.6 − 4 中两光束 Ⅰ、Ⅱ 的方向，使之有合适的夹角。

例如要拍摄 100 线/mm 的全息光栅，$\nu = 100$ 线/mm，设所配备的透镜 L 的焦距 $f = 150\text{mm}$，He − Ne 激光器激光波长 $\lambda = 0.63 \times 10^{-5}\text{mm}$，根据式（1.6 − 3），有

$$x_0 = \lambda f\nu = 0.63 \times 10^{-5} \times 150 \times 100 = 0.095 \ （\text{mm}）$$

实验时把屏幕放在 L 的后焦面上，根据两个亮点的间距，即可判断光栅的空间频率是否达到要求。可调节 Ⅰ、Ⅱ 两束光的方向，一直到 $x_0 = 0.095\text{mm}$ 为止。

由式（1.6 − 2），并参照图 1.6 − 1 和图 1.6 − 2，在实验中改变 Ⅰ、Ⅱ 两束光的方向，从而改变光栅空间频率，其途径有两种：一种是绕铅垂方向略微转动光路中的任一块反射镜或最后一块分束镜，从而改变 θ_2，使得干涉条纹的间距 d 改变；另一种是绕铅垂方向旋转干板 P，这时在保持 $\omega = \theta_1 + \theta_2$ 不变的条件下将使 $\theta_1 - \theta_2$ 改变，从而改变 d，亦即改变了空间频率 ν。在本实验中，因干板架无旋转微调装置，所以采用第一种方法。

以上方法制作的是最简单的一维光栅，图 1.6 − 5 为其观察示意图。

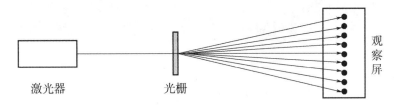

图 1.6 − 5　一维光栅的观察

3. 正交光栅

如果以上的一维光栅制作成功，那么二维光栅只需要对干板进行两次曝光即可。这两次曝光分别是让干板水平放置和垂直放置，所用光路及拍摄方法与全息光栅基本相同，仍然是在马赫 − 曾德干涉仪上拍制。曝光一次后，将全息干板旋转 90° 再曝光一次，这样就使两个相互垂直的光栅拍在一块干板上，这就是正交光栅。

正交光栅的观察如图 1.6 − 6 所示。

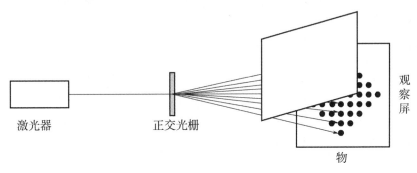

图 1.6 − 6　正交光栅的观察

三、实验仪器

He－Ne 激光器、空间滤波器、分束镜、准直镜、反射镜、成像透镜、白屏、快门、干板架、自动曝光和显定影定时器、记录干板、全息照相冲洗药物（一套）。

四、实验内容

（1）调节马赫-曾德干涉仪光路（图1.6-7），调出干涉条纹，在分束镜后加上透镜和白屏。

图1.6-7　全息光栅制作实物图

（2）拍摄全息光栅。调妥后挡住激光束，放置全息光栅干板，静置 1 ～ 2min 后曝光，20 线/mm、100 线/mm 各拍摄一块。

（3）拍摄正交光栅。调妥后挡住激光束，放置全息光栅干板，静置 1 ～ 2min 后曝光，20 线/mm、100 线/mm 各拍摄一块。

（4）后处理。其流程为显影→清水冲洗→定影→清水冲洗→漂白→烘干。

（5）对制作的光栅进行观察。用激光光束直接照射到所拍的光栅上，在光栅后面的白屏上观察到奇数个亮点。中间是 0 级，对称分布在 0 级两侧的亮点分别为 ±1 级、±2 级……当用白光做光源来照射全息光栅时，光栅能按波长大小把光分开，波长短的光衍射角小。如果让光栅的衍射光通过透镜，在透镜的后焦面上可得到按波长大小排列的美丽单色线条，这就是光栅光谱。

五、思考题

（1）欲制备一块 1000 线/mm 的全息光栅，用马赫-曾德干涉光路能完成吗？实际安排光路试一下，解释能够制成或不能制成的原因。

（2）一块空间频率为 50 线/mm 的全息光栅不慎混入装有其它空频的纸盒内，请你设计一个最简单的方案将它查找出来。

实验 1.7 半导体泵浦激光原理

半导体泵浦 $0.53\mu m$ 绿光激光器具有波长短、光子能量高、在水中传输距离远和人眼敏感以及效率高、寿命长、体积小、可靠性好等优点，近几年在光谱技术、激光医学、信息存储、彩色打印、水下通信、激光技术等科学研究及国民经济的许多领域中展示出极为重要的应用，成为各国研究的重点。本实验以 808nm 半导体泵浦 Nd:YVO₄ 激光器为研究对象。

一、实验目的

（1）了解半导体泵浦激光器原理；

（2）观察 808nm 半导体泵浦 Nd:YVO₄ 激光器的倍频现象，并测量其阈值、相位匹配等基本参数。

二、实验原理

1. 光与物质的相互作用

光与物质的相互作用可以归结为光与原子的相互作用，有三种过程：吸收、自发辐射和受激辐射。

1）吸收

如果一个原子，开始处于基态 E_1，在没有外来光子时，它将保持不变，如果一个能量为 $h\nu_{21}$ 的光子接近，则它吸收这个光子，处于激发态 E_2。在此过程中不是所有的光子都能被原子吸收，只有当光子的能量正好等于原子的能级间隔 $E_1 - E_2$ 时才能被吸收，如图 1.7-1 所示。

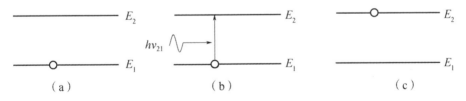

图 1.7-1 光与物质作用的吸收过程

2）自发辐射

原子激发态寿命很短，在不受外界影响时，它们会自发地返回到基态，放出光子，如图 1.7-2 所示。自发辐射过程与外界作用无关，由于各个原子的辐射都是自发的、独立进行的，因而不同原子发出来的光子的发射方向和初相位是不相同的。

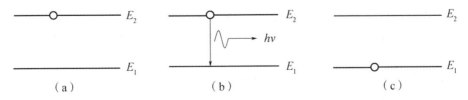

图 1.7-2 光与物质作用的自发辐射过程

3）受激辐射

处于激发态的原子，在外来光子的影响下，会从高能态向低能态跃迁，两个状态间的能量差以辐射光子的形式发射出去，如图 1.7 - 3 所示。只有外来光子的能量正好为激发态与基态的能级差时，才能引起受激辐射，且受激辐射发出的光子与外来光子的频率、发射方向、偏振态和相位完全相同。激光的产生主要依赖受激辐射过程。

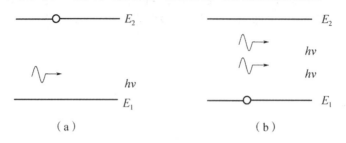

图 1.7 - 3　光与物质作用的受激辐射过程

激光器主要由工作物质、谐振腔、泵浦源组成。工作物质主要提供粒子数反转。

如图 1.7 - 4 所示，泵浦过程使粒子从基态 E_1 抽运到激发态 E_3，E_3 上的粒子通过无辐射跃迁（该过程粒子从高能级跃迁到低能级时能量转变为热能或晶格振动能，但不辐射光子），迅速转移到亚稳态 E_2。E_2 是一个寿命较长的能级，这样处于 E_2 上的粒子不断积累，E_1 上的粒子又由于抽运过程而减少，从而实现 E_2 与 E_1 能级间的粒子数反转。

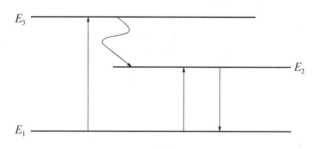

图 1.7 - 4　三能级系统示意图

激光产生必须有能提供光学正反馈的谐振腔。处于激发态的粒子由于不稳定性而自发辐射到基态，自发辐射产生的光子各个方向都有，偏离轴向的光子很快逸出腔外，只有沿轴向的光子，部分通过输出镜输出，部分被反射回工作物质，在两个反射镜间往返多次被放大，形成受激辐射的光放大即产生激光。

2. 光学倍频

光的倍频是一种常用的扩展波段的非线性光学方法。激光倍频是将频率为 ω 的光，通过晶体中的非线性作用，产生频率为 2ω 的光。

当光与物质相互作用时，物质中的原子会因感应而产生电偶极矩。单位体积内的感应电偶极矩叠加起来，形成电极化强度矢量。电极化强度产生的极化场发射出次级电磁辐射。当外加光场的电场强度比物质原子的内场强小得多时，物质感应的电极化强度 P 与外界电场强度 E 成正比，即

$$P = \varepsilon_0 \times E \tag{1.7-1}$$

在激光没有出现之前，当有几种不同频率的光波同时与该物质作用时，各种频率的光都线性独立地反射、折射和散射，满足波的叠加原理，不会产生新的频率。

当外界光场的电场强度足够大时（如激光），物质对光场的响应与场强具有非线性关系：

$$P = \alpha E + \beta E^2 + \gamma E^3 + \cdots \tag{1.7-2}$$

式中，α，β，γ，$\cdots$ 均为与物质有关的系数，且逐次减小，它们数量级之比为

$$\frac{\beta}{\alpha} = \frac{\gamma}{\beta} = \cdots = \frac{1}{E_{原子}} \tag{1.7-3}$$

式中，$E_{原子}$ 为原子中的电场，其量级为 10^8V/cm。式（1.7-2）中的非线性项 E^2、E^3 等均是小量，可忽略；但如果 E 很大，则非线性项不能忽略。

考虑电场的平方项

$$E = E_0 \cos\omega t \tag{1.7-4}$$

$$P^{(2)} = \beta E^2 = \beta E_0^2 \cos^2\omega t = \beta \frac{E_0^2}{2}(1 + \cos 2\omega t) \tag{1.7-5}$$

式中，E_0 为最大值。

式（1.7-5）中出现了直流项和二倍频项 $\cos 2\omega t$。其中直流项称为光学整流。当激光以一定角度入射到倍频晶体时，在晶体产生倍频光，产生倍频光的入射角称为匹配角。

倍频光的转换效率为倍频光与基频光的光强比，通过非线性光学理论可以得到：

$$\eta = \frac{I_{2\omega}}{I_\omega} \propto \beta l^2 I_\omega \frac{\sin^2(\Delta k l/2)}{(\Delta k l/2)^2} \tag{1.7-6}$$

式中，l 为晶体长度；I_ω、$I_{2\omega}$ 分别为入射的基频光、输出的倍频光的光强；$\Delta k = k_\omega - 2k_{2\omega}$，$k_\omega$，$k_{2\omega}$ 分别为基频光和倍频光的传播矢量。

在正常色散的情况下，倍频光的折射率 $n_{2\omega}$ 总是大于基频光的折射率，所以相位失配，双折射晶体中 o 光和 e 光的折射率不同，且 e 光的折射率随着其传播方向与光轴间夹角的变化而改变，可以利用双折射晶体中 o 光、e 光间的折射率差来补偿介质对不同波长光的正常色散，实现相位匹配。

3. 本实验系统的工作原理

半导体激光器由其电源控制，发出中心输出波长为 808.5nm 的红光，红光光束先经透镜 1 汇聚，再经过腔镜 1 进入光学谐振腔，聚焦到 Nd:YVO$_4$ 晶体内部，端面泵浦 Nd:YVO$_4$ 激光晶体产生 1064 nm 的红外光，并在光学谐振腔内振荡放大形成 1064 nm 的红外激光。当 1064 nm 的红外激光在光学谐振腔内振荡，每经过 KTP 晶体时，部分 1064 nm 的红外光被 KTP 晶体倍频为 532 nm 的绿光，并透过腔镜 2 逸出谐振腔，将通过谐振腔的绿光用透镜 2 聚焦到光电探测器的光敏面上，以此研究半导体激光器的泵浦功率、光学谐振腔的腔长、泵浦光的聚焦位置以及 KTP 晶体的相位匹配角等因素对 532 nm 绿光输出功率的影响。

三、实验仪器

808nm 半导体激光器、半导体激光器可调电源、Nd:YVO$_4$ 晶体、KTP 倍频晶体、输

出镜（前腔片）、光功率指示仪。

实验装置如图 1.7 - 5 所示。

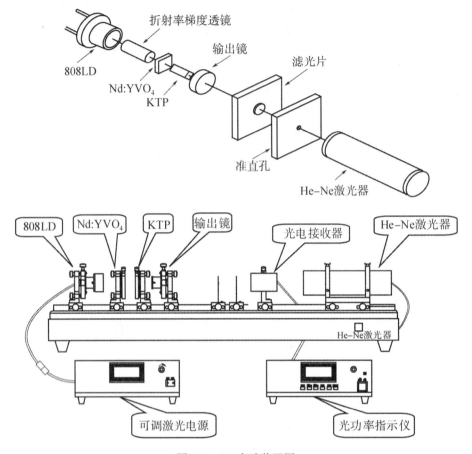

图 1.7 - 5　实验装置图

四、实验内容及步骤

（1）仪器连接。连接半导体激光器可调电源和 808LD。

（2）He - Ne 激光器同轴调节。接通 He - Ne 激光器电源，白屏小孔靠近 He - Ne 激光器调节内侧固定螺栓，远离 He - Ne 激光器调节外侧固定螺栓。以上步骤反复调节，直到无论远近 632.8nm 激光始终通过白屏小孔中心。

（3）半导体泵浦激光器光路同轴调节。将 808LD 固定在二维调节架上。让 632.8nm 激光通过白屏小孔聚到折射率梯度透镜上并将返回的光点通过白屏小孔。将 Nd:YVO₄ 晶体安装在二维调节架上。让 632.8nm 激光通过晶体并将返回的光点通过白屏小孔。

将 KTP 晶体安装在二维调节架上。让 632.8nm 激光通过晶体并将返回的光点通过白屏小孔。

将输出镜固定在四维调节架上，调节输出镜使返回的光点通过白屏小孔。对于有一定曲率的输出镜，会有几个光斑，应区分出从球心返回的光斑。调节完成后关闭 He - Ne 激光器电源。

（4）半导体泵浦激光器工作状态调节。接通半导体激光器可调电源，电流调节旋钮顺时针调至最大。（注意：关机时应逆时针调至最小。）上下左右略微翻转输出镜，产生532nm绿激光。调节输出镜、LD调节架，使532nm绿激光功率最大。旋转KTP晶体刻度盘，测量相位匹配角。

（5）测量转换效率。接通光功率测试仪电源，量程选择200mW，根据需要确定波长选择旋钮（532，808，1064）。将滤光片、光功率测试探头安装在二维调节架上，测量532nm光功率；撤下滤光片，分别测量1064 nm、808 nm光功率，计算转换效率。

五、注意事项

（1）实验中激光器输出的光能量高、功率密度大，应避免直射到眼睛，特别是532nm绿光。

（2）避免用手接触激光器的输出镜、晶体的镀膜面。

（3）膜片应防潮，不用的晶体、输出镜片用镜头纸包好，放在干燥器里保存。

六、思考题

（1）什么是受激辐射？

（2）激光器由哪些部分组成？各部分有什么作用？

实验1.8 半导体激光器的光学特性测试

一、实验目的

（1）通过实验熟悉半导体激光器的光学特性；

（2）掌握半导体激光器耦合、准直等光路的调节；

（3）根据半导体激光器的光学特性考察其在光电子技术方面的应用。

二、实验原理

1. 半导体激光器的基本结构

至今，大多数半导体激光器用的是 GaAs 或 $Ga_{1-x}Al_xAs$材料，PN结激光器的基本结构如图1.8-1所示。PN结通常在n型衬底上生长p型层而形成。在p区和n区都要制作欧姆接触，使激励电流能够通过，激励电流使结区附近的有源区内产生粒子数反转；另外，还需要制成两个平行的端面起镜面作用，为形成激光模提供必需的光反馈。图1.8-1中的器件是分立的激光器结构，它可以与光纤传输线连接，如果设计成更完整的多层结构，可以提供更复杂的光反馈，更适合单片集成光路。

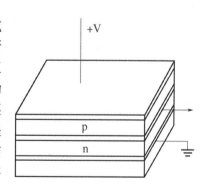

图1.8-1 半导体激光器的结构

2. 半导体激光器的阈值条件

当半导体激光器加正向偏置电流并导通时，器件不会立即出现激光振荡。小电流时发射光大都来自自发辐射，光谱线宽在数百埃（1 埃 = 10^{-10} 米）数量级。随着激励电流的增大，结区大量粒子数反转，发射更多的光子。当电流超过阈值时，会出现从非受激发射到受激发射的突变，能观察到超过阈值电流时激光的突然发生，在光功率 – 激励电流曲线上表现为斜率的急速突变，如图 1.8 – 2 所示。这是由于激光作用过程的本身具有较高量子效率。从定量分析，激光的阈值对应于：由受激发射每秒所增加的激光模光子数正好等于由散射、吸收激光器的发射每秒所损耗的光子数。据此，可将阈值电流作为各种材料和结构参数的函数导出一个表达式：

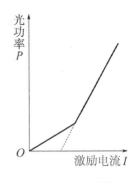

图 1.8 – 2　P – I 曲线

$$J_{th} = \frac{8\pi e n^2 \Delta\gamma D}{\eta_Q \lambda_o^2}\left[a + \frac{1}{2}L\ln(\frac{1}{R}) \right] \qquad (1.8-1)$$

式中，η_Q 为内量子效率；λ_o 为发射光的真空波长；n 为折射率；$\Delta\gamma$ 为自发辐射线宽；e 为电子电荷；D 为光发射层的厚度；a 为行波的损耗系数；L 是腔长；R 为功率反射系数。

3. 横模和偏振态

半导体激光器的共振腔具有介质波导的结构，所以在共振腔中传播光以模的形式存在。每个模都有自己的传播常数 β_m 和横向电场分布，这些模就构成了半导体激光器中的横模。横模经端面出射后形成辐射场。辐射场的角分布沿平行于结面方向和垂直于结面方向，分别称为侧横场和正横场。

辐射场的角分布和共振腔的几何尺寸密切相关，共振腔横向尺寸越小，辐射场发射角越大。由于共振腔平行于结面方向的宽度大于垂直于结面方向的厚度，所以侧横场小于正横场发散角，如图 1.8 – 3 所示；侧横场发散角可近似表示为：$\theta \approx \lambda/d$，d 表示共振腔宽度。共振腔厚度通常只有 $1\mu m$ 左右，和波长同量级，所以正横场发射角较大，一般为 $300° \sim 400°$。辐射场的发散角还和共振腔长度成反比，而半导体激光器共振腔一般只有几百微米，所以其远场发射角远远大于气体激光器和晶体激光器的远场发射角。

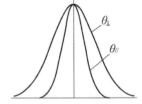

图 1.8 – 3　半导体激光器的发散角

半导体激光器共振腔面一般是晶体的解理面，对常用的 GaAs 异质结激光器，GaAs 晶面对横电模（transverse electric mode，TE 模）的反射率大于对横磁模（transverse magnetic mode，TM 模）的反射率。因而 TE 模需要的阈值增益低，TE 模首先产生受激发射，反过来又抑制了 TM 模；另一方面形成半导体激光器共振腔的波导层一般都很薄，这一层越薄对偏振方向垂直于波导层的 TM 模吸收越大。这就使得 TE 模增益大，更容易产生受激发射。因此半导体激光器输出的激光偏振度（p）很高。

$$p = \frac{I_{//} - I_{\perp}}{I_{//} + I_{\perp}} > 90\% \qquad (1.8-2)$$

4. 纵模特性

激光二极管端面部分反射的光反馈导致建立单个或多个纵光学模。由于它类似于法布里 – 珀罗干涉仪的平行镜面，激光器的端面也常称为法布里 – 珀罗面。当平行面之间为半波长的整数倍时，在激光器内形成驻波。模数 m 可由波长的数值得出：

$$m = \frac{2Ln}{\lambda_o} \tag{1.8-3}$$

式中，L 为两端面之间的距离，n 为激光器材料的折射率，λ_o 为发射在真空中的波长。模的间隔由 $\mathrm{d}m/\mathrm{d}\lambda_o$ 确定：

$$\frac{\mathrm{d}m}{\mathrm{d}\lambda_o} = -\frac{2Ln}{\lambda_o^2} + \frac{2L}{\lambda_o}\frac{\mathrm{d}n}{\mathrm{d}\lambda_o} \tag{1.8-4}$$

对应 $\mathrm{d}m = -1$，模的间隔 $\mathrm{d}\lambda_o$ 为

$$\mathrm{d}\lambda_o = \frac{\lambda_o^2}{2L(n - \lambda_o \mathrm{d}n/\mathrm{d}\lambda_o)} \tag{1.8-5}$$

半导体激光器典型的光谱如图 1.8-4 所示；通常同时存在几个纵模，其波长接近自发辐射峰值波长。GaAs 激光器的模间间隔的典型值为 $\mathrm{d}\lambda_o \approx 0.3\mathrm{nm}$。为了实现单模工作，必须改进激光器的结构，抑制主模以外的所有其它模。

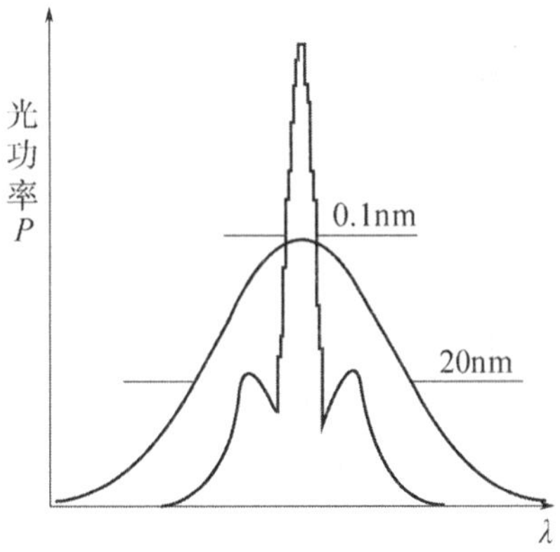

三、实验仪器

半导体激光器、可调电源、光谱仪、可旋转偏振片、旋转台、光功率计。

四、实验内容及步骤

图 1.8-4　半导体激光器的光谱

实验中所使用的半导体激光器是可见光半导体激光器，最大功率为 5 mW，中心波长为 650 nm 左右。

1. 半导体激光器的输出特性

实验光路如图 1.8-5 所示；用电流表（mA）观察半导体激光器 LD 的注入电流，调节半导体激光器的准直透镜 L 把光耦合进光电探测器 PD，用光功率计读出半导体激光的输出功率。把半导体激光器注入电流 I 从零逐渐增加到 85mA，观察半导体激光器输出功率 P 的变化，重复 2 次，将实验数据列表，并作出 $P-I$ 曲线，P 为平均功率。

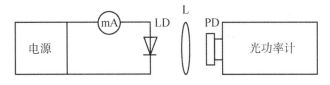

图 1.8-5　半导体激光器实验光路图

2. 半导体激光器的发散角测定

测定半导体激光发散角的实验装置如图 1.8-6 所示；半导体激光器置于转盘中心，硅光二极管 PD 距离半导体激光器 LD 为 L，当转盘处于不同角度时，记下光功率计所测到的输出值，作出在不同的注入半导体激光器电流时，其输出值随角度变化的曲线。将半导体激光器旋转 90° 再测量侧横场发散角。

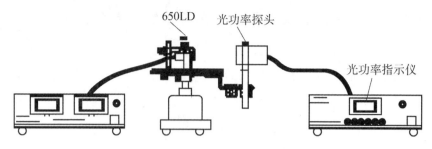

图 1.8 - 6　半导体激光器的发散角测量

3. 半导体激光器的偏振度测量

测量半导体激光器的偏振度的光路示意图如图 1.8 - 7 所示，偏振器是带有角度读数的旋转偏振片，读出偏振片处于不同角度时对应的半导体激光器的输出值，将实验值列表，并计算出其偏振度。

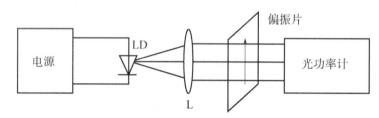

图 1.8 - 7　半导体激光器的偏振度测量示意图

4. 半导体激光远场光斑的观察

观察半导体激光远场光斑的光路示意图如图 1.8 - 8 所示；透镜 L 是带可变光阑的短焦距的组合透镜，G 是毛玻璃屏，当 LD 是可见光的半导体激光器时，可以用肉眼直接在毛玻璃屏上观察光斑图样。若 LD 是近红外的半导体激光器，可以用上转换片观察光斑图样，也可以用红外观测仪（IR）观察。

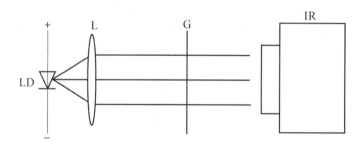

图 1.8 - 8　观察半导体激光远场光斑的光路示意图

5. 半导体激光器的光谱特性测试

图 1.8 - 9 所示的是测量半导体激光器的光谱特性的光路示意图。半导体激光器 LD 的光信号通过透镜 L 耦合进光栅光谱仪的输入狭缝 SL，让光栅光谱仪与计算机相连，从光栅单色仪输出的光信号通过光电倍增管放大输出到计算机，调节光谱仪控制软件的设置就绘出半导体激光器的谱线。

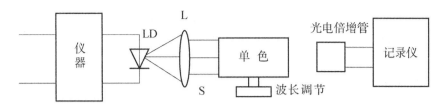

图 1.8 - 9 半导体激光器的光谱特性测量光路示意图

五、注意事项

（1）半导体激光器不能承受电流或电压的突变，若使用不当容易损坏。当电路接通时，半导体激光器的注入电流必须缓慢地上升，不要超过 85mA，以防半导体激光器损坏。使用完毕，必须将半导体激光器的注入电流降回零。

（2）静电感应对半导体激光器也有影响。如果需要用手触摸半导体激光器外壳或电极时，手必须事先触摸金属一下，以消除静电。

（3）周围的大型设备的启动和关闭极易损坏半导体激光器，遇到这种情况时，应先将半导体激光器的注入电流降低到零，然后再开关电器。

六、思考题

（1）为什么半导体发光二极管的特征发射线宽为几百埃，而半导体激光器的线宽近似于 1 埃？

（2）半导体激光器输出光的准直性如何？（给出典型的发散角）怎样得到较大的准直性？

（3）如果 GaAs 介质折射率 $n = 3.6$，试求 GaAs 半导体激光器谐振腔端面的反射率 R。

实验1.9　波长可调的光纤激光器设计与性能测试

1960 年美国科学家梅曼发明了世界上第一台红宝石激光器，1962 年 R. N. 霍耳等人发明了第一台 GaAs 半导体激光器，1964 年诞生了光纤激光器。光纤激光器是指以掺稀土元素的光纤作为增益介质的激光器，是在掺铒光纤放大器（EDFA）的基础上发展起来的。光纤激光器具有光束质量好、转换效率高、体积小、稳定性高、免维护等优点，已成为第三代激光技术的代表。由于 Er^{3+} 光纤在 $1.55\mu m$ 波长处具有很高的增益，对应低损耗第三代光通信窗口，所以光纤激光器广泛应用于光通信、光传感、激光切割、料处理等领域。

一、实验目的

（1）了解掺铒有源光纤的增益放大特性；
（2）理解光纤激光器的原理及基本结构；
（3）掌握光纤激光器的设计及其波长调谐方法。

二、实验原理

1. 掺铒光纤特性

掺铒光纤简称EDF（Erbium Doped Fiber），EDF中Er^{3+}的三能级如图1.9-1所示，其中E_1是基态能级，E_2是亚稳态能级，E_3是激发态能级。由于受斯托克斯分裂（Stock Splitting）和热效应的影响，能级E_1、E_2和E_3是一个近似连续的能带，所以EDF的吸收谱和发射谱有较宽的波长范围。

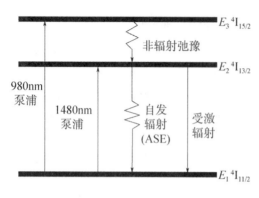

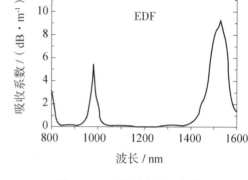

图1.9-1 Er^{3+}的三能级结构   图1.9-2 掺铒光纤吸收谱

典型的EDF吸收谱如图1.9-2所示。在光泵浦时，Er^{3+}在$0.9\sim1.6\mu m$波长范围内有2个吸收峰，分别是980nm（$^4I_{15/2}-^4I_{11/2}$）和1480nm（$^4I_{15/2}-^4I_{13/2}$）。掺铒光纤激光器（EDFL）和掺铒光纤放大器（EDFA）常用980nm吸收峰来进行泵浦，由半导体激光器产生泵浦980nm光。

2. 光纤激光器的结构及工作原理

光纤激光器和其它激光器一样，由增益介质、光学谐振腔和泵浦源三部分组成。常用的线形腔（Fabry-Perot，F-P）光纤激光器结构如图1.9-3所示，一段掺杂稀土的有源光纤放在高反射率腔镜之间，左腔镜对泵浦光全透射、对激光全反射，右腔镜对剩余泵浦光透射、对激光少部分透射，以便激光在腔内多次谐振而获得激光输出，避免泵浦光在腔内谐振而使激光不稳定。

图1.9-3 线形光纤激光器工作原理

泵浦光（如980nm激光）从左腔镜耦合进入有源光纤，光纤中的稀土离子（如Er^{3+}）吸收泵浦光从低能级跃迁到高能级，当泵浦光高于阈值功率时，产生粒子数反转；受激辐射的光子在光学谐振腔进行谐振，从而输出激光。输出的激光可以是连续光，也可以是脉冲光。当激光上能级的寿命大于下能级寿命而获得较高粒子数反转时，产生连续激光；当激光上能级的寿命小于下能级寿命时，产生脉冲激光。

3. 环形掺铒光纤激光器

环形腔也是激光器常用的一种谐振腔。环形腔是一种行波腔，可避免空间烧孔效应，而且不需要反射镜，结构简单。

图 1.9 - 4 是一种波长可调的环形光纤激光器，掺铒光纤 EDF 作为增益介质，980nm 光源通过 980/1550 波分复用器（WDM）对 EDF 进行泵浦（这三部分也可以用光纤放大器 EDFA 代替），一个可调谐带通滤波器与梳状滤波器级联构成激光选频滤波器（波形如图 1.9 - 5 所示），偏振控制器（PC）用来调节光的偏振状态和增益；80∶20 光耦合器（OC）将光分成两部分，其中 80% 的光送回到掺铒光纤 EDF 形成环形谐振腔，20% 的光被光谱分析仪监测；可调光衰减器用来研究激光的起振过程（见图 1.9 - 6）。

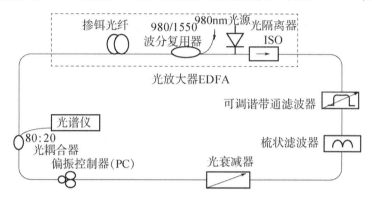

图 1.9 - 4　波长可调的环形光纤激光器

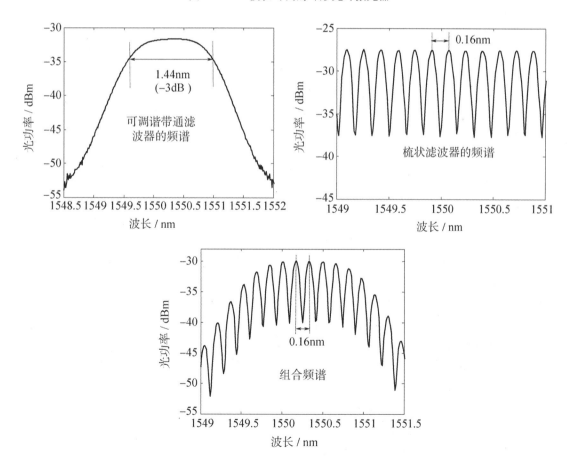

图 1.9 - 5　可调谐带通滤波器与梳状滤波器级联构成的选频滤波器波形

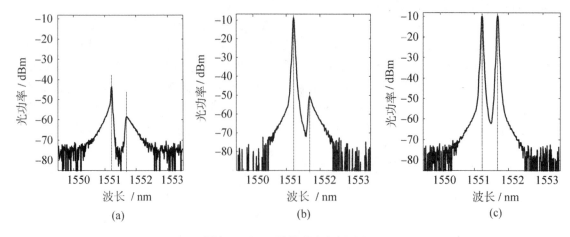

图 1.9 - 6 双波长激光起振过程

环形光纤激光器的工作原理是，在泵浦光作用下，掺铒光纤产生的辐射光经可调谐带通滤波器、梳状滤波器选频后，通过光衰减器、偏振控制器、光耦合器反馈到 EDFA 的输入端，再经多次放大、选频、谐振，当泵浦光高于阈值功率时，产生粒子数反转，从而输出激光。

三、实验仪器

武汉光迅 EDFA - BA - 16 光放大器 1 台（或烽火 EDF - L - 980/10m，980/1550 波分复用器（瀚宇）1 只），980nm 激光光源（众望 ZLD - 980 - S）1 台，光隔离器 ISO（瀚宇 PII - 1550 - D）1 只，梳状滤波器（光迅 WINT - C - 100 - C11，50GHz 间距）1 只，光学带通滤波器（NEWPORT TBF - 1550 - 1.0）1 只，偏振控制器（瀚宇 MPC - 1 - 1）1 只，80∶20 光耦合器（光迅 WBC - 12 - 1550 - 20）1 只，可调光衰减器（光迅 MROA - 1550 - 09）1 只，光频谱仪（MS9710C）1 台，400 倍光纤端面检测仪（维度科技 EC400K）1 台，3m 长 PC/FC 光纤跳线 5 根，光学镜头纸，无水酒精。

四、实验内容及要求

1. 波长可调的环形光纤激光器的设计

（1）设计一种输出为 1545 ~ 1555nm 之间任一波长的环形光纤激光器。搭建实验系统，参考如图 1.9 - 4 所示方案。注意：连接光纤前，用光纤端面检测仪检查光纤连接端子的清洁度，如果有灰等污物，用光纤镜头纸沾无水酒精擦拭干净。

（2）减少图 1.9 - 4 光衰减器的损耗，使激光器输出激光。调节带通滤波器的中心波长，观察激光波长的变化。

（3）由于光在激光腔的增益与光的偏振状态有关，因此可通过调节偏振控制器 PC，使激光器输出单波长或双波长激光。这是利用增益均衡技术来抑制 EDF 均匀展宽增益，从而实现了双波长激光在室温下稳定工作。用频谱仪观察激光的起振过程，记录其频谱。

2. 激光起振过程的研究

调节图 1.9 - 4 的光衰减器以增大激光腔的损耗，使激光器无激光输出，然后逐渐减少光衰减器的损耗，使激光器产生激光。用频谱仪观察激光的起振过程，记录其频谱，测量激光谱的峰值和半高宽，解释实验现象。

五、思考题

（1）简述构成光纤激光器的三要素。

（2）光纤激光器谐振腔的常见种类有哪两种？它们各有哪些特点？

（3）激光器在什么条件下可输出连续光，在什么条件下可输出脉冲光？

实验 1.10 针孔滤波实验

在许多实验中，要求使用纯净的、无杂波的激光束，然而由于反射镜、扩束镜上的瑕疵、灰尘、油污，以及光束经过的空气中悬浮的微粒等，使扩束后的光场中存在许多衍射斑纹（相干噪声）。为了改善光场质量，使扩束后的激光具有平滑的光强分布，常采用空间滤波即针孔滤波的方法。

一、实验目的

学会针孔滤波器的使用，理解其原理。

二、实验原理

激光束近似具有高斯型振幅或光强分布，细激光束经过短聚焦的透镜聚焦后，根据傅里叶光学原理，在透镜后焦面上出现输入光场的傅里叶变换谱，仍然是高斯分布。实际输入的光束为高斯分布与噪声函数的叠加，而噪声函数中的高频成分一般很丰富，可以认为谱面上的噪声谱和信号谱是近似分离的，因此只要选择适当的针孔直径，就可以滤去噪声，获得平滑的高斯分布。也就是说，针孔只让激光束中的无干扰部分通过，起着低通滤波器的作用。针孔能限制光束的大小，消除扩束镜及其在扩束以前光束经过的光学元件所产生的高噪声。如图 1.10 - 1 所示，针孔滤波器一般是厚度为 0.5mm 的铟钢片，用激光打孔的方法，制成 5 ～ 30μm 的针孔。

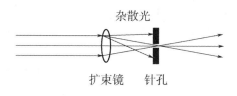

图 1.10 - 1 针孔滤波原理

针孔在使用时要放在扩束镜后焦面上的亮斑处。通常针孔和扩束镜安装在一个支架上，针孔的位置可用三个互相垂直的方向调节钮调节方向。

三、实验仪器

激光器、针孔滤波器、光屏、扩束镜。

四、实验内容及步骤

针孔滤波器的调节：

（1）首先在激光的前面一定距离放一光屏，将激光打在屏上的一点做记号，并且固定光屏。

（2）然后把针孔滤波器的针孔拿出，使针孔面朝上，不要接触桌面或工作台。

（3）将针孔滤波器放置于激光和光屏之间，调整针孔滤波器的高度使之与激光同高，这时就会在光屏上出现一个亮度均匀的圆光斑，并且光斑的中心与我们在光屏上做的记号重合。

（4）然后把针孔放到滤波器上，先调节前后方向的旋钮，使扩束镜向针孔方向移动；当在光屏上出现光点后，调节左右和垂直方向的旋钮，使光点移到光屏中间的记号上。

（5）不断重复第（4）步，使光斑的亮度逐渐增加，在光屏上观察到同心的亮暗衍射环。

（6）最后再沿三个方向微调，使中央亮斑半径不断扩大，亮度逐渐增加，直至最亮最均匀为止。

五、思考题

针孔滤波的原理是什么？

实验 1.11　激光的相位测距

一、实验目的

（1）掌握激光的特性及应用；
（2）了解激光相位测距的原理及方法。

二、实验原理

激光相位测距的基本原理是以被调制激光器的调制波长作为测量距离的尺子，通过测量激光在 A、B 两点之间的相位差，来确定两点之间的距离。

原则上讲，并不是只有激光可用于相位测距，其它一些波如超声波也可用于距离测量，如汽车上的倒车雷达。之所以采用激光，是由于其具有很好的指向性（发散角小）和高的能量密度。

在激光相位测距技术中，使用的激光都是被调制的，即激光强度是按一定频率周期性变化的。有两种调制方法：

①内调制法：通过周期性地改变半导体激光器的工作电流使输出光强随之发生周期性的变化。

②外调制法：使激光通过一个由起偏器、电光晶体、检偏器组成的系统，并在电光晶体上施加一个按正弦波变化的电压，通过改变激光光束的偏振态来改变光强。

一个被频率为 f 的正弦波调制的激光束，其波长由下式决定：

$$\lambda = C/f \qquad (1.11-1)$$

式中，C 为光速。

如图 1.11 – 1 所示，设想这束光从 A 点出发，到达 B 点，A、B 相距 L，则

$$L = Ct = C\Phi/2\pi f = \lambda(m + \Delta m) \qquad (1.11 - 2)$$

式中，t 为光从 A 到 B 的传输时间；Φ 为相位；m 为整数部分，可为 0，1，2，3，…；Δm 为小数部分，$\Delta m = \Delta\Phi/2\pi$，式（1.11 – 2）可表示为

$$L = \lambda m + \lambda\Delta\Phi/2\pi \qquad (1.11 - 3)$$

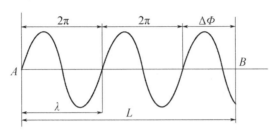

图 1.11 – 1　激光相位测距的基本原理

从式（1.11 – 3）和图 1.11 – 1 中可看出，激光的调制波长被当成一把测量距离的尺子。如果能够在测量过程中得到 m 和 Δm，就可求得 L。但是，如果 L 远大于 λ，则无法直接测得 m。当然，我们可以降低调制频率，使波长变长，使 L 小于 λ，这样 $m = 0$，只需测得 Δm 就行了。但大的 λ，往往使测量精度变低。为了兼顾大的测量范围和高的测量精度，不得不使用两种以上的波长来测量同一距离。

下面我们假设一个具体的测量，看看这个方法是如何工作的。如果现在有一段距离需要测量，估计有几百米（不会超过 600m）。现有一台精度为 1% 的激光相位测距仪，它有一个调制频率为 500kHz 的测量挡。根据 $\lambda = C/f$，调制波长约为 600m。用这个波长测量，结果为 137m，有近 2m 的误差。我们再用 15MHz 的另一测量挡进行一次测量，此时，调制波长为 20m。测量结果为 15.1m，误差为 0.2m 左右。第 2 次测量的 m 为 6，则这段距离为 $20 \times 6 + 15.1 = 135.1$（m），误差在 0.2m 之内。

从上面的例子中可以看出，通过两次不同频率测量，既获得了大的测量范围，又获得了较高的测量精度。

在实际的距离测量过程中，将激光发射器和光接收器分别放置于被测距离的两段，往往是不方便和不现实的。现实的方法是将发射器和接收器同置于一端，将激光照射到另一端的目标上，接收器接收从被照射端反射回的激光信号，如果目标表面的光反射性能不好，比如是一个漫反射表面且反射率不高，则激光的优势就非常重要和突出了。为了能够接收到尽量弱的信号，接收器一般采用光电倍增管或光电雪崩二极管。

采用这种往返光路的测量结果应是前面分析计算的结果除以 2。

本实验系统主要由三部分构成：

发射部分：包括可见光半导体激光器及驱动电路，可对半导体激光器的工作电流、调制频率、调制深度等工作状态进行调整和改变。通过这些变化我们可以对激光器的光电特性、阈值电流、电调制特性进行观察和测量。

接收部分：由于反射回来的光往往非常微弱，因此，本实验采用一种高灵敏度的光电传感器——雪崩光电二极管（APD）作为光接收元件。APD 与普通的光电二极管不同，普通的光电二极管一般工作在几伏到几十伏的反向偏压下，而 APD 的反向偏压一般为

100～200V，在这样高的反向偏压下，势垒区的电场很强，光照产生的电子和空穴在势垒区的强电场作用下将得到很大的动能，它们会碰撞出新的电子和空穴，这些新的电子和空穴又会被势垒区的强电场加速，再产生新的电子和空穴，如此下去，像雪崩一样。这个过程在外部看来，就像其内部有光信号放大作用一样。这个内部增益可用 M 数表示，普通的光电二极管的 M 小于1，而 APD 的 M 可大于100。在高速光信号探测时，为了得到高的响应速度，负载电阻都比较小，这就对前级放大器要求很高，具有内部放大功能的器件对前级放大是很有帮助的。

接收部分主要由 APD、放大电路和驱动电源构成。通过对 APD 反向电压的调整和信号强度的观察，可以了解雪崩二极管的工作原理和工作条件以及使用方法。

相位差计：用来测量接收到的光信号的相位。在此，采用了专用电路，可直接给出驱动信号与接收到的光信号之间的相位差，其标定后的曲线图如图 1.11-2 所示。

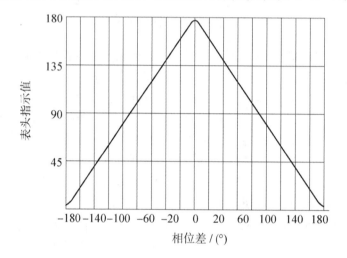

图 1.11-2　驱动信号与接收到的光信号之间的相位差

图 1.11-2 相位差的正负由曲线斜率的正负来决定。

在实验中需注意的是表头的指示值是半导体激光器的驱动信号与接收到的光信号之间的相位差，这里不仅包含测量距离引起的相位差，还包含电路本身的相位差，我们在实验中要通过减去测量起点处的相位差来求出测量距离引起的相位差。

由于电路本身的缺陷，在曲线的顶端和尾端有比较大的误差，测量时应尽量避免。

三、实验仪器

光学实验导轨、可调制半导体激光器 + 二维调整架（650nm 25mW）、主机箱、APD 附件 + 二维调整架、大透镜（$f = 150mm$）、小透镜（$f = 60mm$）、转接杆、白屏（2 个）、导轨滑块（4 个）、三角架。

四、实验内容及步骤

本实验电器连接框图如图 1.11-3 所示。

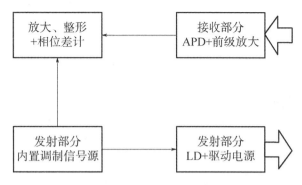

图 1.11－3　实验电器连接框图

其机箱面板如图 1.11－4 所示。

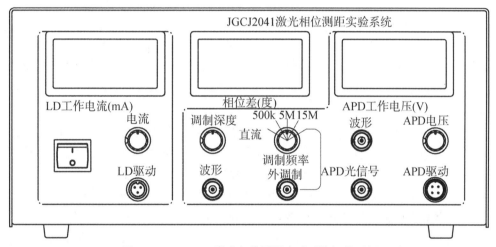

图 1.11－4　JGCJ 激光相位测距实验系统机箱面板

（1）实验仪器安装如图 1.11－5 所示，在光学实验导轨（简称导轨）上依次安装 APD、小透镜、大透镜和白屏，在大透镜的不锈钢杆上同时安装转接杆和半导体激光器（LD），其中 APD 距大透镜约 150mm，白屏距大透镜 400～500mm。

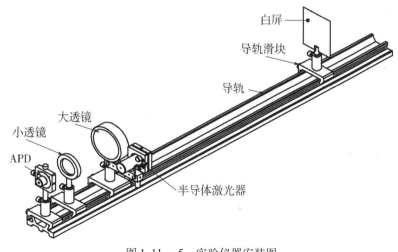

图 1.11－5　实验仪器安装图

（2）将 LD 与机箱 LD 驱动插座相连，APD 与机箱 APD 驱动和 APD 光信号相连。将电流、调制深度、APD 电压逆时针旋到头，调制频率拨到直流挡。接通 220V 电源，打开电源开关。

（3）顺时针旋转电流旋钮，直到 LD 工作电流达到最大，LD 发出红色激光。

（4）取下导轨上的白屏和小透镜，将激光打到测量目标上，如远处的白色墙面或三角架上的白屏。在大透镜后面用白屏仔细寻找反射回来的激光光斑。由于远处反射表面可能是漫反射表面，因此反射回的光斑可能非常微弱，请认真仔细地寻找。

（5）仔细调整 LD 的指向和大透镜与 APD 之间的相对位置，使激光光斑焦点打在 APD 探测器的小透镜上。

（6）将示波器的两个通道分别与机箱波形插座相连，以调制深度旋钮下的波形作为示波器的触发信号。

（7）为防止调制频率换挡时对 LD 冲击过大，先将电流旋钮逆时针旋转，将 LD 工作电流降低，将调制频率拨到 500kHz 挡，顺时针旋转电流、调制深度和 APD 电压旋钮，观察 APD 光信号的波形变化。仔细调整这 3 个旋钮，使 APD 光信号尽量地完美，体会 LD 工作电流、调制深度和 APD 电压的作用，改变 APD 电压，观察光信号波形的幅度变化，估计 APD 的雪崩电压。

说明：当反向电压增大到一定程度时，信号幅度会急剧增大，此时的反向电压值即为雪崩电压。雪崩电压一般有一个范围，并受温度影响。反向电压太低，信号放大率较小；反向电压太高，噪声会急剧增加。因此，选择适当的反向电压是非常困难和重要的。

（8）分别在 5M 和 15M 挡的调制频率上重复步骤（7）的操作，仔细体会 LD 工作电流、调制深度和雪崩电压的作用和影响，了解 LD 和 APD 的特性和工作条件。

（9）选定一个调制频率做距离测量，如 500kHz，仔细调整光路和激光器工作电流、调制深度和 APD 的反向电压，将 APD 光信号调到最佳（信号无震荡，较大的信号幅度和较小的噪声），在示波器上估算两个信号的相位差。取下示波器信号线，从相位差表头读取相位差计指示值（示波器信号线对相位差指示值有一定的影响），前后小幅度移动被测目标，判断相位差的符号是"正"还是"负"，记下这个值 A。

（10）将白屏和小透镜放回到导轨的滑块上，仔细调整 LD 的指向和小透镜的位置，使导轨白屏上的光斑成像在 APD 上，重新连接示波器信号线，观察接收到的信号波形。调制 APD 位置，使信号幅度与步骤（9）中的信号幅度大致相同（不可再调整工作电流、调制深度和反向电压旋钮）。在示波器上再次估算两个信号的相位差，并与步骤（9）中的示波器估算值相比较。取下信号线，前后小幅度移动被测目标（白屏），判断相位差的符号是"正"还是"负"，记录下此时的相位差计指示值 B。

（11）从标定曲线图中查出 A、B 对应的相位差值。两值相减即为两点之间的相位差 θ。根据 500kHz 的光波调制波长和 θ，可求出两点之间的距离。

特别注意：在步骤（9）中第一次调整好 APD 光信号后，LD 工作电流、调制深度和 APD 电压都应尽量不动，以减少误差。

（12）换一个调制频率，如 15MHz，重复步骤（9）、（10）、（11）中的操作，体会波长对测量精度的影响，提高上次测量的精度。

五、注意事项

（1）避免激光直射入眼，以免对眼睛造成损伤。

（2）调试中应特别注意观察驱动波形，调整调制深度旋钮时，应保证驱动波形不出现二次谐波，以一近似正弦波或三角波为佳，否则误差较大。

六、思考题

（1）本实验中为什么要使用两种以上的波长来测量同一距离？

（2）激光相位测距的原理是什么？

实验 1.12　激光全息照相

普通照相记录下来的是物体光波的强度，不能记录相位，因而丢失了物体纵深方向的信息，照片看起来没有立体感。1948 年英国科学家盖伯（D. Gabor）在研究电子显微镜的分辨率时，采用了一种两步无透镜成像法，可以提高电子显微镜的分辨本领。他提出的方法，利用了光的干涉原理来记录物光波，并利用光的衍射原理来再现物光波。这种方法可以同时记录下物体光波的振幅和相位，是全息照相的基本原理，为此盖伯在 1971 年获得诺贝尔物理学奖。

"全息"来自希腊字"holo"，含义是"完全的信息"，即包含光波中的振幅和相位信息。利用激光全息照相得到的全息图，图上的任何一块小区域都能重现整个物体的像。激光全息照相在流场显示、无损探伤、全息干涉计量和制作全息光学元件等领域有着广泛的应用。

一、实验目的

（1）加深理解激光全息照相的基本原理；

（2）初步掌握拍摄全息照片和观察物体再现像的方法；

（3）了解全息照相技术的主要特点，并与普通照相进行比较；

（4）了解显影、定影、漂白等暗室冲洗技术。

二、实验原理

1. 全息照相与普通照相的主要区别

物体上各点发出（或反射）的光（简称物光波）是电磁波，借助它们的频率、振幅和相位信息的不同，人们可以区别物体的颜色、明暗、形状和远近。普通照相是运用几何光学中透镜成像的原理，把被拍摄物体成像在一张感光底片上，冲洗后就得到了一张记录物体表面光强分布的平面图像，像的亮暗和物体表面反射光的强弱完全对应，但是无法记录光振动的相位，所以普通照相没有立体感，它得到的只能是物体的一个平面像。所谓全息照相，是指利用光的干涉原理把被拍摄物体的全部信息——物光波的振幅和相位，都记录下来，并能够完全再现被摄物的全部信息，再现形象逼真的物体立体像。全息照相的过程分两步：全息记录和全息再现。

2. 全息记录

全息照相是一种干涉技术，为了能够清晰地记录干涉条纹，要求记录的光源必须是相干性能很好的激光光源。图 1.12 - 1 是全息照相的光路示意图。

由激光器发出的激光束，通过分束镜分成两束相干的透射光和反射光：一束光经反射镜 M_1 反射，再经扩束镜 L_1 扩束后照射到被拍摄物体上，然后从物体投向全息底片 H 上，这部分光称为物光。另一束光经反射镜 M_2 反射，再经扩束镜 L_2 扩束直接照射到底片上，称为参考光。由于同一束激光分成的两束光具有高度的时间相干性和空间相干性，在照相底片上相遇后，形成干涉条纹。由于被摄物体发出的物光波是不规则的，这种复杂的物光波是由无数的球面波叠加而成的，因此，在全息底片上记录的干涉图样是一些无规则的干涉条纹，这就是全息图。

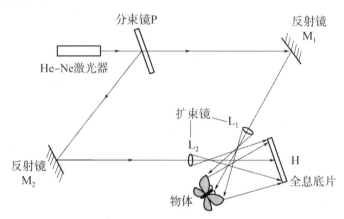

图 1.12 - 1　全息照相的光路示意图

全息照相采用了一种将相位关系转换成相应振幅关系的方法，把相位关系以干涉条纹明暗变化的形式记录在全息底片上。干涉条纹上各点的明暗主要取决于两相干光波在该点的相位关系（与两光波的振幅也有关）。干涉条纹的明暗对比度（即反差）取决于物光和参考光的振幅，即条纹的反差包含物光波的振幅信息。在全息照相中，无规则的干涉条纹的间距是由参考光与物光波投射到照相底片时二者之间的夹角决定的，夹角大的地方条纹细密，夹角小的地方条纹稀疏。物光波的全部信息以干涉条纹的形式记录在全息底片上，经显影、定影等处理就得到全息照片。

下面推导全息记录的光强分布：

激光照射物体后的物光波的表达式为

$$u_0 = A_0 \exp[j(\varphi_0 + \omega t)] \tag{1.12 - 1}$$

式中，A_0 为物光波的空间振幅；φ_0 为物光波的空间相位；ωt 为物光波传播时的瞬时相位。

参考光波的表达式为

$$u_R = A_R \exp[j(\varphi_R + \omega t)] \tag{1.12 - 2}$$

式中，A_R 为参考光波的空间振幅；φ_R 为参考光波的空间相位。

当 u_0 与 u_R 在照相底片平面 (x, y) 上相遇时，由于激光的相干性而产生干涉，干涉条纹的强度 $I(x, y)$ 为

$$I(x,y) = A_0^2 + A_R^2 + A_0 A_R \exp[j(\varphi_0 - \varphi_R)] + A_0 A_R \exp[-j(\varphi_0 - \varphi_R)]$$
$$= A_0^2 + A_R^2 + A_0 A_R \cos(\varphi_0 - \varphi_R) \tag{1.12-3}$$

式中，第一项是物光波光强，第二项是参考光光强。如果让规则的参考光比物光波强许多，那么此两项在记录平面上将构成较为均匀的背景。第三项是干涉项，包含着物光波的振幅 A_0 和相位 φ_0 的全部信息。其中 $A_0 A_R$ 因子与 $A_0^2 + A_R^2$ 的比值决定了点 (x, y) 附近干涉条纹的明暗对比度。$\cos(\varphi_0 - \varphi_R)$ 因子则决定了点 (x, y) 附近干涉条纹的分布状况。因此底片上记录下来的光强分布包含着物光波的振幅和相位全部信息。

3. 全息再现

全息图上看不到如普通照片那样的拍摄物体的像，只有在高倍显微镜下才可看到浓淡、疏密、走向不同的干涉条纹。所以，一张全息图片相当于一块复杂的"衍射光栅"，而物像再现的过程就是光的衍射过程。一般采用拍摄时所用的激光作为照明光，并以特定方向或与原参考光相同的方向照射全息图片，就能在全息图片的衍射光波中得到 0 级衍射光波和 ±1 级衍射光波，如图 1.12-2 所示。

0 级衍射光：具有再现光的相位特性，其方向与再现光相同。

+1 级衍射波：发散光，具有原物光波的一切特性，可以观察到与原物体完全相同的再现虚像。

-1 级衍射波：会聚光，具有与原物光波共轭的相位，在虚像的相反一侧观察到实像。

最简单的再现方法是按原参考光的方向照射全息图片。如图 1.12-2 所示，把拍好的全息照片放回底片架上，遮挡住光路中的物光（转动其反射镜 M_1 或其它办法），移走光路中的被拍物体，只让参考光照在全息照片上。这样在拍摄物体方向可看到物的虚像，在全息照片另一侧有一个与虚像共轭的对称实像。

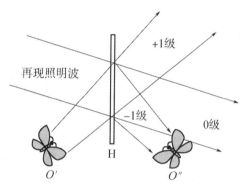

图 1.12-2　物像再现示意图

下面推导从全息图上取出物光波信息的数学过程。

由于全息图上记录的是干涉条纹，可以视为一个复杂的衍射光栅，而透过光栅的衍射光波的振幅、相位与光栅图样有关。也就是说，透过全息图的衍射光携带着物光波的振幅与相位信息。由照相技术知道，如曝光和显影恰当，底片的光波透过率 $T(x, y)$ 与曝光时的光强 $I(x, y)$ 呈线性关系，即

$$T(x,y) = T_0 + \beta \cdot I(x,y) \tag{1.12-4}$$

式中，T_0 为照相底片的灰雾度；β 为曝光曲线上线性区的斜率；$I(x, y)$ 为全息图上的光强分布。

将式（1.12-3）代入式（1.12-4），得透射光波为

$$T(x,y) = (T_0 + \beta \cdot A_R^2) + \beta \cdot A_0^2 + \beta \cdot [A_0 A_R \exp j(\varphi_0 - \varphi_R)] +$$
$$\beta \cdot [A_0 A_R \exp(-j(\varphi_0 - \varphi_R))]$$

式中，第一、二项不含物光波相位信息，沿再现光方向传播，为 0 级衍射光；第三项正比于物光波，若像从被拍摄物发出，是 +1 级衍射光，可再现与物体完全逼真的三维立体虚像；第四项包含着物光波的共轭光，是 -1 级衍射光，在一定条件下会形成一个畸变的与

实物的凸凹相反的共轭实像。综上所述，应用光的衍射原理，可再现物光的全部信息，还原出物体的三维立体图像。

4. 全息记录的主要特征

（1）立体感强。全息照相记录的是物体光波的全部信息，因此通过全息照片所看到的虚像是逼真的三维物体，立体感强，看上去好像实物就在眼前。如果从不同角度观察全息图的再现虚像，就像通过窗户看室外景物一样，可以看到物体的不同侧面，有视差效应和景深感。这一特点使全息照相在立体显示方面得到广泛应用。

（2）具有可分割性。因为全息照片上每一点都有可能接收到物体各点来的散射光，即记录来自物体各点的物光波信息（物体上每一点的散射光都可照射到全息底片的各个点），所以把全息照片分成许多小块，其中每一小块都可以再现整个物体，即使将底片打碎了，任意一碎片仍能再现出完整的物像。但面积越小，再现效果越差。这一特点使全息照相在信息存储方面开拓了应用领域。

（3）全息照片的再现可放大和缩小。用不同波长的激光照射全息照片，由于与拍摄时所用激光的波长不同，再现的物像就会发生放大或缩小。

（4）同一张全息底片可重叠多个全息图，具有可多次曝光的特性。在一次全息照相曝光后，只要稍微改变感光胶片的方位（或物光波或参考光波的方向），就可以进行第二次、第三次曝光，记录不同的被摄物而不发生重叠。并且再现时，只要适当转动底片即可获得互不干扰的物像。例如，对于不同的景物，采用不同角度的参考光束，则相应的各种景物的再现像就出现在不同的衍射方向上，每一再现的像可不受其它再现像的干扰而显示出来。如果参考光不变，而使物体变化前后的两个物光波分别与参考光干涉，并先后记录在同一张全息底片上，再现时就能通过全息图的观察，得到物体变化的信息，但重叠次数不宜多。这种两次曝光法是广泛应用的全息干涉计量的主要方法。

5. 全息照相的拍摄条件

（1）对光源的要求。必须使用具有高度空间和时间相干性的光源，并要有足够的功率，使用要方便。常用的小型 He－Ne 激光器，其输出功率为 $1\sim2$ mW，可用来拍摄较小的漫反射物体。

（2）对系统稳定性的要求。如果在曝光过程中，干涉条纹的移动超过半个条纹宽度，干涉条纹就记录不清；如果小于半个条纹宽度，全息图像有时仍可形成，但质量会受到影响。所以，记录的干涉条纹越密（物光和参考光夹角越大）或曝光时间越长，对稳定性的要求就越高。为此，需要有一个刚性和隔振性能都良好的工作台，系统中所有光学元件和支架都要使用磁性座牢固地吸在台面钢板上，以保证各元件之间没有相对移动。曝光过程中不可高声谈话，不要走动，以保证实验的顺利进行。

（3）对光路的要求。从分束镜开始，激光束被分成参考光和物光，最后在全息底片上相遇。实验中，参考光和物光之间的光程差、夹角、光强比都有一定的要求：① 光程差要尽量小，一般不超过10cm；② 物光和参考光投射到全息底片上的夹角要适当（一般选取 $30°\sim50°$），夹角小一些，可以降低对系统的稳定性及底片分辨率的要求；③光强比要合适，一般选择参考光与物光在全息底片上的光强比在 $4:1\sim10:1$ 之间。这时，全息图将有比较大的反差，再现的图像会有比较好的效果。

（4）对全息底片的要求。要获得优良的全息图，一定要有合适的记录介质。目前使用的 I 型全息底片，分辨率可达 3000 条/mm 左右，能满足一般的拍摄要求，但使用时，物光和参考光的夹角以 30° ~ 50° 为宜。 I 型全息底片专门用于 He – Ne 激光（波长为 632.8 nm），对绿光不敏感，可在暗绿灯下操作。

三、实验仪器及准备

1. 实验仪器

He – Ne 激光器（波长为 632.8 nm）、全息平台、光学元件、显影液、定影液、暗室冲洗设备。

光学元件有：

（1）分束镜 P（如图 1.12 – 1 所示）：它可以将入射光分成两束相干的透射光和反射光。用透过率表示分束性能，如透过率为 95%，表示透射光与反射光分别占入射光强的 95% 与 5%。

（2）平面反射镜 M_1、M_2：能根据需要改变光束方向。

（3）扩束镜 L_1、L_2：能扩大激光束的光斑。用放大倍数表示其扩束性能，如 25 × 和 60 × 等。相同情况下，放大倍数越大，被扩束的光斑范围越大，光强越小。

（4）光学元件调整架：用于固定光学元件，被固定的光学元件可以上下、左右、俯仰调节。整个调整架能够在平台上移动，借助磁吸力也可以被固定在平台钢板上。

（5）全息底片 H：用于记录干涉图样。常选用分辨率为 3000 条/mm 的天津 I 型，可以在暗室里用玻璃刀将底片裁成约 4 cm × 6 cm 的大小。

（6）接收屏：白屏。

（7）载物台：放置物体的小平台。

（8）被摄物体 O：选用反光好的玻璃或陶瓷小工艺品。

（9）定时快门：控制曝光时间。

2. 预备问题

（1）全息照相有哪些特点？简要说明全息照相与普通照相的根本区别。

（2）为什么全息记录时要求参考光和物光之间的夹角比较小？为什么要求参考光和物光的光程差尽量小？

（3）全息记录时理论上要求参考光与物光的光强比在 4:1 ~ 10:1 之间，实验中又总是让分束镜分出的较强光束进入物光光路，两者矛盾吗？

四、实验内容及步骤

（1）设计布置全息光路：调整全息记录平面上的物光与参考光的夹角、光强比，调整物光光程、参考光光程，满足全息光源相干长度的要求。

（2）拍摄全息图（记录物光波和参考光波的干涉条纹）。

（3）将底片进行显影、定影、漂白等处理后漂洗晾干即成全息照片。

（4）物像再现、观察并记录实验现象。

① 激光照射全息底片的乳胶面，尽可能使光照方向与原来的参考光束方向一致。从照片反面观察物像，分析物像的位置与原物位置的关系。

② 改变观察角度，观察物像有什么变化。

③ 移去激光器的扩束镜，使激光束只照射在照片的很小一部分上，观察物像。

④ 把全息照片的正反面翻转，使乳胶面向着观察者，用不扩束的激光束照射，再用毛玻璃在全息片后面（观察者一侧）移动，接收并观察实像。

⑤ 对以上观察结果作出合理解释。

五、注意事项

（1）眼睛不能直接对着激光观察。观察光斑时应将激光束照射在白屏上。

（2）光学元件的光学表面应保持清洁，切勿用手、布片、纸片等擦拭。

（3）拍摄前几分钟及整个曝光时间内，操作人员必须离开全息台并保持静止，确保全息照相在稳定状态下进行。

六、思考题

（1）光路基本摆好后，移动哪一种元件既不影响光程差和夹角又能改变光强比？

（2）用两个相同的激光器发出的激光分别作为参考光和物光，能否制作出全息图？为什么？如果再现时换一种波长的光源，能否看到再现像？如果可以，将有何变化？

（3）为什么全息照片的每一碎片都能再现整个物体的像？

（4）为什么用 He－Ne 激光拍摄的全息照片可以在暗绿色灯下进行暗室处理？

第2章　显示与驱动技术实验

实验2.1　液晶光电效应实验

一、实验目的

（1）在掌握液晶光开关的基本工作原理的基础上，测量液晶光开关的电光特性曲线，并由电光特性曲线得到液晶的阈值电压和关断电压；

（2）测量驱动电压周期变化时液晶光开关的时间响应曲线，并由时间响应曲线得到液晶的上升时间和下降时间；

（3）测量由液晶光开关矩阵所构成的液晶显示器的视角特性以及在不同视角下的对比度，了解液晶光开关的工作条件；

（4）了解液晶光开关构成图像矩阵的方法，学习和掌握这种矩阵所组成的液晶显示器构成文字和图形的显示模式，从而了解一般液晶显示器件的工作原理。

二、实验原理

1. 液晶光开关的工作原理

液晶的种类很多，本书仅以常用的 TN（扭曲向列）型液晶为例，说明其工作原理。

TN 型光开关的结构如图 2.1 - 1 所示。在两块玻璃板之间夹有正性向列相液晶，液晶分子的形状为棒状。液晶分子长度在十几埃，直径为 $4 \sim 6 \text{Å}$，液晶层厚度一般为 $5 \sim 8 \mu\text{m}$。玻璃板的内表面涂有透明电极，电极的表面预先做了定向处理（可用软绒布朝一个方向摩擦，也可在电极表面涂取向剂）。

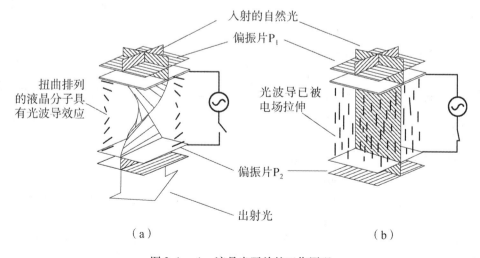

（a）　　　　　　　　　　　　　（b）

图 2.1 - 1　液晶光开关的工作原理

这样，液晶分子在透明电极表面就会躺倒在摩擦所形成的微沟槽里；电极表面的液晶分子按一定方向排列，且上下电极上的定向方向相互垂直。上下电极之间的那些液晶分子因范德华力的作用，趋向于平行排列。然而由于上下电极上液晶的定向方向相互垂直，所以从俯视方向看，液晶分子的排列从上电极的沿 $-45°$ 方向排列逐步地、均匀地扭曲到下电极的沿 $+45°$ 方向排列，整个扭曲了 $90°$，如图 2.1 - 1a 所示。

理论和实验都证明，上述均匀扭曲排列起来的结构具有光波导的性质，即偏振光从上电极表面透过扭曲排列起来的液晶分子传播到下电极表面时，偏振方向会旋转 $90°$。

取两张偏振片贴在玻璃的两面，P_1 的透光轴与上电极的定向方向相同，P_2 的透光轴与下电极的定向方向相同，于是 P_1 和 P_2 的透光轴相互正交。

在未加驱动电压的情况下，来自光源的自然光经过偏振片 P_1 后只剩下平行于透光轴的线偏振光，该线偏振光到达输出面时，其偏振面旋转了 $90°$。这时光的偏振面与 P_2 的透光轴平行，因而有光通过。

在施加足够电压情况下（一般为 $1 \sim 2V$），在静电场的作用下，除了基片附近的液晶分子被基片"锚定"以外，其它液晶分子趋于平行于电场方向排列。于是原来的扭曲结构被破坏，成了均匀结构，如图 2.1 - 1b 所示。从 P_1 透射出来的偏振光的偏振方向在液晶中传播时不再旋转，保持原来的偏振方向到达下电极。这时光的偏振方向与 P_2 正交，因而光被关断。

由于上述光开关在没有电场的情况下让光透过，加上电场的时候光被关断，因此叫作常通型光开关，又叫作常白模式。若 P_1 和 P_2 的透光轴相互平行，则构成常黑模式。

液晶可分为热致液晶与溶致液晶。热致液晶在一定的温度范围内呈现液晶的光学各向异性，溶致液晶是溶质溶于溶剂中形成的液晶。目前用于显示器件的都是热致液晶，它的特性随温度的改变而有一定变化。

2. 液晶光开关的电光特性

图 2.1 - 2 为光线垂直液晶面入射时本实验所用液晶相对透射率（以不加电场时的透射率为 100%）与外加电压的关系。

由图 2.1 - 2 可见，对于常白模式的液晶，其透射率随外加电压的升高而逐渐降低，在一定电压下达到最低点，此后略有变化。可以根据此电光特性曲线得出液晶的阈值电压和关断电压。

阈值电压：透过率为 90% 时的驱动电压；

关断电压：透过率为 10% 时的驱动电压。

液晶的电光特性曲线越陡，即阈值电压与关断电压的差值越小，由液晶开关单元构成的显示器件允许的驱动路数就越多。TN 型液晶最多允许 16 路驱动，故常用于数码显示。在电脑、电视等需要高分辨率的显示器件中，常采用 STN（超扭曲向列）型液晶，以改善电光特性曲线的陡度，增加驱动路数。

3. 液晶光开关的时间响应特性

加上（或去掉）驱动电压能使液晶的开关状态发生改变，是因为液晶的分子排列发生了改变，这种重新排列需要一定时间，反映在时间响应曲线上，用上升时间 τ_r 和下降时间 τ_d 描述。给液晶开关加上一个如图 2.1 - 3a 所示的周期性变化的电压，就可以得到液晶的时间响应曲线，其上升时间和下降时间如图 2.1 - 3b 所示。

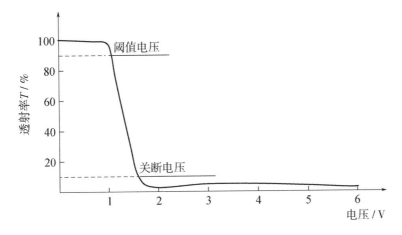

图 2.1-2　液晶光开关的电光特性曲线

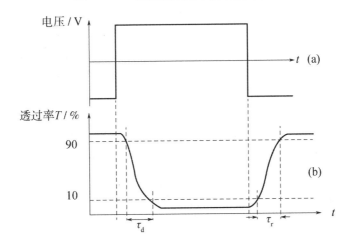

图 2.1-3　液晶驱动电压和时间响应曲线

上升时间 τ_r：透过率由 10% 升到 90% 所需时间；

下降时间 τ_d：透过率由 90% 降到 10% 所需时间。

液晶的响应时间越短，显示动态图像的效果越好，这是液晶显示器的重要指标。早期的液晶显示器在这方面逊色于其它显示器，现在通过结构方面的技术改进，已达到很好的效果。

4. 液晶光开关的视角特性

液晶光开关的视角特性表示对比度与视角的关系。对比度定义为光开关打开和关断时透射光强度之比，对比度大于 2 时，可以获得满意的图像，对比度小于 2，图像就模糊不清了。

图 2.1-4 表示了某种液晶视角特性的理论计算结果。图 2.1-4 中，用与原点的距离表示垂直视角（入射光线方向与液晶屏法线方向的夹角）的大小。

图中 2.1-4 中同心圆分别表示垂直视角为 30°、60° 和 90°。90° 同心圆外面标注的数字表示水平视角（入射光线在液晶屏上的投影与 0° 方向之间的夹角）的大小。图 2.1-4

中的闭合曲线为不同对比度时的等对比度曲线。

由图 2.1 - 4 可以看出，液晶的对比度与垂直、水平视角都有关，而且具有非对称性。若我们把具有图 2.1 - 4 所示视角特性的液晶开关逆时针旋转，以220°方向向下，并由多个显示开关组成液晶显示屏，则该液晶显示屏的左右视角特性对称，在左、右和俯视 3 个方向，垂直视角接近 60° 时对比度为 5，观看效果较好。在仰视方向对比度随着垂直视角的加大迅速降低，观看效果差。

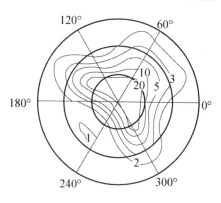

图 2.1 - 4　液晶的视角特性

5. 液晶光开关构成图像显示矩阵的方法

除了液晶显示器以外，其它显示器靠自身发光来实现信息显示功能，显示器主要有：阴极射线管显示（CRT）、等离子体显示（PDP）、电致发光显示（ELD）、发光二极管显示（LED）、有机发光二极管显示（OLED）、真空荧光管显示（VFD）、场发射显示（FED）。这些显示器因为要发光，所以要消耗大量的能量。

液晶显示器通过对外界光线的开关控制来完成信息显示任务，为非主动发光型显示，其最大的优点在于能耗极低。正因为如此，液晶显示器在便携式装置的显示方面，例如电子表、万用表、手机、传呼机等具有不可代替地位。下面我们来看看如何利用液晶光开关来实现图形和图像显示任务。

矩阵显示方式是把图 2.1 -5a 所示的横条形状的透明电极制在一块玻璃片上，叫作行驱动电极，简称行电极（常用 X_i 表示），而把竖条形状的电极制在另一块玻璃片上，叫作列驱动电极，简称列电极（常用 S_i 表示）。把这两块玻璃片面对面组合起来，把液晶灌注在这两片玻璃之间构成液晶盒。为了画面简洁，通常将横条形状和竖条形状的 ITO 电极抽象为横线和竖线，分别代表扫描电极和信号电极，如图 2.1 -5b 所示。

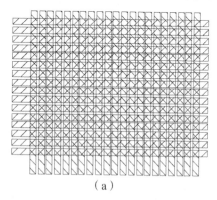

（a）

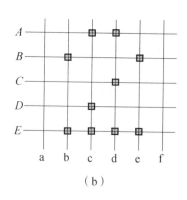

（b）

图 2.1 - 5　液晶光开关组成的矩阵式图形显示器

矩阵型显示器的工作方式为扫描方式，以下简要介绍其显示原理。

想要显示图 2.1 -5b 上有方块的像素，首先在第 A 行加上高电平，其余行加上低电平，同时在列电极的对应电极 c、d 上加上低电平，于是 A 行的那些带有方块的像素就被显示出来了。然后第 B 行加上高电平，其余行加上低电平，同时在列电极的对应电极 b、e 上加上低电平，因而 B 行的那些带有方块的像素被显示出来了。然后是第 C 行、第 D 行……，依此类推，最后显示出一整场的图像。这种工作方式称为扫描方式。

这种分时间扫描每一行的方式是平板显示器的共同的寻址方式，依这种方式，可以让每一个液晶光开关按照其上的电压的幅值让外界光关断或通过，从而显示出任意文字、图形和图像。

三、实验仪器

本实验所用仪器为液晶光开关电光特性综合实验仪，其外部结构如图 2.1-6 所示。

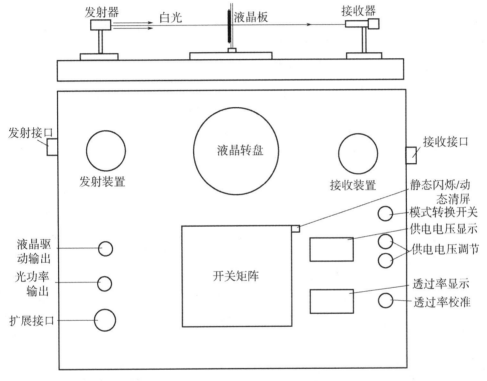

图 2.1-6　液晶特性综合实验仪功能键示意图

下面简单介绍仪器各个按钮的功能。

（1）模式转换开关：切换液晶的静态和动态（图像显示）两种工作模式。在静态时，所有的液晶单元所加电压相同，在动态图像显示时，每个单元所加的电压由开关矩阵控制。同时，当开关处于静态时打开发射器，当开关处于动态时关闭发射器。

（2）静态闪烁/动态清屏切换开关：当仪器工作在静态的时候，此开关可以切换到闪烁和静止两种方式；当仪器工作在动态的时候，此开关可以清除液晶屏幕因按动开关矩阵而产生的斑点。

（3）供电电压显示：显示加在液晶板上的电压，范围在 0.00 ～ 7.60V 之间。

（4）供电电压调节按键：改变加在液晶板上的电压，调节范围在 0 ～ 7.60V 之间。其中单击"＋"按键（或"－"按键）可以增大（或减小）0.01V。一直按住"＋"按键（或"－"按键）2s以上可以快速增大（或减小）供电电压，但当电压大于或小于一定范围时需要单击按键才可以改变电压。

（5）透过率显示：显示光透过液晶板后光强的相对百分比。

（6）透过率校准按键：在接收器处于最大接收状态的时候（即供电电压为0V时），如果显示值大于"250"，则按住该键3s可以将透过率校准为100％；如果供电电压不为0，或显示小于"250"，则该按键无效，不能校准透过率。

（7）液晶驱动输出：接存储示波器，显示液晶的驱动电压。

（8）光功率输出：接存储示波器，显示液晶的时间响应曲线，可以根据此曲线来得到液晶响应时间的上升时间和下降时间。

（9）扩展接口：连接 LCDEO 信号适配器的接口，通过信号适配器可以使用普通示波器观测液晶光开关特性的响应时间曲线。

（10）发射器：为仪器提供较强的光源。

（11）液晶板：本实验仪器的测量样品。

（12）接收器：将透过液晶板的光强信号转换为电压输入到透过率显示表。

（13）开关矩阵：此为 16×16 的按键矩阵，用于液晶的显示功能实验。

（14）液晶转盘：承载液晶板一起转动，用于液晶的视角特性实验。

（15）电源开关：仪器的总电源开关。

四、实验内容及步骤

1. 液晶的阈值电压和关断电压测量

将液晶板金手指 1（如图 2.1－7）插入转盘上的插槽，液晶凸起面必须正对光源发射方向。打开电源开关，点亮光源，使光源预热 10min 左右。

在正式进行实验前，首先需要检查仪器的初始状态，看发射器光线是否垂直入射到接收器；在静态 0V 供电电压条件下，透过率显示经校准后是否为"100％"。如果显示正确，则可以开始实验；如果不正确，可以根据仪器使用说明书的调节方法将仪器调整好再进行实验。

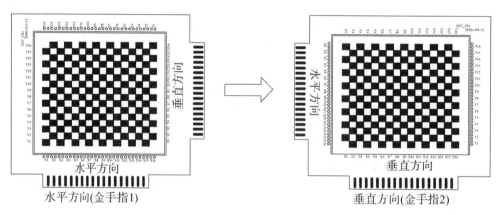

图 2.1－7　液晶板方向（视角为正视液晶屏凸起面）

2. 液晶光开关电光特性测量

将模式转换开关置于静态模式，将透过率显示校准为 100%，按表 2.1-1 的数据改变电压，使得电压值从 0V 变化到 6.0V，记录相应电压下的透射率数值。重复 3 次并计算相应电压下透射率的平均值，依据实验数据绘制电光特性曲线，可以得出阈值电压和关断电压。

表 2.1-1 液晶光开关电光特性测量

电压/V		0	0.5	0.8	1.0	1.2	1.3	1.4	1.5	1.6	1.7	2.0	3.0	4.0	5.0	6.0
透射率/%	1															
	2															
	3															
	平均															

3. 液晶时间响应的测量

将模式转换开关置于静态模式，透过率显示调到 100%，然后将液晶供电电压调到 2.0V，在液晶静态闪烁状态下，用存储示波器观察此光开关时间响应特性曲线，可以根据此曲线得到液晶的上升时间 τ_r 和下降时间 τ_d。

4. 液晶光开关视角特性的测量

1）水平方向视角特性的测量

将模式转换开关置于静态模式。首先将透过率显示调到 100%，然后再进行实验。

确定当前液晶板为金手指 1 插入的插槽。在供电电压为 0V 时，按照表 2.1-2 所列举的角度调节液晶屏与入射激光的角度，在每一角度下测量光强透过率最大值 T_{min}。然后将供电电压设置为 2.0V，再次调节液晶屏角度，测量光强透过率最小值 T_{min}，并计算其对比度。以角度为横坐标、对比度为纵坐标，绘制水平方向对比度随入射光入射角而变化的曲线。

2）垂直方向视角特性的测量

关断总电源后，取下液晶显示屏，将液晶板旋转 90°，将金手指 2（垂直方向）插入转盘插槽。重新通电，将模式转换开关置于静态模式。按照与 1）相同的方法和步骤，可测量垂直方向的视角特性。将数据记录于表 2.1-2 中。

表 2.1-2 液晶光开关视角特性测量

角度/（°）		-75	-70	…	-10	-5	0	5	10	…	70	75
水平方向视角特性	T_{max}/%											
	T_{min}/%											
	T_{max}/T_{min}											
垂直方向视角特性	T_{max}/%											
	T_{min}/%											
	T_{max}/T_{min}											

5. 液晶显示器显示原理

将模式转换开关置于动态（图像显示）模式。液晶供电电压调到 5V 左右。此时矩阵开关板上的每个按键对应一个液晶光开关像素。初始时各像素都处于开通状态，按 1 次矩阵开关板上的某一按键，可改变相应液晶像素的通断状态，所以可以利用点阵输入关断（或点亮）对应的像素，使暗像素（或点亮像素）组合成一个字符或文字，以此体会液晶显示器件组成图像和文字的工作原理。矩阵开关板右上角的按键为清屏键，用以清除已输入在显示屏上的图形。

实验完成后，关闭电源开关，取下液晶板妥善保存。

五、注意事项

（1）绝对禁止用光束照射他人眼睛或直视光束本身，以防伤害眼睛！

（2）在进行液晶视角特性实验中，更换液晶板方向时，务必断开总电源后，再进行插取，否则将会损坏液晶板。

（3）液晶板凸起面必须要朝向光源发射方向，否则实验记录的数据为错误数据。

（4）在调节透过率为 100% 时，如果透过率显示不稳定，则可能是光源预热时间不够，或光路没有对准，需要仔细检查，调节好光路。

（5）在校准透过率 100% 前，必须将液晶供电电压显示调到 0.00V 或显示大于"250"，否则无法校准透过率为 100%。在实验中，电压为 0.00V 时，不要长时间按住"透过率校准"按钮，否则透过率显示将进入非工作状态，本组测试的数据为错误数据，需要重新进行本组实验数据记录。

六、思考题

（1）液晶显示器为什么会有视角问题？

（2）液晶显示器的响应时间是指的什么？

（3）TN 型液晶显示器的显示原理是什么？

实验 2.2　LED 矩阵显示屏驱动软件的设计

一、实验目的

（1）掌握 LED 矩阵显示屏的显示原理；

（2）熟悉单片机的相关工具软件的使用；

（3）完成的显示固定的点阵数据设计任务；

（4）掌握显示数据送数方式和显示效果的关系。

二、实验原理

1. LED 显示屏工作原理

LED 显示屏有两种驱动方式。一种是静态显示驱动。在静态显示模式下，每一个 LED 显示器件都需要一个独立的 I/O 口来驱动，以一定的持续电流驱动 LED 器件，各个

LED 器件同时持续发光。这种方式对硬件的要求较高，需要较多的控制引脚，不适用于大规模的 LED 显示屏。另一种是动态显示驱动。在动态显示模式下，采用扫描的方式进行驱动，可以是行扫描，也可以是列扫描，流经每个 LED 显示器件的是脉冲电流，各个LED 显示器件轮流发光，只要一屏显示的扫描速度足够快（大于 50Hz），利用人眼的视觉暂留特性，可以达到各个器件同时发光的视觉效果，同时在硬件设计上面，将每一个LED 显示器件按矩阵形式连接起来，可以大大节省系统的硬件开销。一个四行三列动态轮换扫描驱动的模型如图 2.2 - 1 所示。

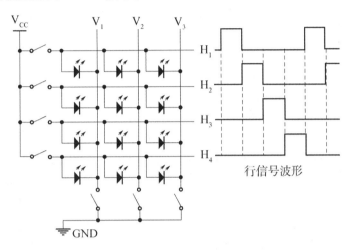

图 2.2 - 1　四行三列动态轮换扫描驱动模型

　　四条列驱动线被轮流加以高电平，即每一行的像素点在 1/4 周期内被选中，有可能被点亮。该行上各点发光与否，由此时该电的列数据决定，各行完成一次扫描称为一场。例如，假设此时 H_2 上为高电平，列数据为 011，即 V_2、V_3 开关闭合，则同时第 2 行第 2、3列的 LED 发光。下一 1/4 周期 H_3 上为高电平，若此时列数据变为 110，即 V_1、V_2 开关闭合，则此时第 3 行第 1、2 列的 LED 发光。利用人眼的视觉暂留效应，只要一场的时间小于 20ms，即场频率高于 50Hz，就不会有闪烁的感觉。采用这种动态轮换扫描驱动方式，多行的 LED 器件可以共用一套驱动电路，大大简化了电路，降低了成本，提高了可靠性，并且降低了系统功耗。

　　对于本实验而言，显示屏大小为 64（列）×48（行），扫描方式采用的是行扫描方式，由列提供数据信号和移位脉冲，行提供扫描信号和脉冲。硬件结构如图 2.2 - 2 所示。

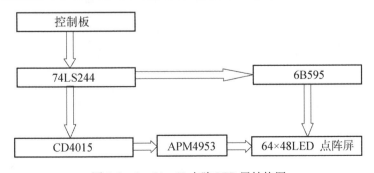

图 2.2 - 2　64×48 点阵 LED 屏结构图

电路设计原理：由 8×8 共阳 LED 屏构成 64×48 点阵 LED 屏。74LS244 芯片作为缓冲接口芯片，接收控制板传送过来的 LED 屏行列驱动信号，并输出到行串行移位寄存器 CD4015 和列串行移位驱动芯片 6B595。行串行移位寄存器 CD4015 将行选通信号送到大功率行驱动芯片 APM4953。APM4953 驱动 LED 屏的阳极。6B595 吸收 LED 屏阴极的电流。6B595 是一个带有输出锁存的寄存器，这样在显示时，下一行数据在移位的同时，上一行数据仍然可以显示。

2. LED 显示屏的时序关系

根据 LED 显示屏的工作原理和设计的电路结构，我们可以很容易地获得 LED 显示屏显示时各控制信号的时序关系。

列数据通过列移位寄存器 6B595 送入，在移位脉冲的作用下移到下一个列移位寄存器，当一行的数据（如本实验中的 64 列）全部移位完毕以后，送出一个列数据锁存信号，将所有一行的列数据锁存输出，完成一行数据后，再进行下一行数据的移位输出，如此周而复始，直到完成所有 48 行的列数据移位输出，再返回第一行。行显示脉冲的移位输出与列信号的锁存信号同步，当第一行的列数据全部送出后，要产生一个低电平的场信号，该信号就作为行移位寄存器的数据输入，即形成每一行的选通信号，在行时钟的作用下，依次选中每一行的 LED 来显示，再产生 48 个行时钟后，所有的行都被点亮过，则开始再次送出场信号来选通第一行。行、列信号同步配合后，就可以完成 64×48 的矩阵 LED 显示屏的显示。其几个主要的控制信号为：列移位时钟（CP）、行信号（H）、场信号（V），它们之间的时序关系可以描述为如图 2.2-3 ～ 图 2.2-5 所示（以 64×48 的矩阵 LED 显示屏为例）。

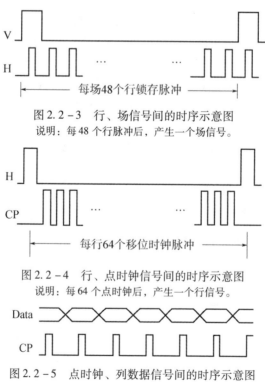

图 2.2-3　行、场信号间的时序示意图
说明：每 48 个行脉冲后，产生一个场信号。

图 2.2-4　行、点时钟信号间的时序示意图
说明：每 64 个点时钟后，产生一个行信号。

图 2.2-5　点时钟、列数据信号间的时序示意图
说明：每个点时钟对应一个列数据。

　　了解了各信号的频率关系后，在设计软件时还必须根据矩阵 LED 显示屏的大小来确定各信号的频率关系，从而选择控制芯片的工作频率。以本实验的显示屏为例，行为 48，列为 64，要使得显示的效果不闪烁，则帧频必须大于 50Hz，即一屏的数据必须在 20ms 之内显示完。假定选择帧频为 50Hz，则场信号就是 50Hz，因为场信号的出现表示本屏的显示已经完成，开始进入下一屏的重新扫描。确定了场信号以后，根据显示屏行列的大小就可以确定行脉冲和点时钟：

$$V（行频）= 场频 \times 行数$$
$$CP（点频）= 行频 \times 列数$$

对于本显示屏（64×48），场频为 50Hz，则行频为 50×48 = 2400（Hz），点频为 2400×64 = 153 600（Hz），因此所选用的控制芯片至少要能提供 153 600Hz 的点时钟。

三、实验仪器

矩阵显示屏驱动电路实验箱，计算机。

四、实验内容及步骤

（1）根据 LED 矩阵显示屏的工作原理和时序关系，绘制出场信号、行信号和点时钟的时序图（以 64×48 为例）。

（2）设计显示器件驱动实验箱内的矩阵 LED 显示屏的各控制信号的工作频率，假设帧频为 60Hz，计算出场频、行频和点频。

（3）根据 LED 矩阵显示屏的工作原理和时序关系绘出软件的流程图，并编写驱动程序。

（4）联机调试软件，在 LED 显示屏上显示出固定的显示数据。

（5）总结显示数据送数顺序和显示效果的关系。

五、注意事项

实验中禁止带电插拔元器件。

六、实验记录与处理

（1）根据显示屏的工作原理设计驱动时序波形；

（2）计算显示屏的场频、行频和点频；

（3）编写基于单片机的驱动软件程序。

七、思考题

（1）LED 显示屏如何实现行列同步？

（2）该实验的显示方式有何不足？

实验2.3　LED矩阵显示屏的灰度显示

一、实验目的

（1）掌握LED矩阵显示屏的显示原理；
（2）掌握LED矩阵显示屏的灰度控制方法；
（3）完成设计任务：实现8级灰度的显示。

二、实验原理

1. 实施方案

矩阵LED显示屏的灰度等级的形成有两种方案可以实现：

（1）控制LED的导通电流来实现。LED的发光特性如图2.3-1所示。

由图2.3-1可见，亮度与电流的关系呈线性正比关系，因此导通电流的大小决定了发光强度。

（2）利用脉宽调制来控制LED的导通时间实现灰度等级。

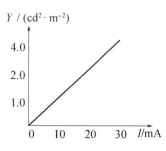

图2.3-1　LED显示的亮度和电流关系示意图

以同样的频率信号导通LED，当占空比大（即导通时间长）时，则LED发光的亮度强。假如在一个大屏上产生16路脉冲宽度不同而频率相同的脉冲P_0，P_1，$\cdots$，P_{15}，如图2.3-2所示。

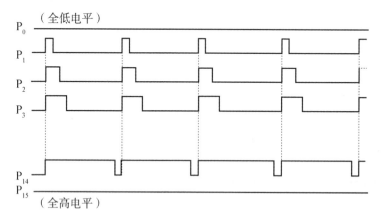

图2.3-2　利用脉宽调制来控制LED的导通时间实现灰度等级

其中：P_0的占空比 = 0%（全低），P_1的占空比 = 1/16 = 6.25%，P_2的占空比 = 2/16 = 12.5%，$\cdots$，P_{15} = 100%（全高），用这些脉宽调制来控制LED的导通时间就可以很容易地实现灰度等级。

在本实验中，由于硬件电路已经设计好，通过改变电流大小的方法来实现灰度是不可行的，因此同学们应选用第二种方法，即用脉宽调制来控制LED的导通时间实现灰度等级。

2. 编程思路

灰度或者亮度的显示可以通过控制显示时间的长短来实现，在本实验箱中每行的显示时间实际上就是下一行的数据传送时间（由于 6B595 加入了输出锁存器，在下一行数据移位期间不会影响到上一行的显示，移位和显示可以同时进行），因此要实现显示时间的变化，可以在移位时间上进行控制。以本显示屏为例：列为 64 列，分成 8 个字节送出，则可以在每个字节送的时刻来控制显示。比如：在送第一字节后关闭显示，则上一行只显示一个字节的移位时间，亮度最低；如果在整个 8 字节移位过程中都打开显示，则亮度最强。

三、实验仪器

矩阵显示屏驱动电路实验箱、计算机。

四、实验内容及步骤

（1）掌握 6B595 芯片的电路结构，实际上是控制 6B595 芯片的 OUTPUT ENABLE（输出使能）信号持续的时间来实现灰度显示。输出使能信号是低电平有效，该信号有效时，才开放引脚的输出，将锁存器中的信号送到引脚上。每行数据显示的时间长度可以通过控制输出使能信号来实现，从而实现 LED 显示屏的亮度调节。

（2）在实验程序基础上灵活更改输出使能信号的持续时间实现灰度显示。为方便观察实验效果，可以编程设置第 0 行为最低灰阶，然后逐行亮度提高。

（3）下载程序，观察实验效果。可以通过手持亮度仪实际检测各个灰阶所对应的亮度，记录实验数据，绘制亮度与灰阶的关系图。

五、注意事项

实验中禁止带电插拔元器件。

六、思考题

（1）LED 矩阵显示屏的灰度实现方式有何不足？
（2）目前主流显示中是如何实现灰度显示的？

实验 2.4　DVI 解码前信号测试

一、实验目的

（1）了解 DVI 解码的原理；
（2）熟悉和掌握 DVI 解码前的差分信号和解码后的并行信号；
（3）温习示波器的使用。

二、实验原理

本实验 DVI 解码电路包括 DVI 接口、SiI1161 芯片电路、I2C 串行总线存储器

AT24C02 电路和 RGB 接口电路，如图 2.4 - 1 所示。

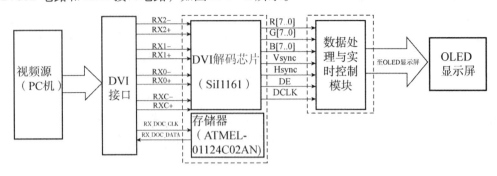

图 2.4 - 1　系统结构

　　DVI 接口主要有两种：仅数字信号的接口（DVI - D）和支持模拟和数字信号的接口（DVI - I）。本实验用的是 DVI - I 接口，包含 29 路信号，可分为两部分：一是 3 组 8 个接触点传输的数字信号；二是传输模拟视频信号的 5 个信号，即行同步、场同步、红色分量、绿色分量和蓝色分量信号。DVI - I 接口的信号引脚分配如图 2.4 - 2 所示，其定义如表2.4 - 1所示。

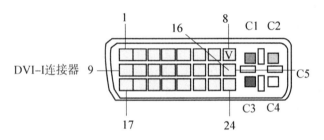

图 2.4 - 2　DVI - I 引脚

表 2.4 - 1　DVI - I 引脚定义

引脚	功能	引脚	功能
1	TMDS 数据 2 -	9	TMDS 数据 1 -
2	TMDS 数据 2 +	10	TMDS 数据 1 +
3	TMDS 数据 2/4 屏蔽	11	TMDS 数据 1/3 屏蔽
4	TMDS 数据	12	TMDS 数据 3 -
5	TMDS 数据	13	TMDS 数据 3 +
6	DDC 时钟	14	+5V 直流电源
7	DDC 数据	15	接地（+5V 回路）
8	模拟垂直同步	16	热插拔检测

引脚	功能	引脚	功能
17	TMDS 数据 0 −	24	TMDS 时钟 −
18	TMDS 数据 0 +	C1	模拟红色
19	TMDS 数据 0/5 屏蔽	C2	模拟绿色
20	TMDS 数据 5 −	C3	模拟蓝色
21	TMDS 数据 5 +	C4	模拟水平同步
22	TMDS 时钟屏蔽	C5	模拟接地（RGB 回路）
23	TMDS 时钟 +		

由于 DVI 接口要正常工作，还需要实现显示数据通道（DDC）接口的电路，系统采用 ATMEL 公司的 I2C 串行总线存储器 AT24C02 电路实现，其中 AT24C02 用来存储 EDID 数据。只有在 AT24C02 正确烧录 EDID 数据后，计算机才能通过读取 EDID 数据识别解码芯片并输出视频信号。DVI 接口与排针 J2、J3、J4 的对应值如表 2.4 − 2、表 2.4 − 3 所示。

表 2.4 − 2 DVI 接口与 J2 排针连线对应表

DVI	2/RX2 +	1/RX2 −	3/GND	10/RX1 +	9/RX1 −	18/RX +0	17/RX −0	23/RXC −	24/RXC +
J2	9	8	7	6	5	4	3	2	1

表 2.4 − 3 DVI 解码输出信号与 J3、J4 排针对应表

J3	1	2	3	4	5	6	7	8	9	10	11	12
DVI	B [2]	B [3]	B [4]	B [5]	B [6]	B [7]	G [2]	G [3]	G [4]	G [5]	G [6]	G [7]
J4	1	2	3	4	5	6	7	8	9	10	11	12
DVI	R [2]	R [3]	R [4]	R [5]	R [6]	R [7]	ODCK	DE	VSYNC	HSYNC	GND	

图 2.4 − 1 中 RX2 − 和 RX2 + 表示红色数据的差分信号，RX1 − 和 RX1 + 表示绿色数据的差分信号，RX0 − 和 RX0 + 表示蓝色数据的差分信号，分别与 DVI 接口的单链路通道相接（1、2、9、10、17、18 脚）；RXC − 和 RXC + 表示时钟的差分信号，与链路时钟相接（23、24 脚）。DVI 解码器将 10 位串行编码解码成 8 位并行像素数据以及相应控制信号，并从输出接口电路将像素数据、控制信号、场同步信号和行同步信号并行输出。

源于本系统中 AMOLED 显示屏所用的驱动 IC 是 64 灰阶的，即 RGB 是 6 位的，所以本系统中的 RGB 信号都是取解码出来的 RGB 信号的高六位数据，舍弃低两位数据，影响不是很大。

三、实验仪器

AMOLED 显示实验箱、计算机。

四、实验内容及步骤

本实验内容是运用示波器测试 DVI 解码前后的信号（RGB 差分信号、时钟差分信号、解码后的并行 RGB 信号），通过测得的信号波形，分析信号的具体功能及相互之间的关系。

实验步骤如下：

（1）通过 HDMI – DVI 数据传输线将 PC 机与系统连接起来，打开电源开关。

（2）依次让视频源播放 255、223、191、159、126、95、63、31 和 0 这八个灰阶图，在每个灰阶下进行步骤（3）、（4）的操作。

（3）参考提供的电路原理图及 FPGA_AS_TCON 板上单排插针 J2 测试的 DVI 解码前的 9 个信号（表 2.4 – 1），用示波器一一测试。

（4）参考提供的电路原理图及 FPGA_AS_TCON 板上单排插针 J3 和 J4 测试的 DVI 解码后的 18 位 RGB 信号和 4 位控制信号（表 2.4 – 3），用示波器一一测试，并运用示波器的 USB 拷贝四个控制信号波形以便后续分析。

（5）分析测试波形，熟悉、掌握行同步、场同步、控制信号具体工作方式及相互之间的关系。

五、注意事项

（1）在测试过程中，必须参照电路原理图，一一对应所要测试的信号，细心保存数据，以便实验后分析掌握 DVI 解码前后各种数据信号和控制信号的特征。

（2）在实验开始之前，可以先阅读提供的 DVI 解码原理的相关资料，以便实验过程中更好地理论结合实际掌握解码原理。

六、思考题

DVI 解码出来的 RGB 数据是 24 位，即子像素是 8 位，源于低两位数据对画面显示的影响不大，这里我们取的是高 6 位作为后续显示设备的数据输入。但影响是不可避免的，请思考用什么方法能够更好地处理解码出来的 24 位数据成 18 位，作为后续显示模块的输出？

实验 2.5 Gamma 校正

一、实验目的

通过调节显示系统 Gamma 电源板上的 14 个电压（V1 ～ V14）来实现 Gamma 校正，了解进行 Gamma 校正的意义，熟悉和掌握 Gamma 校正操作过程。

二、实验原理

Gamma 校正就是对图像的 Gamma 曲线进行编辑，以对图像进行非线性色调编辑的方法，检出图像信号中的深色部分和浅色部分，并使两者比例增大，从而提高图像对比度效果。

灰阶实现方法有模拟灰阶、数字灰阶和空间（面积）灰阶等几种，本实验采用 2T1C 结构像素电路，且驱动芯片只支持模拟灰阶。模拟灰阶要求输入数据与 OLED 输出亮度呈线性关系。OLED 亮度与流过 OLED 的电流大小为线性关系，理论上不需要进行伽马校正，但是本系统的 AMOLED 显示屏基于 2T1C 结构，属于电压驱动型，TFT 驱动管栅极电压与沟道电流不呈线性关系，栅极电压直接由输入图像数据决定，也即输入的数据电压与 OLED 亮度并不呈线性关系，如图 2.5 – 1 所示。因此需要进行 Gamma 校正，使输入图像数据与 OLED 亮度呈线性关系，并确定输入图像数据与数据驱动芯片的输出电压之间的关系。

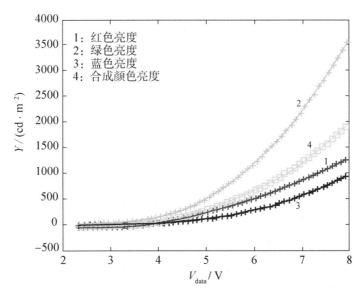

图 2.5 – 1　OLED 亮度与输入数据电压的关系

进行 Gamma 校正首先要获得 TFT 的转移特性曲线，即栅极电压与沟道电流之间的关系曲线，以及不同亮度下 OLED 阴阳极的压差值、数据驱动芯片的输入数据与输出电压的对应关系。

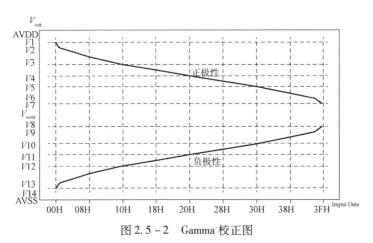

图 2.5 – 2　Gamma 校正图

源于我们现在所用的行列驱动 IC 并非 AMOLED 专用 IC，而是沿用 TFT – LCD 的驱动 IC。而 TFT – LCD 有一个极性反转的功能（见图 2.5 – 2），AMOLED 没有这项功能，所以这里只用到 V1 ～ V14 这 14 个电压中的 7 个正电压来实现 Gamma 校正。

三、实验仪器

AMOLED 显示实验箱、计算机。

四、实验内容及步骤

本实验是通过调节 Gamma 电源板上的变位器，改变 14 个 Gamma 电压的大小，从而使显示器件上显示的视频更为清晰、真实、鲜艳。

（1）从图 2.5 – 2 的 NT39411 输入数据与输出电压关系可以知道，有七个灰度与七个 Gamma 校正参考电压值对应。因此，先设定最低亮度 L00（对应灰阶 00H）对应的 Gamma 校正参考电压 V7 以及最高亮度 L3F（对应灰阶 3FH）和最高亮度对应的 Gamma 校正参考电压 V1（REV = 1，data are inverted）。

（2）根据商业化显示屏输入灰阶数据与亮度之间的关系，在最低灰阶 00H 和最高灰阶 3FH 的亮度已确定的情况下，确定 01H、10H、20H、30H、3EH 对应的亮度值 L01、L10、L20、L30 以及 L3E。

（3）调节 V2、V3、V4、V5 和 V6 的值，使显示屏的亮度在输入数据为 01H 时等于 L01，10H 时等于 L10，20H 时等于 L20，30H 时等于 L30，3EH 时等于 L3E。这样就确定了数据驱动芯片的各个 Gamma 校正参考电压。输入数据与输出电压的关系如表 2.5 – 1 所示。

表 2.5 – 1　NT39411 输入数据与输出电压关系

输入数据	正极性输出电压	输入数据	正极性输出电压
00H	$V1$	0EH	$V3 + (V2 - V3) \times 4.8/58$
01H	$V2$	0FH	$V3 + (V2 - V3) \times 2.4/58$
02H	$V3 + (V2 - V3) \times 52/58$	10H	$V3$
03H	$V3 + (V2 - V3) \times 46.4/58$	11H	$V4 + (V3 - V4) \times 19.6/22$
04H	$V3 + (V2 - V3) \times 41.2/58$	12H	$V4 + (V3 - V4) \times 17.6/22$
05H	$V3 + (V2 - V3) \times 36.4/58$	13H	$V4 + (V3 - V4) \times 15.6/22$
06H	$V3 + (V2 - V3) \times 32/58$	14H	$V4 + (V3 - V4) \times 13.6/22$
07H	$V3 + (V2 - V3) \times 27.6/58$	15H	$V4 + (V3 - V4) \times 12/22$
08H	$V3 + (V2 - V3) \times 23.6/58$	16H	$V4 + (V3 - V4) \times 10.4/22$
09H	$V3 + (V2 - V3) \times 19.6/58$	17H	$V4 + (V3 - V4) \times 8.8/22$
0AH	$V3 + (V2 - V3) \times 16.4/58$	18H	$V4 + (V3 - V4) \times 7.6/22$
0EH	$V3 + (V2 - V3) \times 13.2/58$	19H	$V4 + (V3 - V4) \times 6.4/22$
0CH	$V3 + (V2 - V3) \times 10.4/58$	1AH	$V4 + (V3 - V4) \times 5.2/22$
0DH	$V3 + (V2 - V3) \times 7.6/58$	1BH	$V4 + (V3 - V4) \times 4/22$

输入数据	正极性输出电压	输入数据	正极性输出电压
1CH	V4 + （V3 − V4）× 3. 2/22	2EH	V5 + （V4 − V5）× 1. 6/12. 8
1DH	V4 + （V3 − V4）× 2. 4/22	2FH	V5 + （V4 − V5）× 0. 8/12. 8
1EH	V4 + （V3 − V4）× 1. 6/22	30H	V5
1FH	V4 + （V3 − V4）× 0. 8/22	31H	V6 + （V5 − V6）× 20. 4/21. 2
20H	V4	32H	V6 + （V5 − V6）× 19. 6/21. 2
21H	V5 + （V4 − V5）× 12/12. 8	33H	V6 + （V5 − V6）× 18. 8/21. 2
22H	V5 + （V4 − V5）× 11. 2/12. 8	34H	V6 + （V5 − V6）× 18/21. 2
23H	V5 + （V4 − V5）× 10. 4/12. 8	35H	V6 + （V5 − V6）× 17. 2/21. 2
24H	V5 + （V4 − V5）× 9. 6/12. 8	36H	V6 + （V5 − V6）× 16/21. 2
25H	V5 + （V4 − V5）× 8. 8/12. 8	37H	V6 + （V5 − V6）× 14. 8/21. 2
26H	V5 + （V4 − V5）× 8/12. 8	38H	V6 + （V5 − V6）× 13. 6/21. 2
27H	V5 + （V4 − V5）× 7. 2/12. 8	39H	V6 + （V5 − V6）× 12/21. 2
28H	V5 + （V4 − V5）× 6. 4/12. 8	3AH	V6 + （V5 − V6）× 10. 4/21. 2
29H	V5 + （V4 − V5）× 5. 6/12. 8	3BH	V6 + （V5 − V6）× 8. 4/21. 2
2AH	V5 + （V4 − V5）× 4. 8/12. 8	3CH	V6 + （V5 − V6）× 6. 4/21. 2
2BH	V5 + （V4 − V5）× 4/12. 8	3DH	V6 + （V5 − V6）× 4. 4/21. 2
2CH	V5 + （V4 − V5）× 3. 2/12. 8	3EH	V6
2DH	V5 + （V4 − V5）× 2. 4/12. 8	3FH	V7

五、注意事项

（1）在实验之前先熟悉列驱动 IC（NT39411）的 datasheet，掌握芯片的工作原理，特别是掌握 Gamma 电压校正这一块。

（2）在 NT39411 中有一输入引脚 REV 在电路板连线的时候设置为高电平 1，所以 RGB 数据会实现反转，因此，调节 V1 是对应高灰阶 3FH，调节 V7 是对应低灰阶 00H。但是由于 PCB 板接线原因，Gamma_Correction 板上的调节为：V2 > V1 > V4 > V3 > V6 > V5 > V7（原本是 V1 > V2 > V3 > V4 > V5 > V6 > V7）。

（3）所有实验进行 Gamma 校正的时候依照表 2.5 − 2 设置。

表 2.5 − 2　Gamma 校正表

电压	V2	V1	V4	V3	V6	V5	V7
灰阶	3FH	3EH	30H	20H	10H	01H	00H

六、思考题

从表 2.5－2 NT39411 输入数据与输出电压的关系可以知道，除了 00H、01H、10H、20H、30H、3EH 以及 3FH 这七个灰阶对应的输出电压等于伽马校正参考电压，可以通过调节外部输入电压值来改变外，其余的 57 个灰阶对应的输出电压通过电阻串对七个伽马校正参考电压分压而得。电阻串的每个电阻值都已确定，且取值取决于 LCD 显示屏输入数据与输出电压关系（不同的 LCD 显示屏的液晶材料偏转特性可能不一样，因此输入数据与输出电压的关系可能也不一样），AMOLED 显示屏的输入数据电压与输出亮度的关系（主要取决于 TFT 驱动管的转移特性以及 OLED 的发光特性）和 LCD 显示屏的输入数据电压与输出亮度的关系（主要取决于液晶材料的偏转特性）显然是不一样的，对于驱动芯片的输入数据和输出电压的关系的要求也就不一样，因此 NT39411 的电阻串取值并不完全符合 AMOLED 显示屏输入图像数据与输出电压关系的要求。应该采取什么方法使 AMOLED 显示屏输入数据与输出电压的关系符合要求？

实验 2.6　基于 FPGA 的时序控制信号仿真

一、实验目的

熟练掌握基于 FPGA 实现控制数据驱动芯片的行开始信号 DIO、列输出使能信号 LD、控制行驱动芯片的帧开始信号 STVD 等时序信号的仿真。

二、实验原理

基于 FPGA 的时序控制设计中，因为显示图像不经过任何处理，所以设计工作量相对较小，且图像无损。

在 FPGA 内部例化了两个 18bit2k 容量的 RAM，用于缓存输入的一行图像数据。两个 RAM 在 ram_sel 信号的控制下，进行乒乓操作，即轮流缓存和发送一行的图像数据。当行同步信号 HSYNC 到达时，ram_sel 翻转一次（由高电平变成低电平，或由低电平变成高电平）。当帧同步信号 VSYNC 到达时，帧同步信号标志 vsync_flag 就翻转一次。

当有图像数据输入时，也即数据使能信号 DE 为高电平时，RAM 的写地址在时钟的触发下递增，结合上面的代码就可以将逐个像素的图像数据写入 RAM。

当 RAM 切换时（ram_sel 翻转时），生成行开始脉冲信号 DIO。当 RAM 接收完一行的输入图像数据时（full_line_rec ＝1 时），生成 LD 信号。

利用计数器 gate_clk_cnt 对时钟进行计数，当 gate_clk_cnt ＝ GATE_CLK_RISING 时，行驱动芯片移位时钟 GATE_CLK 信号由低电平变成高电平，直到下一次 ram_sel 翻转时又变成低电平，这样就可以得到驱动芯片移位时钟 GATE_CLK 信号。可以利用帧同步信号标志 vsync_flag 来生成帧开始信号 STVD。经过上述运行，就可以得到控制数据驱动芯片行开始脉冲信号 DIO、列输出使能信号 LD、控制行驱动芯片的移位时钟信号 GATE_CLK、帧开始信号 STVD 等时序信号。时序控制器的时序仿真图如图 2.6－1 所示，从图中可以看出，各个输出信号的时序符合设计要求。

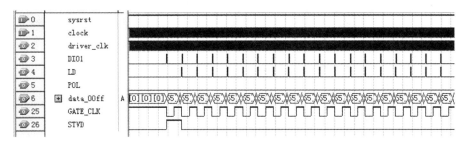

图 2.6 - 1 时序控制器仿真时序图

三、实验仪器

AMOLED 显示实验箱、计算机。

四、实验内容及步骤

1. 实验内容

本实验的目的是要求用户在只有时钟输入的情况下，模拟 DVI 解码信号作为时序控制器的接收输入信号，同时通过计数的方法控制各驱动信号的高低电平时间，实现分频和锁相，输出控制数据驱动芯片的行开始信号 DIO、列输出使能信号 LD、控制行驱动芯片的帧开始信号 STVD 等时序信号的仿真。

2. 操作步骤

（1）启动 Quartus Ⅱ 建立一个空白工程，然后命名为 OLED_tcon. qpf。

（2）将编写好的 dvitest. v 及生成的 dvitest. bsf 和所提供的 data_store. v、data_store. bsf、gate_driver. v、gate_driver. bsf、source_driver. v、source_driver. bsf、ram18bit2k. v、pll. v 十个文件拷到新建工程下面。

（3）点击"File" >> "New"命令，新建一个原理图文件如图 2.6 - 2 所示，在新建的原理图文件中双击左键，弹出图 2.6 - 3，点击 Project 选项，添加以上四个 bsf 文件，并连好线，如图 2.6 - 4 所示。

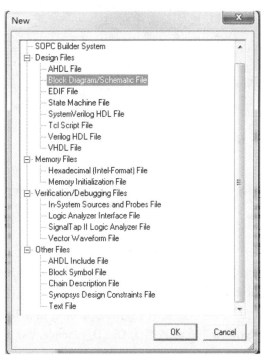

图 2.6 - 2 新建原理图文件

69

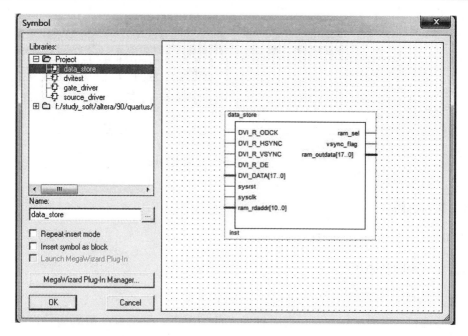

图 2.6 - 3　添加 bsf 文件

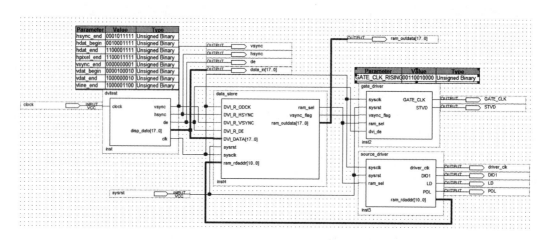

图 2.6 - 4　完整的原理图文件

（4）波形仿真验证。

①选择"File" >> "New"命令，打开新建文件对话框，在新建对话框中选择"Verification/Debugging Files"标签页，从中选择"Vector Waveform File"，如图 2.6 - 5 所示。点击"OK"建立一个空的波形编辑器窗口，缺省名为 Waveform1. vwf。选择"File" >> "Save As"命令改名为 OLED_example. vwf 并保存。

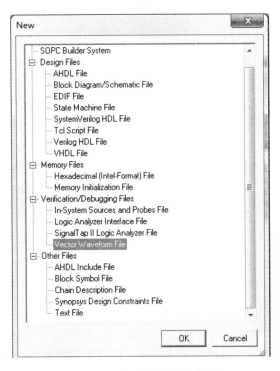

图2.6-5　新建波形文件对话框

②在如图2.6-6所示的"Name"标签区域内双击鼠标左键，弹出如图2.6-7所示的添加节点对话框。

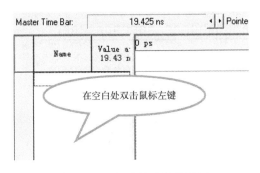

图2.6-6　新建波形文件界面

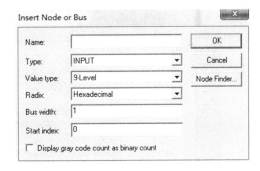

图2.6-7　添加节点对话框

在图2.6-7所示的添加节点对话框中单击"Node Finder"按钮，弹出如图2.6-8所示的对话框，按图2.6-8所示步骤进行选择和设置，单击"OK"按钮后弹出如图2.6-8所示的对话框，再单击"OK"按钮完成节点添加。

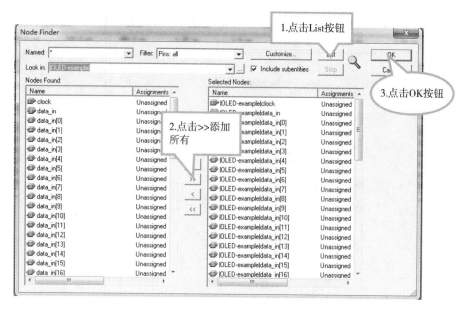

图 2.6 – 8　添加节点

③波形编辑器默认的仿真结束时间为 1μs，根据仿真需要，可以自由设置仿真文件的结束时间。选择"Edit" >> "End Time"命令，弹出结束时间对话框，在 Time 框内输入仿真结束时间，时间单位可选为 s、ms、μs、ns、ps。单击"OK"按钮完成设置，编辑输入节点 clock 和 sysrst 的信号并保存文件，如图 2.6 – 9 所示。

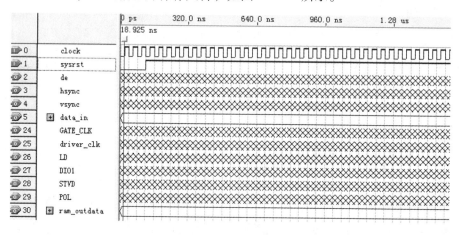

图 2.6 – 9　添加完节点的波形图

④选择"Tools" >> "Simulator Tool"命令，先进行功能仿真，确认功能仿真没有问题之后，再进行时序 Timing 仿真，仿真结果如图 2.6 – 10 所示。

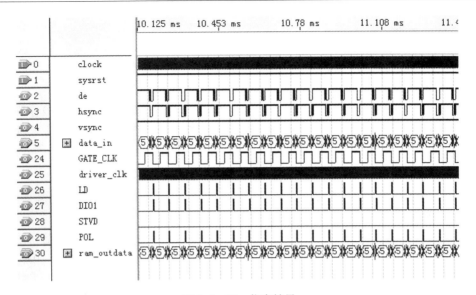

图 2.6 – 10   仿真结果

⑤分析所得波形，掌握时序控制信号的工作原理。

五、思考题

FPGA 软件编程中如何避免竞争冒险现象？

六、参考资料

（1）包括已知量、常量说明等。

（2）实验参考程序：程序清单 dvitest. v、data_store. v、gate_driver. v、source_driver. v、ram18bit2k. v、pll. v，参考所给文件包。

实验 2.7   OLED 驱动电路与程序设计实验

在现代信息技术中，平板显示发展日新月异。OLED 是继阴极射线管（CRT）和液晶显示（LCD）之后的第三代显示器。与 CRT 和 LCD 相比，OLED 是主动发光器件，具有清晰度高、响应速度快（比 LCD 快 2 ～ 3 个量级）、颜色丰富（全白光波长）、发光柔和、视角广（178°）、轻薄柔韧（小于 1mm，是 LCD 的 1/3 厚）、低压低耗、不需背光等优点，被誉为 21 世纪的平板显示。有机电致发光现象发现于 1936 年，OLED 1997 年成功用于汽车显示，目前广泛用于手机、平板电脑、电视机、仪表等显示和照明中。

一、实验目的

（1）了解 OLED 的机构及工作原理；

（2）理解 OLED 的光电特性；

（3）掌握 OLED 单片机驱动电路的设计及编程。

二、实验原理

1. OLED 的结构和工作原理

1）OLED 结构

如图 2.7 – 1 所示，OLED 为三明治结构，由铟锡氧化物（ITO）透明电极作阳极、金属（Ag、Mg 等）作阴极，小分子发光材料（如三芳胺衍生物）或高分子发光材料（大屏）夹在阳极和阴极之间，发光材料厚度一般不超过 $0.1\mu m$。

2）OLED 发光原理

在外加电压驱动下，从阴极注入的电子和从阳极注入的空穴在发光层中复合而发光，电能转化成光能，如图 2.7 – 2 所示。

电子与空穴的复合一般在数十纳秒内，故 OLED 响应很快。OLED 的发光颜色取决于有机发光材料的种类和性质；选择适当的发光材料，并在发光层中掺入染料，可得到所需的发光颜色。

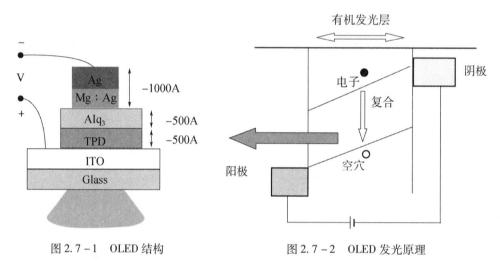

图 2.7 – 1　OLED 结构　　　　　图 2.7 – 2　OLED 发光原理

与电压驱动的 LCD 不同，OLED 是电流驱动器件，属于 LED 类，OLED 的伏安曲线和光学特性与半导体 LED 类似。当加在 OLED 上的正向电压超过阈值电压（2.5V 左右）后，OLED 开始导通；流过 OLED 的电流越大，OLED 越亮。

2. OLED 显示屏的驱动方式

OLED 显示屏的每个像素可看作一个 LED，像素尺寸大约为 $250\mu m$。OLED 是电流型驱动器件，其亮度和电流近似呈线性关系，故采用恒流源驱动，以避免显示亮度不均，并提高发光稳定性。如果每个 OLED 发光单元都制作一套恒流（有源）器件，就称为有源驱动（Active Matrix，AM），用有源驱动的 OLED 称为 AM – OLED。如果 OLED 发光单元没有制作恒流（有源）器件，就称为无源驱动（Passive Matrix，PM），用无源驱动的 OLED 称为 PM – OLED。AM – OLED 适用于大屏幕显示，但成本比 PM – OLED 高；PM – OLED 适用于小尺寸、低分辨率显示屏。

为了减少 OLED 显示屏的引线，并且使驱动简单，目前 PM – OLED 屏为单个 OLED 按行列顺序组成的矩阵。如图 2.7 – 3 所示，每个 OLED 的阳极都是和同一列的其他 OLED

阳极并联,阴极则和同一行的其他OLED的阴极并联。

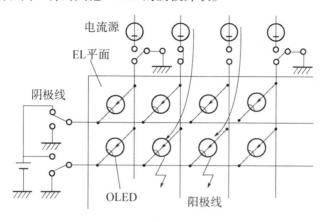

图2.7-3 OLED扫描驱动原理

OLED显示的工作原理为:采用行扫描驱动方式,驱动电路产生行扫描脉冲,每次选中一行(接低电平0),同时要显示的列信号(1或0)送到列线(接高电平时接通恒流源),则接恒流源的列线与接地的行线交叉的OLED被点亮,这样一行图像就显示出来;然后再扫描选中下一行,如此循环。扫描完所有行,则完成一帧图像扫描。当扫描频率足够高时,由于人眼视觉暂留效应,OLED屏上就显示稳定的整屏图像。如果按照图像的灰度信息来控制该OLED的显示时间,就可以实现灰度图像显示。

3. OLED模块与单片机C8051F的接口设计

驱动电路的设计对OLED显示屏的显示效果、制作成本及系统的运行性能起着很重要的作用,驱动电源则是整个电路设计的关键。本实验选用单片机STC12C5616AD,设计OLED驱动电路,实现256×64像点、16级灰度的双色显示。

1) OLED模块

实验所选OLED是台湾悠景科技公司生产的模块,型号为UG-5664,单色(蓝色),256×64点阵(共256列×64行=16384个OLED),16灰度级,屏幕3.12吋,显示区域76.78mm×21.18mm。驱动芯片为SSD1322UR1,256(SEG,段)×64(双COM,公共地),共466个引脚,集成了256个驱动电流源,3.3 V工作电压,10~20V的面板驱动电压,功耗较低。

图2.7-4为SSD1322的结构框图,集成了行、列驱动器、振荡器、对比度控制器和图形数据存储器(GDDRAM),大幅减少了外围器件的数量和功耗。显示模块引脚如图2.7-5所示。

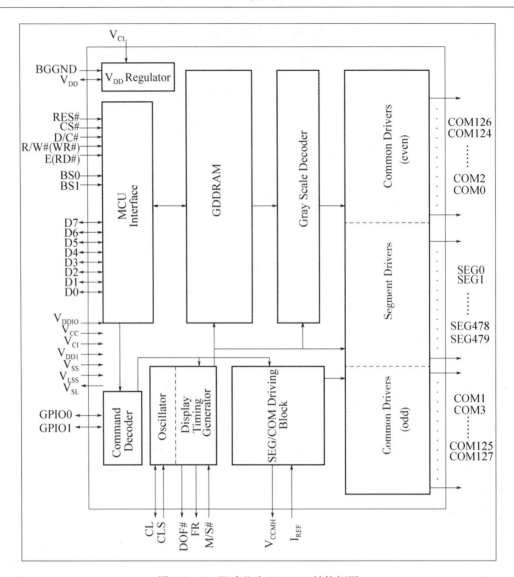

图 2.7 – 4　驱动芯片 SSD1322 结构框图

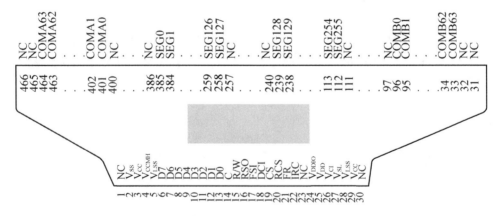

图 2.7 – 5　SSD1322 引脚

根据所用微处理器（MCU）的不同，SSD1322 可提供 8 位 6800 系列或 8080 系列 MCU 并行接口和 SPI（Serial Peripheral Interface）串行 4 线或 3 线接口模式，如表 2.7 - 1 所示。一般地，图像显示数据量大，采用 6800/8080 并行接口；字符显示数据量小，采用 SPI 接口，接口简单。本实验只显示字符，故采用 4 线 SPI 接口。

表 2.7 - 1　SSD1322 的四种接口模式

接口方式	接口选择	数据或命令接口 [D7—D0]				控制信号			
		[D7—D3]	D2	D1	D0	E	R/W	CS	D/C
8bit6800	贴上电阻 R7、R10	[D7—D0]				E	R/W	CS	D/C
8bit8080	贴上电阻 R8、R10	[D7—D0]				RD	WR	CS	D/C
4 线 SPI	贴上电阻 R8、R9	L	空	SDIN	SCLK	L	L	CS	D/C
3 线 SPI	贴上电阻 R7、R9	L	空	SDIN	SCLK	L	L	CS	L

4 线 SPI 接口方式的时序如图 2.7 - 6 所示。

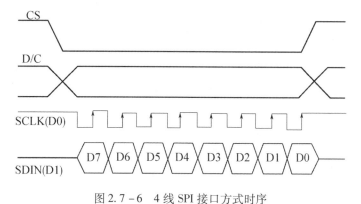

图 2.7 - 6　4 线 SPI 接口方式时序

2）OLED 屏与单片机的接口设计

OLED 屏用 SSD1322 驱动，采用 4 线 SPI 接口方式与单片机 STC12C5616AD 接口，如图 2.7 - 7 所示。

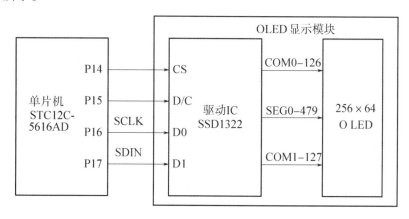

图 2.7 - 7　OLED 与单片机接口

3）程序设计

单片机控制 OLED 显示程序用 C 语言写，主程序流程如图 2.7 – 8 所示。单片机在线烧录方法见附录 3，示例程序见附录 2。

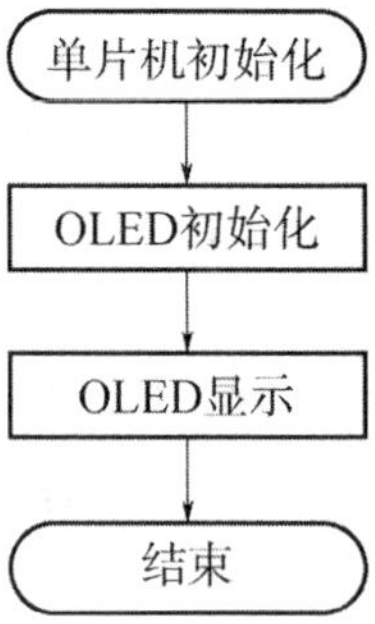

三、实验仪器

FOLED13 – I 型 OLED 实验仪 1 台，示波器 1 台，USB 接口单片机程序下载器 CH341 1 块，电脑 1 台。

图 2.7 – 8　主程序流程

四、实验内容及步骤

（1）根据 OLED 屏与单片机的接口设计，连接硬件。

（2）显示字符。编写单片机程序（C 语言或汇编语言），显示自己的班级、姓名、学号、专业等信息。

（3）显示时钟。编写单片机程序，按时钟键，显示实验当天的日期及秒表计时，再长按 1s 以上，秒钟停止。

（4）显示图形。编写单片机程序，按图像键，显示 $y = \sin(t) = \sin(x + 学号后两位数字 \times 10 \times 2\pi/360)$ 正弦函数的 $y - x$ 曲线，x 单位为弧度，取值范围 $0 \sim 6.28$。

（5）运行程序。将上述程序烧录到单片机，运行程序，分别按字符键、图形键和时钟键，观察 OLED 的显示结果，同时用双踪示波器测量 SCLK 和 SDIN 的波形（时序）图，并记录（拍照）结果。

五、实验记录与处理

（1）运行程序，记录（拍照）OLED 的显示结果；

（2）记录（拍照）SPI 接口方式的 SCLK 和 SDIN 的波形（时序）图。

六、实验报告要求

（1）列出单片机程序清单，并进行必要的注解；

（2）给出 SCLK 和 SDIN 的波形（时序）图，并进行解析。

七、思考题

（1）为什么 OLED 显示屏要采用恒流驱动和扫描驱动？

（2）根据图 2.7 – 3 分析，当 OLED 矩阵屏的某个 OLED 发光时，为什么该 OLED 所在的行或列的其它 OLED 容易"串扰"发光？

【附录 1】FOLED13 – I 型 OLED 实验仪使用简介

按键功能（图 2.7 – 9）：

复位键：单片机复位、清零，OLED 显示初始界面，如"FOLED13 – I 型 OLED 实验仪"。

字符键：OLED 可显示 0 ~ 9 数字、A ~ Z 字符和汉字，如姓名、学号、班级、专业等。

图形键：OLED 可显示正弦曲线等图形。

时钟键：按一次，OLED 显示年、月、日、秒，并启动秒钟计时，如 2018 年 10 月 1 日 008 秒；再长按 1s 以上，秒钟停止。

图 2.7 - 9　FOLED13 - Ⅰ型 OLED 实验仪面板

【附录 2】 参考电路图

参考电路如图 2.7 - 10 所示。

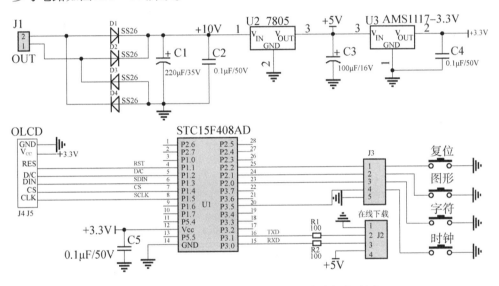

图 2.7 - 10　FOLED13 - Ⅰ型 OLED 实验仪电路图

【附录 3】 单片机程序烧录方法

（1）如图 2.7 - 11 所示，程序下载器 CH341 的一端通过杜邦线连接单片机，另一端通过 USB 接口插入 PC 电脑。通常，当第一次插入 CH341 下载器时，电脑会像 U 盘一样自动安装 CH341 的驱动程序，否则手动安装 CH341 驱动程序。

（2）运行程序烧录软件"STC - ISP"，显示屏出现图 2.7 - 12 所示界面。点击"打开程序文件"按钮，选择要烧录的单片机程序（x. hex 文件），再选择单片机型号（如 STC15W408AS），然后选择"用户程序运行的 IRC 频率"（如 12.0MHz）。

（3）单击"下载/编译"键，屏幕出现"正在检测目标单片机"，这时长按 CH341 下载器的"复位"键（2s 以上），松开按键后才开始烧录程序。烧录完成后，右下角出现"下载成功"。

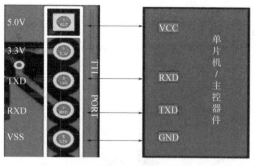

图 2.7 – 11　CH341 下载器与单片机、PC 电脑的接线图

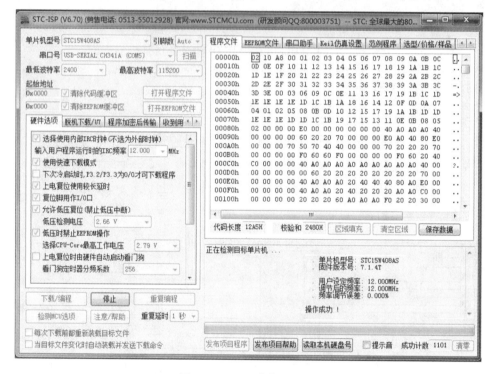

图 2.7 – 12　程序烧录界面

（4）拔下 CH341 与单片机连线。

【附录 4】示例程序（STC15W408AS，3.3V OLED 模块）

先用 KC51 软件编写 OLED 程序，然后编译生成单片机烧录用的 *.hex 文件。在编程前，先仔细阅读 SSD1322 芯片手册。

```
#include "reg51. h"
#include" intrins. h"
#include < math. h >
#define uint    unsigned int
#define uchar unsigned char
#define comm    0
```

```
#define dat     1
#define nop _ nop_ ( )
#define   SPI4

sfr AUXR  = 0x8e;
sbit SDIN = P1^3;    //OLED 数据输入
sbit SCLK = P1^5;    //OLED 时钟信号
sbit RS  = P1^2;    //OLED 数据和指令选择信号
sbit CS = P1^4;    //OLED 片选使能信号
sbit RST = P1^1;    //OLED 复位信号
sbit sw_rst = P3^5;    //复位按键
sbit sw_word = P2^0;    //字符按键
sbit sw_picture = P2^1;    // 图像按键
sbit sw_time = P2^2;    // 时钟按键

void wr_lcd (uchar dat_comm,uchar content);
void delay (uint us);
uchar rd_lcd (uchar dat_comm);


int numb =0;
int a =0,d =0,b =0;
```
_____主程序_____
```
void main ( )
{
   uint a =2,b =1,k =0;
   sw_word =1;
   sw_picture =1;
   wr_lcd (comm,0xa6);
       Display_Grid(0x00);   //清屏
       init_lcd ( );           ///OLED 屏幕初始化
   Disprst( );     //通电显示画面
     while (1)
     {
        // 扫描 sw_word,显示字符画面
       if( sw_word = =0)
         {
         delay1(50);
         if( sw_word! =0)
           {
               DispCharTest( );
```

```
            }
        }
    // 扫描 sw_picture,显示正弦函数画面
    if( sw_picture = =0 )
    {
    delay( 50 ) ;
    if( sw_picture! =0 )
    {
    Dispdate2 ( ) ;
    }
    }
    // 扫描 sw_time,显示时钟画面
    if( sw_time = =0 )
    {
    delay( 50 ) ;
    if( sw_time! =0 )
        {
            Dispdate ( ) ;
        }
    }
    // 扫描 sw_rst,显示复位画面
    if( sw_rst = =0 )
        {
        delay( 50 ) ;
        if( sw_rst! =0 )
            {
                Disprst( ) ;
            }
        }
        }
    }
}
```

_____图形程序_____

// x 轴数据(将原始数据放大10倍得到下面数据,数据要控制 X 轴的取值范围0 ～
63)

```
uchar code sinx[ ] = {0,1,2,3,4,5,6,7,8,9,
              10,11,12,13,14,15,16,17,18,19,
              20,21,22,23,24,25,26,27,28,29,
              30,31,32,33,34,35,36,37,38,39,
              40,41,42,43,44,45,46,47,48,49,
```

```
                    50 ,51 , 52,53,54,55,56, 57,58,59,
                    60,61,62,};
```

// y 轴数据(把原始数据放大30倍再取整得到下面数据,数据要控制 Y 轴取值范围0 ~ 63)

```
uchar code siny[ ] = {0,3,6,9,12,14,17,19,22,23,
                    25 ,27,28,29,30,30,30, 30,29,28,
                    27, 26,24, 22,20,18,15,13,10,7 ,
                    4,1, -2, - 5, -8, -11 , -13 , -16 , -18 , -21,
                    -23, -25, -26, -27, -29, -29, -30, -30, -30 , -29,
                    -29, -28, -27, -25, -23, -21, -19, -17, -14, -11,
                    -8, -5, -2} ;
```

──────────────── 字符程序 ────────────────

```
void DispCharTest( void )    //需要学生根据老师要求自行修改
{
  uchar i,j;
    Display_ Grid(0x00);        //清屏
    for( j = 0;j < 10;j + + )
    {
      pho_disp ( CharTab2 + 16 *j,(j + 6) *2,16,4,16);   // 学号0123456789
    }
      delay1 (300);
    for( i = 0;i < 2;i + + )    //每行显示2个字符
    {
      pho_ disp ( ChnTab + 32 *(i + 2),i *4,0,16,16);   //姓名. pho_ disp (字符地
址,x0,y0,x,y).
      pho_ disp ( ChnTab + 32 *i,i *4,16,16,16);        //学号
      pho_ disp ( ChnTab + 32 *(i + 4),i *4,32,16,16);   //专业
      pho_ disp ( ChnTab + 32 *(i + 8),i *4,48,16,16);   //班级
    }
      pho_ disp ( ChnTab + 32 *13,2 *4,0,16,16);   //   :
      pho_ disp ( ChnTab + 32 *13,2 *4,16,16,16);   //   :
      pho_ disp ( ChnTab + 32 *13,2 *4,32,16,16);   //    :
      pho_ disp ( ChnTab + 32 *13,2 *4,48,16,16);   //  :
        pho_ disp ( ChnTab + 32 *6,3 *4,0,16,16);   //田
      pho_ disp ( ChnTab + 32 *7,4 *4,0,16,16);   //涛

    for( i = 0;i < 6;i + + )    //显示6个字符
    {
      pho_disp ( ChnTab3 + 32 *i,(i + 3) *4,32,16,16);   //电子信息工程
```

```
    }
    for(i=0;i<4;i++)    //显示4个字符
    {
      pho_disp（ChnTab3+32*(i+6),(i+3)*4,48,16,16）;    //光信一班
    }
}
```

————————————————————时钟程序————————————————————

```
void Dispdate（）
{
    int i,j=0;
      Display_Grid(0x00);        //清屏
    pho_disp（ChnTab+32*10,6*4,16,16,16）;    // 年
    pho_disp（ChnTab+32*11,8*4,16,16,16）;    // 月
    pho_disp（ChnTab+32*12,10*4,16,16,16）;    //日
  pho_disp（ChnTab+32*18,13*4,16,16,16）;    //秒
  pho_disp（CharTab+16*2,8*2,16,8,16）;    // 2
  pho_disp（CharTab+16*0,9*2,16,8,16）;    // 0
  pho_disp（CharTab+16*1,10*2,16,8,16）;    //1
  pho_disp（CharTab+16*4,11*2,16,8,16）;    //4
  pho_disp（CharTab+16*0,14*2,16,8,16）;    //0
  pho_disp（CharTab+16*7,15*2,16,8,16）;    //7
  pho_disp（CharTab+16*0,18*2,16,8,16）;    //1
  pho_disp（CharTab+16*1,19*2,16,8,16）;    //5
  pho_disp（CharTab+16*10,22*2,16,8,16）;    //空格
```

第3章　半导体照明技术实验

实验 3.1　LED 光色电热综合测试实验

发光二极管（LED）是第四代光源，与白炽灯、荧光灯等传统光源相比，它的发光原理、发光特性、光源的结构和驱动都有显著差别。

一、实验目的

（1）掌握 HAAS – 2000 高精度快速光谱辐射计、LED310 热电性能分析仪等实验仪器的工作原理、注意事项以及基本操作方法；
（2）了解相关参数的基本概念；
（3）学会分析实验数据，写出结论。

二、实验原理

1. LED 光学特性参数测试实验

光通量、发光效率、发光强度、光强分布、波长等是 LED 的几个重要的光学特性参数。本实验的主要实验仪器是 HAAS – 2000 高精度快速光谱辐射计，其原理如图 3.1 – 1 所示。

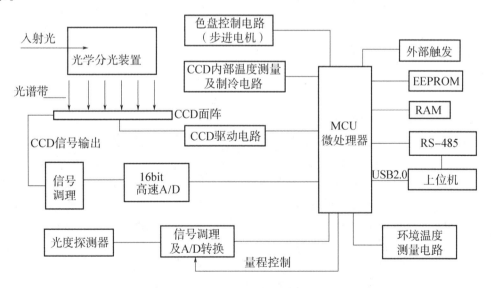

图 3.1 – 1　HAAS – 2000 高精度快速光谱辐射计仪器原理框图

待测光源的光经过光纤入射到仪器内，经过光学分光装置后形成光谱带，照射在 CCD 阵列上，光信号转化为电信号，电信号经滤波放大等处理后，经高速 A/D 转换为 16

位的数值电信号。微处理器将读取到的数字信号通过 USB 接口或标准 RS – 485 接口上传到计算机，通过 HAAS – 2000 光谱分析系统软件进行数据处理。

其主要技术指标如下：

(1) 最佳工作温度：23℃ ±5℃；

(2) 环境湿度（RH）：<65%（无凝结）；

(3) 具备 trig – in 功能；

(4) 可配大动态线性光度探头（特殊订货）；

(5) 供电电压：220V ±5%；

(6) 电源频率：50 Hz /60Hz；

(7) 保护：1.5A 保险丝（保护仪器电路）；

(8) 仪器尺寸：约长 360mm，宽 177mm，高 350mm；

(9) 仪器重量：约 11kg（VIS 型）。

2. LED 热学特性参数测试实验

本实验所测热学特性主要指 LED 的热阻测量。当热量在物体内部以热传导的方式传递时，反映热传导体阻碍热流的能力的物理量称为热阻。对于 LED，在 LED 点亮后达到热量传导稳态时，芯片表面每耗散 1W 功率，芯片 PN 结点的温度与连接的支架或铝基板的温度之间的温差就称为热阻，单位为℃/W。数值越低，表示芯片中的热被传导到支架或铝基板上的速度就越快。LED 作为一种半导体器件，主要以热阻 R_J 表征其本身的热学特性：

$$R_J = \frac{T_J - T_x}{P_H} \tag{3.1 – 1}$$

式中，R_J 是待测器件 PN 结到指定环境之间的热阻（℃/W）；T_J 是测试条件稳定时的结温（℃）；T_x 是指定环境的参考温度（℃）；P_H 是待测器件的耗散功率（W）。因此，为了测定 LED 的热阻，必须确定式（3.1 – 1）右边的三个参数，其中结温 T_J 是测量的重点。结温 T_J 的测量可通过式（3.1 – 2）表示的方法进行：

$$\left. \begin{array}{l} R_J = T_{J0} - \Delta T_J \\ \Delta T_J = K \times \Delta TS_P \end{array} \right\} \tag{3.1 – 2}$$

式中，T_{J0} 是待测器件未加热前的初始结温（℃）；ΔT_J 是因加热引起的结温变化量（℃）；K 是定义 ΔT_J 和 ΔTS_P 之间关系的常量（℃/V）；ΔTS_P 是温度敏感参数值的变化量（mV）。

为了简化评价方法，规定式（3.1 – 1）中的参数 P_H 为输入到 LED 的总电功率（不考虑光辐射功率及其它耗散功率），且仅考察当 LED 外壳（或主要散热部分）与夹具热沉良好接触时，结点与外壳（或主要散热部分）之间的结壳热阻。为了便于与完整概念下的热阻相区别，此时的热阻称为"参考热阻"，用 R_J 表示，即上位机所测得的是参考热阻。通过在上位机软件中输入光辐射功率或连接光辐射功率计测量光辐射功率，并估算或忽略其它耗散功率，可得到完整概念下的热阻。

"参考热阻"由于测量方便、复现性好，越来越多地得到了应用。结温的测量采用的是动态电学测量方法，该方法利用发光二极管 PN 结正向压降与 PN 结的温度呈线性关系的特性，通过测量其在不同温度下的正向压降差来得到发光二极管的结温。测量中，PN 结既是被测对象，同时也是温度传感器，PN 结温度的变化通过温度敏感参数即 PN 结正向压降的变化输出，如图 3.1 - 2 所示。

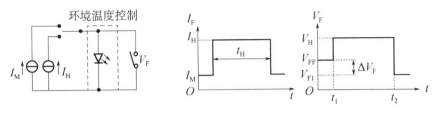

（a）测量原理图　　　　　（b）测量信号时序图（电流电压波形）

图 3.1 - 2　LED 热阻测试

①将测量电流 I_M 正偏置加到待测 LED 两端，测得正向结电压 V_{FI}。

②加热电流 I_H 取代 I_M 加到待测 LED 两端，加热一定时间 t_H，待 LED 趋于稳定状态时，测得正向结压降 V_H，并得到耗散功率 P_H；

③I_M 迅速取代 I_H 加到待测 LED 两端，并测得正向结压降（V_{FF}）。

④关闭电流，根据公式 $\Delta V_F = |V_{FI} - V_{FF}|$，$T_J = T_{JI} + \Delta T_J$，$R_J = \dfrac{\Delta T_J}{P_H} = \dfrac{K \times \Delta V_F}{I_H \times V_H}$，可得到待测 LED 的结温和热阻。

为了便于描述，我们把根据以上步骤实现热阻的测量方法称为单脉冲测量模式，通过这种模式，可以得到一个 LED 经过确定加热时间后的热阻、结温等参数；而把在加热过程中按照一定的周期不断地重复单脉冲测量的方法称为连续模式，通过这种模式，可以得到 LED 的加热过程中热阻、结温的变化过程等参数。主要性能指标如下：

（1）程控恒流源输出范围：0.1 ～ 2000.0mA，最大允许输出电压 15V，最大允许输出功率 20W。

（2）测量时可自动判向或手动设置方向。

（3）正向电流 I_F 测量范围：0.1 ～ 2000.0mA，精度 ±（0.1% F.S. + 0.1% R.D. + 1DG）。

（4）正向电压 V_F 测量范围：0.00 ～ 15.00V，精度 ±（0.1% F.S. + 0.1% R.D. + 1DG）。

（5）反向电压 V_R 测量范围：0.00 ～ 15.00V，精度 ±（0.1% F.S. + 0.1% R.D. + 1DG）。

（6）反向漏电流 I_R 测量范围：0.00 ～ 99.99μA，精度 ±（0.2% F.S. + 1DG）。

（7）热特性测试电流 I_M：0.1 ～ 9.9999mA。

（8）热特性加热电流 I_H：10 ～ 2000mA。

（9）温控夹具自动温度测量和控制范围：5 ～ 85℃，TEC 控温，精度 ±0.5 ℃。

注：设定温度不得低于（室温 -5℃），以防止产生凝露或其它问题；LED 加热功率 <3W 时，温控效果最佳。

（10）热特性测试电流快速切换时间：小于 10μs。

（11）对于典型 1W LED：结温测量范围：-50 ～ 200℃，精度：±1℃；热阻可测量范围：0 ～ 250℃/W，精度：±1℃/W。

（12）电源：交流 220V ±22V，50Hz/60Hz。

（13）定标和检定环境：温度：25℃ ±1℃；湿度：55% RH ±5% RH。

（14）一般测量环境：温度：25℃ ±10℃；湿度：55% RH ±10% RH。

三、实验仪器

HAAS-2000 高精度快速光谱辐射计、LED310 热电性能分析仪。

四、实验内容及步骤

1. LED 光学特性参数测试

（1）启动 HAAS-2000 电源。

（2）把待测 LED 灯珠装上夹具（注意正负极）。根据待测 LED 灯珠的正向电压和正向直流电流范围，调节电源的电压值和电流值，点亮待测 LED 灯珠。

（3）将夹具安装到积分球里，并拧紧螺丝固定好夹具。

（4）打开电脑中的测试软件 LEDspec，在软件界面右边设置栏里根据待测 LED 的参考参数设置好工作电流、积分时间（一般选自动积分）和光度（或辐射度）测试装置等参数。

（5）按下"快速测试"按钮，再点击"测试【F_3】"。

（6）测试结束后，双击所测的数据，修改测试信息。在测试数据表里钩选要保存的数据行，选择"文件—打印"，以 PDF 文档形式保存测试结果。

注：要求测试 1W 红光 LED、1W 黄光 LED、1W 蓝光 LED、1W 暖白 LED、3W 暖白 LED 五种灯珠，并且对所测结果进行比较分析。

2. LED 热学特性参数测试

（1）启动 LED310 热电性能分析仪的电源。

（2）把待测 LED 安装到恒温夹具上（小红点代表正极）。

（3）打开测试软件 LED310_ V2.00.120，进入"热阻 K 系数测试"页面，在设置栏里设置起点温度、终点温度、测试间隔、测试电流和允许输出电压等参数，点击"开始"，等待测试完成。测试结束后，在"查看—测试信息"对话框中修改测试信息，再选择"文件—打印"，以 PDF 文档形式保存测试结果。

（4）进入"热阻连续测试"页面，在设置栏里设置 K（℃/mA），测量电流、加热电流测量腔温度等参数，钩选"恒温控制"，点击"开始"，跳出控温界面，在判断设置栏里设置好参数再点击"启动"，等待测试完成。测试结束后，在"查看—测试信息"对话框中修改测试信息，再选择"文件—打印"，以 PDF 文档形式保存测试结果。

（5）进入"I—V 特性测试"页面，在设置栏里设置好相关参数，钩选"恒温控制"，点击"开始"，跳出控温界面，在判断设置栏里设置好参数再点击"启动"，等待测试完成。测试结束后，在"查看—测试信息"对话框中修改测试信息，再选择"文件—打印"，以 PDF 文档形式保存测试结果。

注：要求测试 1W 黄光 LED、1W 暖白 LED、3W 暖白 LED 三种灯珠，并且对所测结果进行比较分析。

五、注意事项

1. LED 光学特性参数测试实验

（1）夹具替换下来的白色积分球部分一定要保管好，绝不能弄脏白色部分。

（2）HAAS – 2000 要提前开启电源 10 ～ 30min。

（3）注意不同规格的待测 LED 不要弄混乱，否则会给参数设置带来困难。

2. LED 热学特性参数测试实验

（1）本实验第（3）步，起点温度不应高过终点温度，且起点温度与终点温度之差一般要求大于 50℃。

（2）本实验第（4）步，K 系数和测量电流有一个对应的关系，即步骤（3）中设置的测试电流 I_{F1} 对应于 K_1，测试电流 I_{F2} 对应于 K_2，测试电流 I_{F3} 对应于 K_3，测试电流 I_{F4} 对应于 K_4，在"热阻连续测试"页面设置栏里设置 K 系数和测量电流参数时要成对设置，不能随便更改。

（3）所有的参数设置都要考虑待测 LED 的承受能力，不能损坏待测 LED。

实验 1 与实验 2 的连线有区别，两实验要保证连线正确后才能进行实验，两实验的连线区别如图 3.1 – 3 所示。

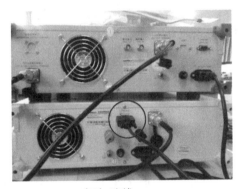 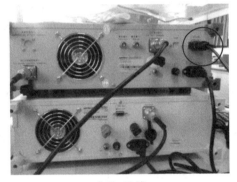

实验1连线　　　　　　　　　　　　　　　　实验2连线

图 3.1 – 3　两实验连线图

实验 3.2　LED 及配套电器的电磁兼容测试实验

LED 由于环保、寿命长、光电效率高等优点，近年来在各行业的应用得以快速发展。随着 LED 应用的日益广泛，LED 及配套电器也成了关注热点。其中，LED 驱动电源的设计或驱动方式选择不当，将使 LED 极易损坏。掌握测试 LED 驱动电源产品的可靠性、稳定性的方法，具有十分重要的意义。

一、实验目的

（1）通过静电试验有效判定 LED 及配套电器的抗静电能力；

（2）通过群脉冲抗扰度试验有效判定电子设备的电快速瞬变群脉冲抗扰度；

（3）通过浪涌（冲击）抗扰度试验，找出 LED 及照明产品在规定的工作条件下工作时，对由开关或雷电作用所产生的有一定危害电平的浪涌（冲击）电压的反应；

（4）对 LED 及配套电器进行 EMI 测试，判断产品是否符合法规的要求。

二、实验原理

电磁兼容性 EMC（Electromagnetic Compatibility）指设备或系统在其电磁环境中符合要求运行，同时不对其环境中的任何设备产生无法忍受的电磁干扰的能力。EMC 包括两个方面的要求：一方面指设备在正常运行过程中对所在环境产生的电磁干扰不能超过一定的限值（EMI）；另一方面指器具对所在环境中存在的电磁干扰具有一定程度的抗扰度，即电磁敏感性（EMS）。EMI 是干扰测试，是被测产品对环境和别的产品干扰能力的测试；EMS 是抗干扰测试，是被测产品抵抗来自环境和其它产品干扰信号的测试。EMC（电磁兼容）＝EMI（电磁干扰）＋EMS（抗电磁干扰）。

EMC 测试包括测试方法、测量仪器和试验场所。测试方法以各类标准为依据，测量仪器以频域为基础，试验场地是进行 EMC 测试的先决条件，也是衡量 EMC 工作水平的重要因素。EMC 测试受场地的影响很大，尤其以电磁辐射发射、辐射接收与辐射敏感度的测试对场地的要求最为严格。EMC 测试实验室大体有两种类型：一种是经过 EMC 权威机构审定和质量体系认证，而且具有法定测试资格的综合性设计与测试实验室。这种实验室有进行传导干扰、传导敏感度及静电放电敏感度测试的屏蔽室，有进行辐射敏感度测试的消声屏蔽室，有用来进行辐射发射测试的开阔场地和配备齐全的测试与控制仪器设备。另一种是根据实际需要和经费情况而建立的具有一定测试功能的 EMC 实验室。这类测试实验室规模小，造价低，主要适用于预相容测试和 EMC 评估。

EMC 测试必须依据 EMC 标准和规范给出的测试方法进行。电磁兼容测试标准主要有：民品 GB17626 系列；军品 GJB151A/GJB152A。民品测试项目有电快速瞬变脉冲群抗扰度试验、浪涌（冲击）抗扰度试验、电压暂降、短时中断和电压变化的抗扰度试验、静电放电抗扰度试验、射频电磁场辐射抗扰度试验、传导电压和辐射场强。军品测试有 CE101、CE102、CS106、CS114、CS116、RE102 等。

EMC 的测试目标是电子电器设备，照明设备属于重要的电子电器设备。美国 FCC 认证、欧盟 CE 认证等都对 LED 照明设备提出了相关的测试项目。电磁干扰一般有两种干扰源：一种是传导干扰，主要是电子设备产生的干扰信号通过导电介质或公共电源线互相产生干扰，LED 灯具的 FCC 认证传导干扰扫描测试频率从 0.15MHz 开始至 30MHz 结束，CE 认证中的传导干扰扫描测试频率从 9kHz 开始至 30MHz 结束。另外一种干扰是辐射干扰，主要指电子设备产生的干扰信号通过空间耦合把干扰信号传给另一个电网络或电子设备。LED 灯具的 FCC 认证空间辐射干扰扫描测试频率从 30MHz 开始至 1GHz 结束，CE 认证中的空间辐射干扰扫描测试频率从 30kHz 开始至 300MHz 结束。

照明行业测试 9kHz ～ 30MHz 波段的 EMI 有两种方法：一种是采用 Antenna（天线）和 EMI 接收机，其依据标准是 CISPR15、EN55015、GB17743。对于照明灯具可能产生的低频磁场设备，需要采用 CISPR16 - 1 - 4 规定的三环天线测量其低频磁场辐射骚扰。主要是由三环天线和 EMI 接收机进行测试，测试时需在屏蔽室内进行。注：三环天线将 X 方向、Y 方向和 Z 方向低频磁场分量转化为 RF 信号，并通过同轴开关三个通道输送到

EMI 接收机进行测量。另外一种是采用 LISN 测试方法，测试时需要由 EMI 接收机 + 人工电源网络 + LISN 和测试软件进行。传导干扰测试系统用于测量灯和灯具照明设备在正常工作状态下电源端口产生的干扰，LISN 实现 RF 信号的隔离、采样、阻抗匹配，并为 EUT 提供电通道，EMI 接收机对 RF 信号进行测量，并最终由 EMI 测试软件进行分析、处理和判限。测试时需在屏蔽室进行。

与此同时，在 9kHz – 300MHz 波段的 EMI 测试中采用的是 CDN 法。在 CISPR15、EN55015 和 GB17743 标准中还提供另外一种照明设备的辐射电场骚扰测试方法，即 CDN 共模端子电压法。采用 CDN 法，主要包括 EMI 接收机、CDN 和衰减器。测试时可以在屏蔽室内进行。

对于新兴的 LED 照明行业，通常频率都超过 30MHz，在 CE 认证中明确提出扫描频率从 30MHz 到 300MHz。

三、实验仪器

（一）实验仪器

（1）所需设备。

LED 及配套电器（样品）	若干
LT – 101A 驱动电源性能测试仪	1 台
EMS61000 – 2A 静电放电发生器	1 台
ESDD – 2_ 静电放电试验台_0.8mm_台式	1 台
ESDD – 2_静电放电试验台_0.8mm	1 台
EMS61000 – 4A 智能型群脉冲发生器	1 台
群脉冲标准实验环境	1 套
EMS61000 – 5A 雷击浪涌发生器	1 台

（2）LT – 101A 驱动电源性能测试仪的主要技术指标，见表 3.2 – 1。

表 3.2 – 1　LT – 101A 驱动电源性能测试仪的主要技术指标

量程自动	电压 300V、电流 1A/5A
频率范围	DC、基频 45Hz ～ 65Hz
带　　宽	窄频 45Hz ～ 5kHz、宽频 45Hz ～ 1MHz、纹波 500Hz ～ 1MHz
精　　度	电压、电流、有功功率精度均一致 ±（0.1% 量程 + 0.1% 读数）
功率因数	±（0.002 + 0.001/读数）
频　　率	±（0.1% 读数）

LT – 101A 驱动电源性能测试仪的主要部件及按键如图 3.2 – 1 所示。

①负载开关：当负载开关断开时，被测负载和被测输入断开；闭合时则接通。

②电源开关：闭合时为仪器供电，断开时切断仪器供电。

③仪器工作状态指示和切换：

采样：闪烁时指示仪器正在采样测量，每闪烁一次，仪器测量一次，显示刷新一次。

远控：闪烁时指示仪器处于远程控制状态，即由测试软件控制仪器进行测量，传送测量结果至测试软件。

锁存：仪器处于连续测量状态时，按"锁存"键锁定显示值，"锁存"指示灯亮，仪器处于锁定状态；再次按"锁存"键可解除锁定，"锁存"指示灯灭。

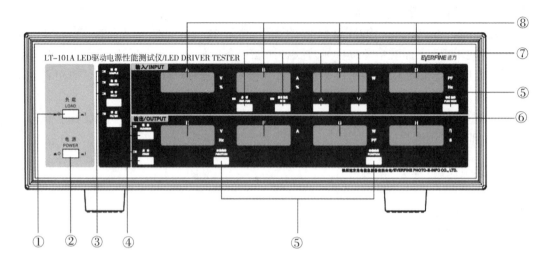

图 3.2 – 1　LT – 101A 前面板

①—负载开关；②—电源开关；③—仪器工作状态指示和切换；④—仪器测量状态指示和切换；⑤—显示窗功能选择键；⑥—输出特性显示窗；⑦—输入谐波分析按键和指示灯；⑧—输入特性显示窗

窄频："窄频"指示灯亮时表示仪器处于输入输出窄频特性测试中，输入输出电压电流的频带宽度为 5kHz。再次按"窄频"键，"窄频"指示灯熄灭，此时表示仪器处于输入输出宽频特性测试中，输入输出电压电流的频带宽度为 1MHz；再次按"窄频"键，"窄频"指示灯闪烁，此时表示仪器处于输出纹波测试中，纹波的频带范围为 5kHz ～ 1MHz。再次按"窄频"键将切换到输入输出窄频状态。

④仪器测量状态指示和切换：

稳态："稳态"指示灯亮时表示仪器处于稳态测量状态。此时按"启动"键仪器将切换到启动测量状态。

启动："启动"指示灯亮时表示仪器处于启动测量状态。当一次启动特性测试完毕后，按"启动"键仪器将再次进行启动特性测试，按"稳态"键仪器将切换到稳态特性测试。

注："锁存"状态下，按"稳态"键进入输入输出测量模式（RMS 或 DC）设置。

⑤显示窗功能选择键：按"功能选择"键可在对应窗口切换显示不同的测量值。

⑥输出特性显示窗：显示输出特性测量值。

⑦输入谐波分析按键。

⑧输入特性显示窗：显示输入特性测量值。

（二）预习要求

（1）LED 驱动电源是什么？按驱动方式分为哪两种？其输入、输出各有什么特性？

（2）高效率 LED 是节能产品，那么驱动电源的效率怎么计算？

（3）什么是谐波、谐波分量？偶次谐波与奇次谐波有什么特点？

四、实验内容与步骤

本实验采用 LED 驱动电源性能测试仪对样品的输入、输出电参数同时进行测试，采用各种发生装置对样品进行破坏性实验。通过测试、对比实验前后的样品参数，分析判断样品的性能。

1. 实验前样品测试记录

（1）外观结构：表面不应有明显的裂缝、变形、起泡等现象。零部件应紧固无松动。

（2）记录样品的初始状态：

①实验前对样品进行编号，记录初始工作状态。

②采用 LT-101A 驱动电源性能测试仪，同时测试 LED 驱动电源的输入和输出电性能。先将仪器后面板供电电源插入，按下仪器前面板的电源开关启动仪器。

③按图 3.2-2 连接 LED 及配套驱动电源，负载为 LED 灯，注意接线正负。

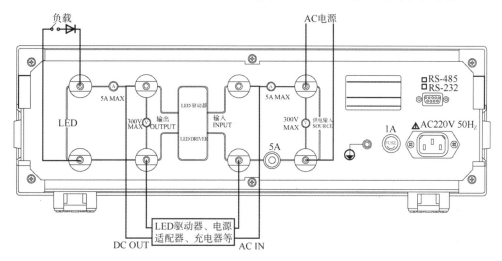

图 3.2-2　LT-101A 测试接线图

④连接测试线路后，在 AC 电源端，接入驱动器的额定输入电压，按下前面板的负载开关，此时样品应正常工作无异响，仪器自动进行稳态特性测试，样品稳定后即可读取、记录相关数据。

⑤输入稳态测试参数：窗口 A 显示输入电压（V），窗口 B 显示输入电流（A），窗口 C 显示输入有功功率（W），窗口 D 按"功能选择"键可选择显示功率因数（PF）或频率（Hz）。

⑥输出稳态测试参数：窗口 E 按"功能选择"键可选择显示输出电压（V）或频率（Hz），窗口 F 显示输出电流（A），窗口 G 按"功能选择"键可选择显示输出有功功率（W）或功率因数（PF），窗口 H 显示电源效率。

$$电源效率 = \frac{输出有功功率}{输入有功功率}$$

⑦输入谐波分析操作：要进行输入特性谐波分析时，按"分析"键，"分析"指示灯

亮表示仪器处于谐波分析状态。再次按"分析"键仪器将退出谐波分析状态。谐波分析时，按"∧"和"∨"键改变窗口 C 谐波次数，相应的各次谐波值在窗口 A 和 B 显示。按"真有效值"按键，切换窗口 A 和 B，显示各次谐波为真有效值或相对值。

⑧输入谐波分析参数：窗口 A 显示电压各次谐波真有效值（V）或相对值（V%），窗口 B 显示电流各次谐波真有效值（A）、相对值（A%），窗口 C 显示各次谐波次数或总谐波失真符号（THD），窗口 D 按"功能选择"键可选择计算总谐波失真 THD 的计算方式 CSA 或 IEC。

IEC 计算方式：　　　　　　　　　　　　CSA 计算方式：

$$\text{THD} = \frac{\sqrt{\sum_{k=2}^{n}(C_k)^2}}{C_1} \times 100\% \quad \text{或} \quad \text{THD} = \frac{\sqrt{\sum_{k=2}^{n}(C_k)^2}}{\sqrt{\sum_{k=1}^{n}(C_k)^2}} \times 100\%$$

式中：

THD：V（电压）或 A（电流）总谐波失真相对值；

C_1：V 或 A 的基波（1 次谐波）有效值；

C_k：V 或 A 的第 k 次谐波有效值；

k：谐波次数；

n：最大谐波次数（本仪器为 50）。

⑨记录完数据后，对照样品技术指标，分析是否满足指标要求。

2. 静电抗扰度试验、群脉冲抗扰度试验、浪涌（冲击）抗扰度试验

按照《电磁兼容试验指导书》说明，对 LED 及配套电器（样品）依次完成静电抗扰度试验、群脉冲抗扰度试验和浪涌（冲击）抗扰度试验。

3. 验后样品测试记录

（1）样品完成以上各种抗扰度试验后，再次进行样品电参数测试。

（2）重复实验前样品测试的步骤，记录相同条件下的测试数据。

五、注意事项

1. 智能型群脉冲发生器

（1）本仪器的工作电源为 AC 220V ± 10%，50Hz/60Hz。

（2）仪器内有高压，切勿拆卸或敞开机壳工作。

（3）当仪器有高压输出时，切勿触摸仪器的接线端子以及测试线，防止被电击。

（4）在试验前须仔细检查连线，确保正确无误后方可进行试验。

（5）为保证试验的正确性，配置试验时务必严格遵守 GB/T1726.4、IEC61000－4－4 最新标准要求。

（6）测试前确保仪器的接地端子良好接地。

（7）请保持仪器清洁，为确保良好的通风散热，切勿堵塞机箱上下盖板和后面板开设的通风孔，也勿放置障碍物，严禁覆盖。

（8）仪器搬运时务必谨慎小心，防止碰撞、倒置、震动。

2. 雷击浪涌发生器

（1）本仪器的工作电源为 AC 85～264V，50Hz/60Hz。

（2）当手潮湿或相对湿度超过75%时，不要使用本设备。

（3）因为有高压脉冲加到接线端子，如果更换接线，请确认仪器处于待机状态，EUT 电源处于断开状态（EUT 指示灯灭），才能进行。

（4）为安全起见，在操作时不要进食，防止偶然因电击引起的进食阻塞。

（5）用本设备做试品的抗干扰试验时，要注意将本设备的接地端子与试品的接地端子接在一起。

（6）在试验前须仔细检查连线，确保正确无误后方可进行试验。

（7）为安全起见，测试进行时，请勿接触接线端子。

（8）请保持仪器清洁，为确保良好的通风散热，机箱上下盖板和后面板开设的通风孔切勿堵死，也不宜放置障碍物，严禁覆盖。

（9）仪器搬运时请谨慎小心，防止碰撞、倒置、震动。

（10）请勿打开机盖，防止触电及损坏机器。

（11）本仪器内置耦合去耦网络与试品供电网络（50Hz/60Hz）相连时，无论有无接被测设备，流经 L 相的电流不等于流经 N 相的电流，接线中会流经数安培的电流，因此会造成有安装漏电保护器的回路跳闸。

六、实验记录与处理

（1）对比样品实验前后数据及技术指标，判断是否仍然满足要求，分析样品性能。

（2）列表记录和整理实验数据，记录实验条件。

七、思考题

（1）功率因数是电网对负载的要求，功率因数的高低对实验仪器有何影响？

（2）根据 LED 电压和电流特点，使用哪种方式驱动比较理想？为什么？

实验 3.3　光致发光及荧光粉相对亮度测量

荧光物质在各种领域的应用越来越广泛，如照明、燃料、油漆、塑料、包装材料等工业中都应用了荧光材料。近几年来，LED 光源得到了空前的发展，但一般 LED 均为单色光，在一般照明领域的应用局限很大。为得到白光 LED，通常可以用蓝光 LED 发出的蓝光激发荧光粉，受激荧光粉发出其它波长的光（一般为黄光），经混光后得到白光。因此，对 LED 荧光粉的光色分析非常重要。

一、实验目的

（1）了解荧光材料的光致发光机理；

（2）掌握荧光粉相对亮度的测试方法；

（3）掌握用便携式光谱仪（PMS 光谱分析系统）测量荧光粉发光光谱的方法。

二、实验原理

荧光物质在特定波长的辐射能量辐射下，能发射出具有一定光谱分布的辐射，用 460nm 蓝光或者用波长为 253.7nm 或 365nm 的紫外光源作为激发光源，使用荧光粉相对亮度测量仪测试荧光粉的相对亮度、色度参数等。

当荧光粉受到激发光源发出的光照射后，会激发出荧光向空间辐射。当同一条件下测出荧光粉的标样和试样电信号后，利用比较法，就可以求出试样的亮度值，即在紫外光源照度不变情况下，从基准上测得标准粉的亮度值为 $L_{标}$，放上标准粉，从仪器上亮度计有电信号 $V_{标}$ 响应，$V_{标}$ 与 $L_{标}$ 之间的关系为：

$$L_{标} = K \times V_{标} \tag{3.3-1}$$

式中，K 是测试状态系数。

换上试样后，试样的亮度值 $L_{试}$ 与试样电信号 $V_{试}$ 的关系为：

$$L_{试} = K \times V_{试} \tag{3.3-2}$$

将式（3.3-1）和式（3.3-2）中的 K 消去，得到：

$$L_{试} = L_{标} \times V_{试} / V_{标} \tag{3.3-3}$$

因此，只要知道 $L_{标}$ 的绝对值，$L_{试}$ 的绝对值就可以由式（3.3-3）求出，测量试样的绝对值之前，需要对激发光源、亮度计、辐射度进行定标，确定其绝对值。

三、实验仪器及准备

1. 实验仪器

PE-5 型 LED 荧光粉激发装置	1 台
PE-Ⅱ型荧光粉激发装置	1 台
JY2003 型 荧光粉相对亮度测量仪	1 台
PMS 光谱分析系统	1 台

2. 预习要求

（1）了解荧光粉光致发光机理；

（2）学习荧光粉激发装置、相对亮度测量仪和光谱分析系统的操作。

四、实验内容与步骤

荧光粉激发装置提供了光采集接口，它和相应的采集光路、测量仪器结合使用，可实现对荧光粉的光色参数的测量。

要测量不同的荧光粉的发光光谱，需要选择不同的激发装置。PE-5 型 LED 荧光粉激发装置采用 460nm 蓝光作为激发源，可在荧光粉发光光谱中有效去除蓝光反射光谱的干扰，与专用软件配套可实现 LED 黄色 YAG 荧光粉的全真光谱分析和颜色测量。PE-Ⅱ型荧光粉激发装置的激发源是波长为 253.7nm 或 365nm 的紫外光源，可以与光谱分析系统配套使用进行荧光粉光色参数测量。

1. 与 PMS 光谱分析系统配套使用的安装和操作

在与 PMS 光谱分析系统配套使用，测量 LED 荧光粉相对亮度和色度参数时，包括定标和测量两个步骤。

1）定标

对系统进行定标时，荧光粉激发装置和 PMS 光谱分析系统的安装连接见图 3.3－1。
注：PMS－50 参考通道探测器不用。

图 3.3－1 中，先将光纤和定标遮光筒连接到相应的接口上，关闭 LED 荧光粉激发装置的电源开关；然后再按标准灯的标定电流点亮色温标准灯（通常选用远方公司 D204 通用标准光源），并使灯丝中心对准定标遮光筒中心轴，灯丝发光面和定标遮光筒中心轴相垂直；然后在粉盘上放上硫酸钡粉末（注意粉量保持一致），用玻璃片压平（每次压粉时应注意用力的均匀性与一致性），然后将硫酸钡粉盘转动到图 3.3－1 中 B 位置上，待标准灯经预热发光稳定后，即可开始定标。

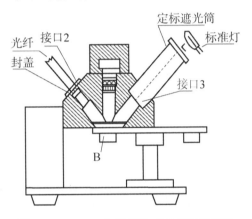

图 3.3－1　PE－5 型 LED 荧光粉激发装置

2）测量

定标完成后，取下接口 3 上的定标筒，用封盖盖上。将待测 LED 荧光粉样品压在粉盘上，压粉方法同压硫酸钡粉类似，并将粉盘转到 B 位置。点亮 LED 预热 10min 后，即可开始对 LED 荧光粉进行测量。注：换粉时需清洁粉盘和压粉玻璃，防止测试粉被污染。

2. 与 JY2003 荧光粉相对亮度仪配套使用的安装和操作

荧光粉激发装置和 JY2003 荧光粉相对亮度测试仪配套后可以实现对 LED 荧光粉的相对亮度的定标和测量。它们的连接图如图 3.3－2 所示。

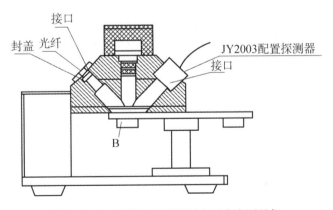

图 3.3－2　JY2003 型荧光粉相对亮度测量仪

光纤接口盖上封盖，然后将 JY2003 所配的探测器套上探头护套后放入探测器接口并牢固，打开电源开关，点亮 LED，再将硫酸钡粉、标准粉和待测粉分别压在粉盘上。转动转盘，将硫酸钡粉盘转至图中 B 位置，待 JY2003 显示值稳定后按 JY2003 用户手册对 JY2003 进行定标，定标值一般为 100。定标完成后将被测粉转至图中 B 位置，此时 JY2003 的显示值即为该荧光粉的相对亮度。

五、注意事项

1. 荧光粉激发装置

（1）开关锁的主要功能是防止仪器的设定参数、定标系数被意外修改，因此只有在设定、定标、校零时把开关锁打到"CAL"位置，其它时候把开关锁打到"TEST"位置。

（2）选择最大工作电压时一定要慎重，选择过大会导致被测的 LED 灯很容易损坏，选择过小仪器无法正常测试。

（3）当被测的 LED 灯发光较弱时建议选择近场进行测试，这时要把测试平台上的消光筒去掉并在设定中选择近场测试；当被测的 LED 灯发光较强时选择远场进行测试，这时要把测试平台上的消光筒安装上并在设定中选择远场测试。

（4）在安装 LED 灯时，要注意 LED 灯的安装位置，要保证 LED 灯的灯头在刻度盘的中心位置。

2. 荧光粉相对亮度测量仪

（1）为确保精度，在测量前激发装置应预热 10min，以避免蓝光 LED 刚点亮时发光不稳定导致测量不准。

（2）激发装置的供电电压应稳定，测量试样和标样时，前后时间间隔不要太长，以防止发光源波动或漂移而影响精度。

（3）按"定标/CAL""校零/ZERO"键时，请确认是否为正确操作。若误进入定标或校零状态，请立即按"锁存/HOLD"键退出。

（4）定标或校零前应将仪器后面板上开关锁置于"CAL"位置，否则不能保存定标数据或零位值，定标或校零完成后，应及时将仪器后面板上的开关锁置于"TEST"位置，否则可能会误操作改写定标数据或零位值。

（5）装被测样和标样荧光粉时，应用玻璃片压平，装样状态应尽量一致。

（6）当仪器测量结果超出显示范围 9999 时，仪器将显示"OUT"并闪烁，请勿将光电探测器暴露在强光下，光电探测器拿出激发装置后应立即盖上盖子。

（7）仪器必须有良好的接地，以提高仪器的抗干扰能力和测试精度。

六、实验记录与处理

调零点后，列表记录 LED 荧光粉相对亮度定标、测量的数据，分析、处理所记录的数据。

七、实验报告要求

光源激发荧光粉，使荧光粉发光，比较分析荧光的相对亮度。

八、思考题

为什么激发光源的光谱对荧光粉的荧光的相对亮度会有影响？

实验 3.4　智能照明控制系统实验

智能照明控制系统能对大部分灯具进行智能调光，在适合的区域、适合的时间给予充分的照明。根据需要自动开关灯具，充分利用自然光，一般可以节约 20% ～ 40% 的电能，降低用户电费支出，减轻供电压力。

一、实验目的

（1）了解智能照明控制系统的特点；
（2）掌握智能照明控制系统的工作原理和设置方法；
（3）设置几种不同场景的界面控制。

二、实验原理

1. 智能照明控制系统的结构和组成

一般智能照明控制系统属于数字式照明管理系统，它由系统单元、输入单元和输出单元三部分组成。除电源设备外，每一单元设置唯一的单元地址，并用软件设定其功能。通过输出单元来控制各负载回路。各种单元的定义简述如下：

（1）系统单元：用于提供工作电源系统时钟及各种系统的接口，包括系统电源、各种接口（PC、以太网、电话等）、网络桥。主系统对各区域实施相同的控制和信号采样的网络；子系统则对各分区实施不同控制的网络。主系统和子系统之间通过信息元件连接，实现数据传输。

（2）输入单元：用于将外部控制信号变换成网络上传输的信号。配置了各种形式的控制板（如提供 LCD 页面显示和控制方式，并以图形、文字、图片来做软按键，可进行多点控制、时序控制、存储多种亮模式等）和各种功能的传感器（如红外线传感器、亮度传感器），通过对周围环境的亮度进行检测，调整光源的亮度，使周围环境保持适宜的照度，以达到有效利用自然光、节约电能的目的。

（3）输出单元：用于接收来自网络传输的信号，控制相应回路的输出以实现实时控制。输出单元有各种型式的继电器、调光器（以负载电流为调节对象，除调光功能外，还可用作灯具的软启动、软关闭）、模拟量输出单元、照明灯具调光接口和红外输出模块等。系统一般采用集中控制管理、分散执行的方式，亦即配置中央监控和智能控制照明柜，前者可以控制计算机、主通信控制器等设备，通过网络将控制命令与各智能控制柜的可编程控制器进行通信联络，同时接收来自智能控制柜内可编程控制器的有关自动及手动工作状态、灯具开/关状态等，并在异常情况下采取处理措施。

2. 采用智能照明控制系统的优越性

（1）良好的节能效果。采用智能照明控制系统的主要目的是节约能源，智能照明控制系统借助各种不同的"预设置"控制方式和控制元件，对不同时间不同环境的光照度进行精确设置和合理管理，实现节能。这种自动调节照度的方式，充分利用了室外的自然光，只有必需时才把灯点亮或点到要求的亮度，节电效果十分明显。

（2）延长光源的寿命。延长光源寿命不仅可以节省大量资金，而且大大减少更换灯管的工作量，降低了照明系统的运行费用，管理维护也变得简单。无论是热辐射光源，还是气体放电光源，电网电压的波动是光源损坏的主要原因之一。因此，有效地抑制电网电压的波动可以延长光源的寿命。

（3）改善工作环境，提高工作效率。良好的工作环境是提高工作效率的一个必要条件。良好的设计，合理地选用光源、灯具，使用优良的照明控制系统，都能提高照明质量。

节能照明控制系统以"调光模块控制面板"代替传统的开关来控制灯具，可以有效地控制各房间内的整体照度值，从而提高照度均匀性。同时，这种控制方式所采用的电气元件也可以解决频闪效应，不会使人产生不舒适、头昏脑涨、眼睛疲劳的感觉。

（4）实现多种照明效果。多种照明控制方式可以使同一建筑物具备多种艺术效果，为建筑增色不少。现代建筑物中，照明不单纯地为满足人们视觉上的明暗效果，更应具备多种控制方案，使建筑物更加生动，艺术性更强，给人丰富的视觉效果和美感。以某工程为例，建筑物内的展厅、报告厅、大堂、中庭等，如果配以智能照明控制系统，按其不同时间、不同用途、不同效果，采用相应的预设置场景进行控制，可以达到丰富的艺术效果。

3. 智能照明控制系统的控制内容

（1）时钟控制。通过时钟管理器等电气元件，实现对各区域内用于正常工作状态的照明灯具时间上的控制。

（2）照度自动调节控制。通过每个调光模块和照度动态检测器等电气元件，实现在正常状态下对各区域内用于正常工作状态的照明灯具的自动调光控制，使该区域内的照度不会随日照等外界因素的变化而改变，始终维持在照度预设值左右。

（3）区域场景控制。通过每个调光模块和控制面板等电气元件，实现在正常状态下对各区域内用于正常工作状态的照明灯具的场景切换控制。

（4）动静探测控制。通过每个调光模块和动静探测器等电气元件，实现在正常状态下对各区域内用于正常工作状态的照明灯具的自动开关控制。

（5）应急状态减量控制。通过每个对正常照明控制的调光模块等电气元件，实现在应急状态下对各区内用于正常工作状态的照明灯作减免数量和放弃调光等控制。

（6）手动遥控器控制。通过红外线遥控器，实现在正常状态下对各区域内用于正常工作状态的照明灯具的手动控制和区域场景控制。

4. 目前智能控制系统具有的功能

（1）智能系统设有中央监控装置，对整个系统实施中央监控，以便随时调节照明的现场效果。例如：系统设置开灯方案模式，并在计算机屏幕上仿真照明灯具的布置情况，显示各灯组的开灯模式和开/关状态。

（2）具有灯具异常启动和自动保护的功能。

（3）具有灯具启动时间累计记录和灯具使用寿命的统计功能。

（4）系统设有自动/手动转换开关，以便必要时对各灯组的开、关进行手动操作。

三、实验仪器

1. 设备框图

实验设备连接如图 3.4 - 1 所示。

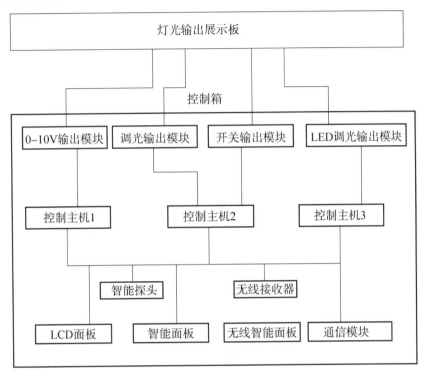

图 3.4 - 1　设备框图

2. 设备外形

1）主机

主机正面（图 3.4 - 2a）：3.5 吋触摸式的 LCD 屏幕，6 个可编程按键，温度、湿度、亮度探头。

主机背面（图 3.4 - 2b）：RJ - 45 连接头用于与控制箱连接，左侧为有线接口，右侧为无线接口；RS232 转换口，与 PC 连接；485 通信口，测试接口。

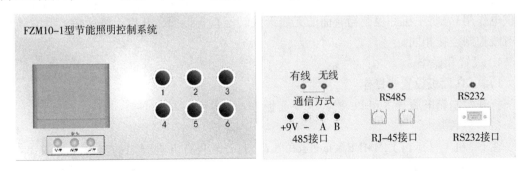

（a）主机正面　　　　　　　　　　　（b）主机背面

图 3.4 - 2　主机（长×宽×高：25cm×30cm×15cm）

2）控制箱

控制箱见图 3.4 - 3，内部安装有控制模块、输出模块、电源处理、T5 灯管电子镇流器；箱体外部安装有灯光负载、支架、螺口灯头。灯具和箱体之间用 10mm 的绝缘板隔离。

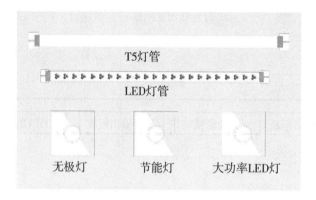

（a）控制箱体表面的俯视图（长×宽×高：60cm×35cm×16cm）

（b）控制箱体背面

图 3.4 - 3　控制箱

3. 安装连接

1）有线控制连接

用网线接上主机的 RJ - 45 连接头的左侧接口，网线另一端连接到控制箱 RJ - 45 连接头的右侧接口；用串口线将 PC 机接上主机仪的 RS232 转换口；用电源线连接控制箱的电源输入口，插上电源。

2）无线控制连接

将接在主机的 RJ - 45 连接头的左侧接口的网线改为连接右侧接口（此时的网线主要起供电作用），将主机和控制箱背面的无线天线转至垂直地面，开启无线通信；其它连接与有线控制连接相同。

4. 设置和操作

1）LCD 面板设置与操作

打开控制箱电源开关和 PC 机，LCD 面板进入主界面。

（1）软件运行。

在 PC 机上，运行 DIMMER - lampsoft. exe，打开软件，并在弹出的窗口（见图 3.4 - 4）里，输入密码111，进入主工作界面，系统初始默认管理员为 TSoft。

运行软件进入主页面。

串口设置：点击串口设置后，在弹出的对话框中进行参数设置：

本地机的"串口名称"选择具体使用的那个端口的名称，系统默认为一；其余参数，包括波特率、数据位、校验位、停止位，不能做任何的改动，除非有特别的说明。

（2）LCD 界面设置流程。

点击主页面左边的 LCD 设置，再点击"界面设置"菜单，进入 LCD 面板设置界面，见图 3.4 –5。

图 3.4 – 4　软件运行窗口

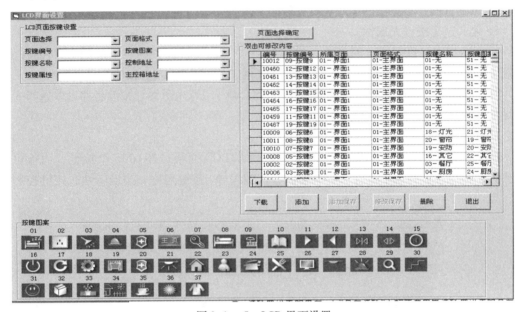

图 3.4 – 5　LCD 界面设置

在"页面选择"下拉式菜单里选择要设置的页面，点击"页面选择确定"，界面显示此页面的格式。

页面格式：选择页面的显示风格。页面格式上有显示要设置的按键和按键名称，表示需要设置这些按键的名称、图案、控制地址、控制属性等。

主控箱地址：按键控制哪个主控箱，每个主控箱都有地址，当设定好主控箱地址后，系统会自动加入选择栏里。

LCD 按键属性说明：

01 界面转换：可以跳转到指定的界面并显示，界面由控制地址设定。

02 本区域全开：可以将本界面上的所有灯光打开。

03 本区域全关：可以将本界面上的所有灯光关闭。

04 开关控制：可以打开或关闭某路灯光、插座。

05 开控制：只能打开某路灯光、窗帘、插座（适用于窗帘）。

06 关控制：只能关闭某路灯光、窗帘、插座。

07 布防：系统布防。

08 撤防：系统撤防。

09 区域开关：适用于灯光界面，先统计指定区域灯光的状态，然后再控制。当指定区域有一路以上灯光打开时，按下此键，则关闭指定区域的所有灯光；当指定区域灯光都关闭时，按下此键，则打开指定区域的第一路灯光，指定区域由控制地址决定，例如灯光界面的第一个键控制设为"02 – 界面 2"，则按下此键，系统先统计界面 2 的灯光状态，然后按上述方法控制。

10 场景：打开某个场景。

11 快捷：控制某个快捷。

12 警报解除：消除报警提示。

13 强制管理：小孩房的插座和灯光管理。

51 无：这个按键无属性。

按上述步骤设置完所有的界面，然后点击"下载"将设置内容下载到 LCD 面板上，注意 LCD 面板要点击"设置"才能接收下载信息，下载完后点击软件的"退出"。

灯光界面的上面部位的 8 个按键表示 8 个区域，用灯光图案、按键名称可以选择 8 个区域的名称。

LCD 面板的按键设置：

LCD 面板的按键设置如图 3.4 – 6 所示，每个 LCD 面板最多有 15 个按键，面板可以有多种，每个按键有如下设置：所属面板、按键编号、按键名称、按键属性、按键控制地址，举例如下：

图 3.4 – 6　LCD 面板按键设置

a. 点击"添加"，系统在界面左上角"编号"栏自动加一个编号；

b. 选择这个按键所属的面板 1；

c. 选择按键编号，在"按键编号"下拉式菜单里选择"01 – 按键 1"，表示要设置的按键是此面板中的按键 1 位置。

d. 选择按键名称，输入自定义的按键名称；

e. 选择按键属性，在"按键属性"下拉式菜单里选择"04 - 控制负载状态翻转"，表示此按键可以控制某个负载的开或者关，控制哪个负载，由下面的"按键地址"设置确定。

f. 选择按键地址，在"按键地址"下拉式菜单里选择"01"，表示此按键可以控制主控箱的第一路输出负载的开或者关。

g. 按"保存"键，保存设置内容；

h. 继续按"添加"按键，重复上述步骤，设置其余 14 个按键。

设置的按键在左边表格会显示其内容。

如果要删除按键，将光标移到右边表格要修改的按键上，并使之显示黑条，然后点击"删除"键即可。

如果按键用于某个窗帘的合控制，必须将控制属性设"05 - 开控制"，不是"06 - 关控制"，因为合窗帘不是关某个负载。

如果按键用于某个窗帘的停控制，必须设置的控制地址要和此窗帘的开地址一样。

如果按键设为"服务"属性，控制地址为要响应此服务的智能面板的地址（智能面板地址设置请参考智能面板说明书），控制地址选择时只看前面两位数字，例如控制选择 02 - ××××，表示控制地址是 02，也就是如果智能面板的地址为 02，则可以响应 LCD 上的这个键的呼叫。

LCD 按键不能设置为"服务解除"功能，LCD 面板能呼叫其它面板，但不能被呼叫。

控制主控箱地址选择是指按键控制哪个主控箱。

如果关闭的负载属性设为"抽风机"，将延时 10min 才关闭，但对于"总关"命令不延时。

图 3.4 - 7 下载设置

参照上述步骤设置完 LCD 面板的按键，然后选择下载面板号，点击"确定"按钮（图 3.4 - 7），再点击"下载"按钮将设置内容下载到 LCD 面板上。注意：LCD 要按下"SET"键才能接收下载信息。下载完后点击"退出"按钮退出 LCD 面板设置界面。

2）LCD 面板操作

（1）主界面。

接通电源，LCD 面板出现如图 3.4 - 8 所示的主界面。主界面有显示现场光照度、温度、湿度、时间、9 个子界面的按键图案和名称。点击 9 个按键图案和文字可以进入二级界面。

（2）客厅界面。

点击主界面上的"客厅"进入二级界面——客厅界面，如图 3.4 - 9 所示。客厅界面有三个灯光控制按键，灯光图案 ▬ 表示关，▲ 表示开；灯 1 为吊灯，点击"吊灯"，LED 灯管亮，表示客厅的所有吊灯处于"开"状态，再点击所有吊灯则处于"关"状态；

灯 2 为射灯一，点击"射灯一"，T5 灯管亮，表示客厅的射灯一处于"开"状态，反之则为"关"状态；灯 3 为射灯二，点击"射灯二"，无极灯亮，表示客厅的射灯二处于"开"状态，反之则为"关"状态。

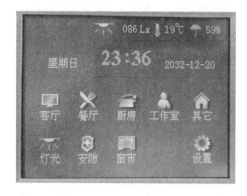

图 3.4 - 8　LCD 面板主界面

图 3.4 - 9　客厅界面

客厅界面还有两个开关按键：全开 、全关 。点击"全开"，本客厅区域的吊灯、射灯一、射灯二 3 路灯光全打开。点击"全关"，则 3 路灯光全关闭。

窗帘/窗纱按键：开 、合 。由于实验环境有限，此两个按键属性为空。

最下面的 5 个按键 可直接进入对应的二级界面。按键文字为绿色的是现在所处界面。

（3）餐厅界面。

餐厅界面与客厅界面一样，其功能类似，如图 3.4 - 10 所示。

界面上三个灯光按键分别为亮度、湿度、温度感应灯光开关。"主灯一"为亮度感应灯光开关，当光照度低于（或高于）某设定值，"主灯一"开（或关）；如设定光照度为 250lx，现场光照度为 232lx 时，"主灯一"—— LED 灯泡亮。"主灯二"为温度感应灯光开关，当温度低于（或高于）某设定值，"主灯二"开（关）；如设定温度为 22℃，现场温度为 18℃时，"主灯二"—— 无极灯亮。"主灯三"为湿度感应灯光开关，当湿度高于（或低于）某设定值时，"主灯三"开（或关）；如设定湿度为 68%，现场湿度为 75% 时，"主灯三"——节能灯亮。

全开 、全关 按键功能与客厅界面的相同，控制本餐厅区域所有灯光的全开、全关。窗帘/窗纱按键：开 、合 。由于实验环境有限，这两个按键属性为空。最下面的 5 个按键 功能与客厅界面所述相同。

（4）厨房界面。

厨房界面为软件中的"通用界面"，其中有 4 个灯光按键，其主要功能是调节全部灯光的明暗，如图 3.4 - 11 所示。

"主灯一"开，厨房的所有灯全开，即控制箱上 5 个灯全亮，光照度达到最大值，此时为"最亮"。"主灯二"开，厨房的所有灯全关，即控制箱上 5 个灯全关。"主灯三"开，厨房的所有灯全开，即控制箱上 5 个灯全亮，光照度为某设定的中间值，此时为

"次亮"。"主灯四"开，厨房的所有灯全开，即控制箱上5个灯全亮，光照度为某设定的最低值，此时为"最暗"。

图 3.4 - 10　餐厅界面

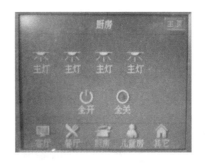

图 3.4 - 11　厨房界面

全开 、全关 按键功能与客厅界面的相同，控制本厨房区域所有灯光的全开、全关。最下面的5个按键 功能与客厅界面所述相同。

（5）儿童房界面。

儿童房界面只有一个灯光按键，另外还有一个"插座"按键和一个"强制管理"按键，见图3.4 - 12。

"主灯"是控制儿童房灯光的开关，当"主灯"开，即控制箱上的 LED 灯管亮。

图 3.4 - 12　儿童房界面

"插座"是控制儿童房插座的开关，当"插座"关（或开），图案下面出现"关"（或"开"）字，则儿童房的插座断电（通电）。（实验环境有限，此按键为空）。

"强制管理"是强制管理儿童房的灯光插座的关闭，当按下"强制管理"按键，图案下面的文字变为红色闪烁，提示 1min 后系统自动关闭儿童房的灯光及插座的电源。

全开 、全关 按键功能与客厅界面的相同，控制本儿童房区域所有灯光、插座的全开、全关。最下面的5个按键 功能与客厅界面所述相同。

以上二级界面的右上角都有按键 主页 ，点击"主页"即可以返回到"主界面"。

3）LCD 面板设置

点击"主界面"的"设置"按键，进入到二级界面的设置界面，见图3.4 - 13。

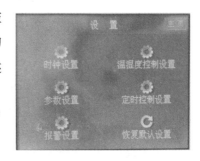

图 3.4 - 13　设置界面

（1）时钟设置。

点击"设置界面"的"时钟设置"按键，进入到三级界面，见图3.4 - 14。

按键  移动光标到要修改的参数，绿色文字为当前修改内容， 修改

参数，设置具体的参数。

设置时间：日期格式为年—月—日，移动光标修改当前日期、星期、具体时间。

设置闹钟：移动光标修改闹钟的时间，模式为闹钟启动的日期间隔，模式"01"为从星期一至星期日循环启动，模式"02"为从星期一至星期五循环启动，模式"03"为从星期六至星期日循环启动，模式"04"为星期一、三、五循环启动，模式"05"为星期二、四、六循环启动。"ON"为闹钟启动，"OFF"为闹钟关闭。设置完成后，点击"确定"保存设置。

图 3.4 – 14　三级界面

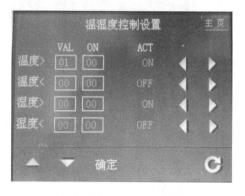

图 3.4 – 15　温湿度控制设置

（2）温湿度控制设置。

点击"设置界面"的"温湿度控制设置"按键，进入到三级界面，见图 3.4 – 15。

用 ▲ ▼ ▶ ◀ 按键移动光标和修改参数，VAL 代表温湿度控制的设定值，ON 代表打开设定的某灯光或插座，ACT 代表开启"ON"（或关闭"OFF"）对应的温湿度系统控制。

温度 >，表示温度大于设定值时，打开某灯光或插座；

温度 <，表示温度小于设定值时，打开某灯光或插座；

湿度 >，表示湿度大于设定值时，打开某灯光或插座；

湿度 <，表示湿度小于设定值时，打开某灯光或插座。

设置完成后，点击"确定"保存设置。

（3）参数设置。

亮度设置有 7 挡可选，LCD 面板亮度显示可根据需要自行选择；

按键声音有"ON"和"OFF"设置，设置点击按键时是否发声提示；

地址设置只限于安装人员设置，主机有对应的编号与控制箱相连接；

屏幕校正是用于校正屏幕按键位置的准确性，校正时必须操作正确，否则屏幕按键无效或有效区域移位进而对实验操作带来不便。正确操作方法：连续两次点击屏幕左上角"＋"，然后连续点击屏幕右上角"＋"，校正完成，自动返回参数设置界面。

设置完成后，点击"确定"保存设置，见图 3.4 – 16。

图 3.4 - 16　参数设置

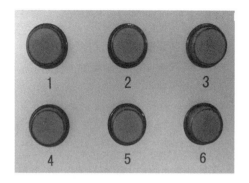

图 3.4 - 17　主机 6 个按钮

以上三级界面的右下角都有返回按键，点击即可以返回到"设置界面"。

（4）主机按钮操作。

主机上各按钮分别对应控制箱上各灯的开关，按一下，灯打开；再按一下，灯关闭；见图 3.4 - 17。

按钮 1：控制 LED 灯管的开关；

按钮 2：控制 T5 灯管的开关；

按钮 3：控制 LED 灯泡的开关；

按钮 4：控制无极灯的开关；

按钮 5：控制节能灯的开关；

按钮 6：控制节能灯的开关。

四、实验内容及步骤

（1）学习常见节能光源（节能灯、LED 灯、无极灯）驱动电源的工作原理；

（2）学习基于 DALI 协议的数码调光和 0 ~ 10V 模拟调光；

（3）按照本装置的调节说明，自行设计工作场景，实现白炽灯、无极灯、LED 灯带、LED 灯泡和节能灯逐个亮灯和逐个灭灯的功能；

（4）实现五种灯的亮度调节，如亮度为 80%、50% 等；

（5）测量灯泡亮度改变时的电压和电流输出值；

（6）根据环境光的变化进行自适应调光。

五、注意事项

认真阅读教材，熟悉系统软件的操作；千万不能将 LED 灯泡接至面板上其它灯具插口。

六、实验记录与处理

要求将实验过程及现象用文字和图片的方式记录下来，并分析原因。列表记录灯泡亮度改变时的电压和电流输出值。

七、思考题

（1）什么是智能照明控制系统？

（2）使用智能照明控制系统能达到哪些效果？

（3）简述白炽灯、节能灯、无极灯和LED灯的调光方式。

实验3.5 大功率白光LED恒流驱动电源设计实验

大功率白光LED以其光效高、寿命长、环保等优点，已成为取代白炽灯、荧光灯的新一代绿色光源。LED伏安特性具有非线性、负温性和离散性，因此要用恒流电源驱动。目前LED照明灯70%以上故障来自驱动电源。LED驱动电源被视为LED灯具的心脏，其寿命和质量直接影响LED灯具的寿命和质量。高性能LED驱动电源是推广LED照明的关键。

一、实验目的

（1）了解大功率白光LED的特点及驱动特性；

（2）掌握LED恒流驱动电源的设计方法与制作；

（3）掌握LED恒流驱动电源特性参数的测量方法。

二、实验原理

1. LED驱动电源及负载连接方式

LED是低压直流半导体器件，而照明电压是交流220V或110V，所以LED驱动电源本质上是一种降压型的电压/电流变换器，在电源、负载及温度变化的情况下均能输出稳定电流。

1）LED驱动电源

LED驱动电源可分为模拟恒流源和开关恒流源两类。模拟恒流源电流纹波小，无电磁干扰，但效率较低（50%以下）。开关恒流源效率高（70%以上），但电流纹波较大，有电磁干扰。目前LED开关型恒流驱动芯片主要有滞环控制型、恒导通时间型和恒关断时间型三种。本实验采用简单而经济的滞环控制型恒流芯片MAX16832A。

2）LED负载

LED负载有串联型、串并混合型两种接法，如图3.5-1所示。LED串联连接的优点是流过各LED的电流一样，亮度均匀；缺点是如果其中一只LED开路，则串联的LED均熄灭，并且要求驱动电源的输出电压高，成本高。LED串并混合型连接成本低。本实验采用LED串联连接，设计6路恒流电源，每路独立驱动一串LED负载，以避免每组LED因导通电压不同而造成并联烧毁，保证LED寿命。

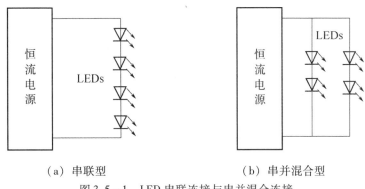

（a）串联型　　　　　　　　　　（b）串并混合型

图 3.5 – 1　LED 串联连接与串并混合连接

2. MAX16832A 恒流电源的设计

1）工作原理

MAX16832A 是降压型滞环控制恒流芯片，具有以下特点：直流电源 6.5 ～ 65V，输出电流高达 1A，高亮驱动 LED，效率高达 97%；高端恒流检测，抗干扰强，恒流精度高达 ±3%，电流纹波小；开关频率最高 2MHz，可数字或模拟调光；有过热和低电压关断保护。

MAX16832A 组成的 LED 恒流源如图 3.5 – 2 所示。MAX16832A 内部有两个阈值，分别为 $I_{L\max}$ 和 $I_{L\min}$ 的滞环控制模块，当负载 LEDs 电流小于 $I_{L\min}$ 时，驱动电路输出高电平，MOS 管 Q 导通，MAX16832A 的 5 脚、6 脚 LX 输出低电平，此时续流二极管 D 截止，电源 V_{CC} 经检流电阻 R_{sen}、LEDs、电感 L 和开关管 Q 到地 PGND 形成回路，为 L 充电，LEDs 电流逐步上升；当 LED 电流大于 $I_{L\max}$ 时，驱动电路输出低电平，MOS 管 Q 截止，此时续流二极管 D 导通，R_{sen}、LEDs、L 和 D 形成回路，L 为 LEDs 提供电流，电流逐渐减小，直到 LED 电流小于 $I_{L\min}$，MOS 管 Q 导通，循环往复。因此，流过 LEDs 的电流就限制在 $I_{L\max}$ 和 $I_{L\min}$ 之间，电流平均值恒定，工作波形如图 3.5 – 2 所示。

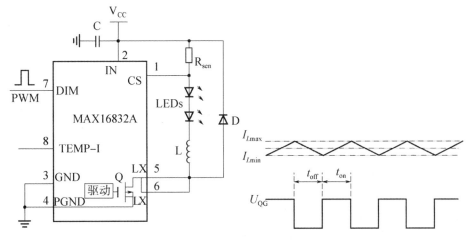

图 3.5 – 2　MAX16832A 组成的恒流电源

电路工作时，电感电流是连续变化的。在开关关断期间内，电感电流一直大于零，就称为连续电流模式（CCM）；如果电感电流降低到零，就称为非连续电流模式（DCM）。本电源设计采用 CCM，输出电流为三角波。在图 3.5 - 2 中，当电路稳态后，流过 LEDs 电流平均值 $I_{LED} = (I_{Lmax} + I_{Lmin})/2 = (U_{SNSH} + U_{SNSL})/(2R_{sen})$，电流纹波为 $\Delta I_{LED} = I_{Lmax} - I_{Lmin} = (U_{SNSH} - U_{SNSL})/R_{sen}$。查 MAX16832A 参数手册，得理论上相对电流纹波 $\Delta I_{LED}/I_{LED} = 15/197.5 = 7.6\%$，这比一般的 LED 驱动电源 30% 的电流纹波小得多，且不随着外围器件变化而改变。

2）MAX16832A 恒流源特性与关键元件选择

（1）开关频率特性与选择。

设 MAX16832A 电源电压为 U_{CC}，负载 n 个 LED 压降为 U_{nLED}，功率 MOS 管导通时间为 t_{on}，关断时间为 t_{off}，则 MAX16832A 开关频率

$$f = \frac{1}{t_{on} + t_{off}} = \frac{(U_{CC} - U_{nLED}) \times U_{nLED}}{\Delta I_{LED} \times L \times U_{in}} \qquad (3.5-1)$$

由式（3.5-1）看出，对于确定的 L、ΔI_{LED} 和 U_{nLED}，开关频率 f 随 U_{CC} 的增大而增大，并且 U_{nLED} 越大，f 增大得越快。例如，设 $L = 150\mu H$，$\Delta I_{LED} = 50mA$，$U_{nLED} = 42V$（14 只 LED 串联），当 $U_{CC} = 48V \pm 5\%$ 时，由式（3.5-1）得到 $f = 0.352MHz \sim 0.744MHz$，变化了 2.1 倍。因此，滞环型恒流芯片 MAX16832A 最好采用稳压电源供电。为了减小电源的电磁干扰和系统延时的影响，开关频率不宜太高，一般小于 1.5MHz。

（2）电感选择。

由前可知，L 大小对输出电流平均值和纹波影响不大，但影响工作频率 f。电感 L 可由式（3.5-1）估算，L 越大，f 就小，输出电流的变化斜率越小，系统延时而引起的电流误差就越小，因此在实际应用中，L 要适当取大些。但是，L 太大，其体积大，直流电阻大，损耗也大，电源效率就低，所以要折中处理。在本设计电源中，$U_{CC} = 48V$，$U_{nLED} = 42V$，取 $\Delta I_{LED} = 50mA$，$f = 700kHz$，则由式（3.5-1）得 $L = 150\mu H$。

（3）恒流电阻选择。

MAX16832A 采用高端电流检测方式。如图 3.5 - 2 所示，MAX16832A 在通电后，CS 引脚和 IN 引脚之间产生 200mV 的电压，它们之间的电阻 R_{sen}（检流电阻）就决定 LEDs 的平均电流值 I_{LED}，有

$$R_{sen} = \frac{200mV}{I_{LED}} \qquad (3.5-2)$$

设 $I_{LED} = 300$ mA，则由式（3.5-2）得 $R_{sen} = 0.666\Omega$，消耗功率 $P_S = I_L^2 R_{sen} = 0.065W$，因此 R_{sen} 选 1% 精度、1/8 W 的低温漂电阻，以确保恒流精度。如果 $I_{LED} = 600$ mA，则由式（3.5-2）得 $R_{sen} = 0.333\Omega$。

（4）LED 的 PWM 调光和模拟调光。

MAX16832A 有模拟调光和 PWM 调光两种方式。模拟调光容易实现，没有电磁干扰，但产生偏色。因为白光 LED 大多是采用蓝光 LED 与黄光荧光粉混色的，肉眼容易察觉出 LED 合成白光的色温变化：在较小电流下偏黄，在较大电流下偏蓝。所以，白光 LED 大多采用 PWM 调光，调光效率高，调节范围大，且在高、低亮度下保证颜色稳定。

图 3.5 - 3 是 MAX16832A 的 PWM 调光波形。当 PWM 为低电平时，MAX16832A 输出电流为零；当 PWM 为高电平时，输出电流为高电平三角波。此时 LED 电流与 PWM 占空

比 D_{PWM} 的关系为

$$\bar{I}_{\mathrm{LED}} = D_{\mathrm{PWM}} \times I_{\mathrm{LED}} \tag{3.5-3}$$

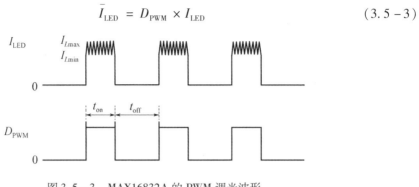

图 3.5 – 3　MAX16832A 的 PWM 调光波形

PWM 占空比 D_{PWM} 从 $0 \sim 100\%$ 改变时，LED 亮度从灭到 100% 改变，不产生偏色。PWM 调光频率要选得合适，太低（如低于 $120\mathrm{Hz}$）则 LED 闪烁（可用照相机测试），太高则超出芯片上限而不能调光。在通常情况下，PWM 频率越低，LED 对比度就越高，一般取 $200 \sim 300\mathrm{Hz}$ 较好。

三、实验仪器及准备

1. 实验仪器

FLED13 – I 型 LED 驱动电源实验仪 1 台，示波器 1 台，数字万用表 2 只。

2. 预备问题

（1）MAX16832A 是哪一种恒流控制类型？

（2）LED 负载有哪几种连接方式？

（3）开关型恒流源有哪些优点和缺点？

四、实验内容及步骤

（1）参照图 3.5 – 2，设计一种输出电流为 $300\mathrm{mA}$、驱动 4 只 $1\mathrm{W}$ LED 串联负载和输出 $600\mathrm{mA}$、驱动 4 只 $1\mathrm{W}$ LED 的 2 串 2 并负载的恒流源，能用单片机切换 MAX16832A 的电源电压（如 $+12\mathrm{V}$ 或 $+10\mathrm{V}$）及对 MAX16832A 进行 PWM/模拟调光。画出电路原理图，焊接 PCB 板。

（2）将 MAX16832A 恒流源板连接到 FLED13 – I 型 LED 驱动电源实验仪上，接上水泥电阻负载（串联），开启实验仪电源，用万用表测量 MAX16832A 的电源电压和水泥电阻两端的电压和电流，调制 MAX16832A 恒流源板至正常工作，记录调试过程及实验结果。

（3）MAX16832A 恒流源板接 4 只 $1\mathrm{W}$ LED 串联负载（如图 3.5 – 1a 所示），在 $+12\mathrm{V}$ 工作电源下，测量其 PWM 调光及模拟调光特性。

（4）MAX16832A 恒流源板 4 只 $1\mathrm{W}$ LED 的 2 串 2 并负载（如图 3.5 – 1b 所示），在 $+12\mathrm{V}$ 电源电压和 PWM $=100\%$ 时，测量 LED 负载的电流及两端电压、电流纹波，测量结果记录到表 3.5 – 3 中，并与上述实验内容（3）的 PWM $=100\%$ 实验结果进行比较分析。

（5）MAX16832A 恒流源板接 4 只 $1\mathrm{W}$ LED 的 2 串 2 并负载，在 $+10\mathrm{V}$ 电源电压和

PWM = 100% 时，测量 LED 负载的电流及两端电压、电流纹波。

五、实验记录与处理

将实验结果分别记录到表 3.5 - 1 ～ 表 3.5 - 3 中，并计算负载功率 P_0。

表 3.5 - 1　4 只 LED 串联负载 PWM 调光实验记录表（$U_{CC} = 12V$）

PWM	I_0/mA	U_{nLED}/V	$P_0 = I_0 U_{nLED}$/W	LED 负载两端波形及 f/kHz
0				
20%				
40%				
60%				
80%				
100%				

表 3.5 - 2　4 只 LED 串联负载模拟调光实验记录表（$U_{CC} = 12V$）

U/V	I_0/mA	U_{nLED}/V	$P_0 = I_0 U_{nLED}$/W	LED 负载两端波形及 f/kHz
0.0				
0.5				
1.0				
1.5				
2.0				
2.5				

表 3.5 - 3　2 串 2 并 LED 负载实验记录表

实验条件	I_0/mA	U_{nLED}/V	$P_0 = I_0 U_{nLED}$/W	LED 负载两端波形及 f/kHz
$U_{CC} = 12V$ PWM = 100%				
$U_{CC} = 10V$ PWM = 100%				

六、实验报告要求

（1）画出 MAX16832A 恒流驱动电路图和 PCB 板图，给出焊接的 PCB 板照片。

（2）根据表 3.5 - 1 和表 3.5 - 2，分析比较 PWM 调光及模拟调光的实验结果的异同。

（3）根据表 3.5 - 3，分析比较电源电压 $U_{CC} = 12V$ 与 $U_{CC} = 10V$ 的实验结果的异同。

（4）根据表 3.5 - 2 和表 3.5 - 3，分析比较 $U_{CC} = 12V$、PWM = 100% 时 LED 串联负载和 LED 2 串 2 并负载的实验结果异同。

114

七、思考题

（1）在图 3.5 – 2 电源中，设 $U_{CC} = 15V$，$U_{nLED} = 13V$，取 $\Delta I_{LED} = I_{LED} \times 20\% = 60mA$，$f = 1MHz$，则电感 L 为多少？

（2）在图 3.5 – 2 电源中，如果 U_{CC} 和 U_{nLED} 增大，开关频率 f 如何变化？

（3）什么是 LED 的 PWM 调光？有何优点？

【附录 1】参考电路图

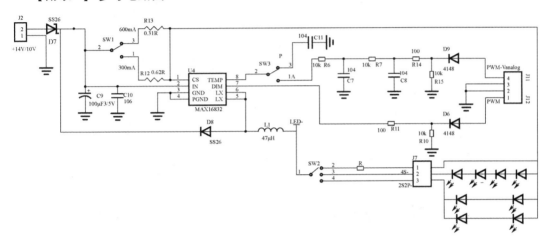

图 3.5 – 4 MAX16832A 恒流电源电路图

【附录 2】参考 PCB 板

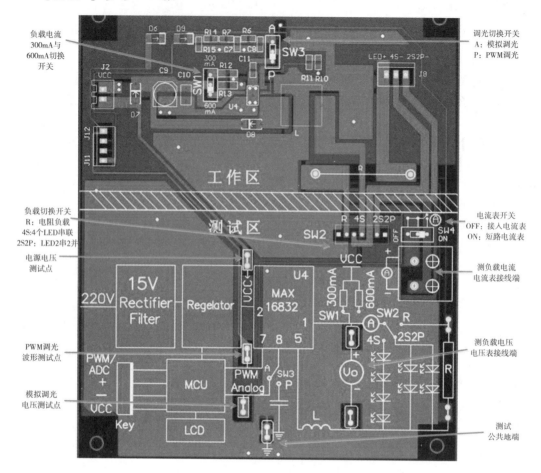

图 3.5 - 5　MAX16832A 恒流源 PCB 板

实验 3.6　光源色温、发光效率及光强空间分布测量

一、实验目的

（1）了解色温、发光效率及光强空间分布的基本概念；

（2）掌握光通量测量仪器的基本原理和使用方法；

（3）掌握发光效率测量的基本方法；

（4）了解光强角分布测试系统的基本结构，学习并掌握光强角分布测试方法。

二、实验原理

1. 色温的概念及测量原理

色温是用来描述光源本身颜色外貌的一个重要指标。通常通过测量光源光谱辐射分布的方法来测光源的色温。但对于白炽灯、卤钨灯这类光源，由于它们的光谱辐射分布与黑

116

体的光谱辐射分布十分接近，所以可以根据普朗克黑体辐射定律，用待测光源和标准光源进行双色比对测量来求出待测光源的色温，这就是通常所说的双色法。普朗克定律的计算公式如下：

$$M(\lambda, T) = \frac{c_1}{\lambda^5}\Big[\exp\Big(\frac{c_2}{\lambda T}\Big) - 1 \Big]^{-1} \qquad (3.6-1)$$

式中，$M(\lambda, T)$ 是黑体的光谱辐射出射度，单位为 W/m^3；λ 是波长，单位为 m；T 是黑体的温度，单位为 K；$c_1 = 3.741832 \times 10^{-16} W \cdot m^2$，是第一辐射常数；$c_2 = 1.438786 \times 10^{-2} m \cdot K$，是第二辐射常数。

从普朗克公式可以看出，黑体的温度确定后，它的光谱辐射分布也就唯一确定，各波长上的相对光谱辐射分布有固定的关系。反过来，如果知道两个波长上的相对光谱辐射功率比值，就可以推知它的温度。这就是双色法的基本原理。

2. 光通量和发光效率的基本知识

光通量是单位时间内通过某一面积的可见光能量，它的单位是流明（lm），测量光通量主要有两种方法：最常用的方法是在积分球（也称光通球）内，利用已知光通量的标准灯与待测灯做比较测量，从而定出待测的光通量；另一种方法是用分布光度计，测量待测灯在空间各个方向的光强分布，进而计算它的光通量。

发光效率是指光源所发出的光通量和该光源所消耗的电功率 P 之比，单位是流明/瓦（lm/W），对于 LED 和白炽灯等直流供电的光源，消耗的电功率等于加在灯泡两端的电压和流过灯的电流的乘积（$P = V \times I$）。

3. 积分球的原理和基本结构

积分球又称光通球或球形光度计，它是由铝或者塑料等做成的一个空心球，球内壁上均匀喷涂白色漫反射层，球上开有多个开孔，作为入射光孔、安装探测器和光源等用。待测光源有时也可放置在球内，光源发射并经球面漫反射的一部分光线通过一个开孔窗口入射到光电探测器上，这部分光线的光通量正比于光源所发射的总光通量。

从理论上讲，待测光源可以放在积分球内任意地方，但由于球的内壁很难做到理想的漫反射面，而且球内还有接线架、灯座及挡屏等杂物。实际工作中积分球的结构如图 3.6 − 1 所示。在对传统光源光通量测量时，因为光源尺寸和功率较大，球的直径常达 $1 \sim 2m$，也有 $3m$ 以上的，为了经常方便地拆装各种灯，可以在球壁上开一扇门，或将积分球做成可以打开的两个半球。本实验因为所测 LED 和白炽灯功率较小，积分球的直径只有 100mm 左右。

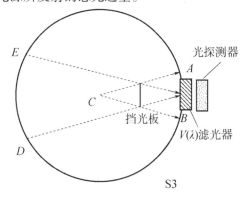

图 3.6 − 1 积分球的结构示意图

光源（灯）通常放在球中心，挡屏介于灯与窗口之间，挡屏的作用是使灯发出的光线不能直接到达球壁 AB 处，同时球壁 ED 处的漫反射光线也不能直接经过窗口射向光探测器。为了使光探测的测量值准确并接近人眼视觉函数，除要求探测器具有良好的线性响应之外，还需要在前面加装 $V(\lambda)$ 滤光器。

4. LED610 光通量测试仪测量原理

LED610 光通量测试仪是一种测量 LED 正向电性能和光通量的专用仪器，测量原理见图 3.6－2 和图 3.6－3。正向电性能测量时，采用恒流源供电，通过面板上恒流源部分的功能按钮可以分别显示出 LED 两端的正向电压和流过 LED 的正向电流。

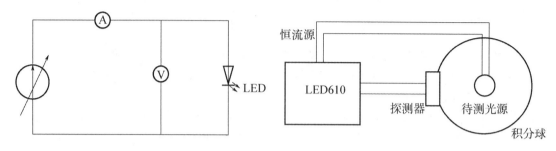

图 3.6－2　LED 正向电性能测量原理　　　　图 3.6－3　LED610 光通量测量原理

光通量测量主要利用积分球收集光后，由探测器将光信号转化为光电流信号，经过取样、放大后，经 A/D 转化为数字信号送入微处理器，再经过计算和定校即可得到光通量值，通过仪表面板上光通量部分的数码管显示出来。

5. 光强空间分布的测量原理

光强空间分布指从光源发出的光在空间上的分布，反映的是 LED 器件的发光强度的空间分布特性。借助传统光源的配光曲线的测试手段，最常见的测量光强空间分布曲线的方法是采用一个光度探测器，可选择 LED 光源不动，光度探测器围绕它旋转扫描；也可以选择光度探测器不动，LED 光源围绕一个固定中心点旋转。

三、实验仪器

（1）C－2000RVB 光源光色分析仪，白炽灯、卤钨灯等具有连续光谱的电光源。

（2）LED610 光通量测试仪，白光 LED、电烙铁等。LED610 光通量测试仪由恒流恒压电源、光电探测器、积分球三部分组成，能够同时测量 LED 及其它光源的正向电压、电流和输出光通量。

（3）光源光强度角分布实验仪，贴片式 LED 若干、插脚式 LED 若干。

四、实验内容及步骤

（1）用 C－2000RVB 光源光色分析仪测白炽灯、卤钨灯等光源的色温，调节白炽灯从暗到亮，测量其色温的变化。（注：C－2000RVB 光源光色分析仪不适用于荧光灯或气体放电灯的色温测试。）

（2）用 LED610 光通量测试仪测量 LED 的光通量。

①将 LED610 光通量测试仪后面板开关锁置于"CAL"位置。

②开机，仪表正面面板指示灯"lm"亮。

③插上待测 LED。

④按"设定"键进入"SETIF"状态。

⑤再按"设定"键，显示窗口显示正向电流设定值，将设定值设定为"2mA"；按"设定"键。

⑥盖上积分球。

⑦待读数稳定后读取光通量、正向电压、正向电流值。

⑧重复步骤④ ～ ⑦，依次将电流设定为4mA，6 mA，8 mA，…，30 mA，读取不同电流、电压下的光通量数值。

⑨将待测 LED 换为小白炽灯，重复步骤④ ～ ⑦，将电流依次设定为 150mA，160 mA，170 mA，…，300 mA，记录不同电流、电压下的光通量值。

⑩根据记录数据，分别绘制白光 LED 和白炽灯光通量随输入功率变化关系曲线，分析两组曲线的不同之处。

⑪根据记录数据，分别绘制白光 LED 和白炽灯发光效率随输入功率变化关系曲线，分析两组曲线的不同之处。

（3）用光源光强度角分布实验仪测量 LED 的光强空间分布。测量几种插脚式和贴片式 LED 光源（可选择不同颜色或者不同功率的 LED）的光强角分布，绘制光强分布曲线（极坐标或直角坐标），自行设计记录表格。

五、思考题

（1）用光通量测试仪分别测量蓝色和绿色 LED，如果二者的光通量大小一样，那么它们的功率是否一样，为什么？

（2）在我们的测量范围内，白炽灯和 LED 的光通量都是输入功率的单调增函数，分别阐述白炽灯和 LED 发光效率与输入功率的关系，并解释产生这种现象的原因。

（3）为什么在积分球中要加装挡光板，使光源发光不能直接照射在光探测器（提示：部分光源发出的光沿空间各个方向分布不均匀）？

实验 3.7　LED 加速老化测试实验

LED 由于具有环保、节能、寿命长、光电效率高等优点，近年来在各行业的应用得以快速发展。LED 可靠性是 LED 器件能否应用于照明的重要因素。加速老化试验是在实验室模拟各种使用条件，在相对较短的试验时间里不改变失败机理的条件下，用加大应力的方法进行的试验。

一、实验目的

（1）了解大功率 LED 的老化机理；

（2）掌握大功率 LED 的老化测试方法；

（3）研究 LED 在加速老化后的光通量特性。

二、实验原理

加速老化试验是在实验室模拟各种使用条件，实现额定参数的常规老化试验和过载冲击加速老化试验，能在相对较短试验时间不改变失败机理的条件下用加大应力的方法进行的试验。额定参数包括电流、频率、占空比、老化时间等。

1. 温度加速寿命测试法

通常 LED 寿命在 10 万小时左右，因此要测量其常温下的寿命，一般会采用加速老化的方法。其中一种方法是采用高温加速寿命取得的结果外推其它温度下的寿命。LED 温度加速老化寿命测试原理基于 Arrhenius 模型。

利用该模型可以发现，由温度应力决定老化速度之间的依赖关系，即：$\ln L = A + \dfrac{E_a}{kT}$ 式中，L 为寿命，E_a 为激活能，A 为常数，k 为玻耳兹曼常数，T 为热力学温度。因此测试温度有两个：T_1 和 T_2。通过测得两个温度下的器件寿命分别为 L_1 和 L_2，从而求得激活能 E_a。这样便可以求得温度 T_1 对某温度 T_3 下的加速系数 K_3：

$$K_3 = \frac{L_3}{L_1} = \frac{\exp\left(\dfrac{E_a}{kT_3}\right)}{\exp\left(\dfrac{E_a}{kT_1}\right)} = \exp\left[\frac{E_a}{k}\left(\frac{1}{T_3} - \frac{1}{T_1}\right)\right] \tag{3.7-1}$$

有

$$L_3 = L_1 \exp\left[\frac{E_a}{k}\left(\frac{1}{T_3} - \frac{1}{T_1}\right)\right] \tag{3.7-2}$$

由此可见，实验需要测得同一批器件在两个不同温度下的寿命，然后推得其它温度下的寿命。这就需要被测器件的数量足够多才能得到相对真实的统计寿命值。

2. 电流加速寿命测试法

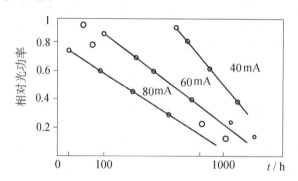

图 3.7-1 相对光功率随时间的衰减曲线

从图中可以看出，当驱动电流较小时，老化初始阶段的衰减幅度较小。当相对光功率衰减到 $P/P_0 < 0.8 \sim 0.9$ 以后，相对光输出功率与老化时间之间满足关系式：

$$1 - \frac{P}{P_0} = \alpha \ln(t/t_0) \tag{3.7-3}$$

其中 $\alpha = 0.27$ 是拟合直线的斜率，它与驱动电流无关。将 t_0 定义为 $P/P_0 = 1$ 时的点，它与电流强度的大小有关，可表示为：

$$t_0 = A \times I_F^{-\beta} \tag{3.7-4}$$

根据实验得到蓝光 LED 的经验值：$A = 4.3 \times 10^6$，$\beta = 2.7$。

将式（3.7-3）进行适当的变换可以得到：

$$t_F = t_0 \exp(1 - P/P_0)/\alpha \tag{3.7-5}$$

联立式（3.7-4）和式（3.7-5）可以计算出输出功率衰减到一半时（即 $P/P_0 = 0.5$）

的寿命：

$$t_F = 2.73 \times I_F^{-2.7} \times 10^7 \qquad (3.7-6)$$

式中，I_F 为驱动电流强度，mA；t_F 为老化时间，h。

以 40mA 为例，利用公式（3.7-6）通过测量驱动电流为 40mA 时的寿命来推导 LED 在驱动电流为 20mA 时的寿命。假设已经测得驱动电流 40mA 时的寿命为 $t_{F(40)}$，则驱动电流为 20mA 时的寿命为：

$$t_{F(20)} = t_{F(40)}(20/40)^{-2.7} = 6.498 \times t_{F(40)}$$

也就是说，驱动电流为 20mA 时的寿命是驱动电流为 40mA 时的寿命的 6.498 倍。

三、实验仪器及准备

1. 实验仪器

DJ5000 LED 加速老化试验仪　　　　　　　　　　　　　　　1 台

1W 大功率 LED 及相应的 LED 铝基板　　　　　　　　　　各 10 颗

2. 预习要求

（1）什么是 LED 加速老化？为什么要进行 LED 加速老化测试？

（2）LED 加速老化有哪几种测试方法？一般有哪几种应力？

四、实验内容与步骤

1. 实验内容

（1）本实验采用 1 W 大功率 LED 进行改变电流应力条件的老化试验，再测试老化后的光通量特性。

（2）DJ5000 LED 加速老化试验仪包括 LED 加速老化试验仪和测试平台两部分，其主要部件及按键见图 3.7-2 ～ 图 3.7-4。

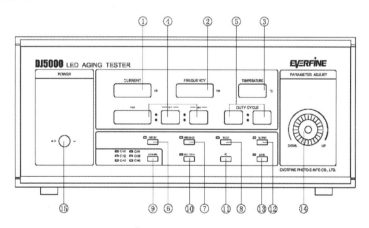

图 3.7-2　DJ5000 LED 加速老化试验仪正面板

1—电流显示窗口（CURRENT（mA））；2—频率显示窗口（FREQUENCY（Hz））；3—温度显示窗口（TEMP（℃））；4—时间显示窗口（TIMER（HOUR：MIN：SEC））；5—占空比显示窗口（DUTY CYCLE）；6—电流设定按键（CURRENT）；7—频率设定按键（FREQUENCY）；8—定时设定按键（TIMER）；9—通道选择按键（CHANNEL）；10—占空比设定按键（DUTY CYCLE）；11—左移按键（＜）；12—输出按键（OUTPUT）；13—锁定按键（LOCK）；14—参数调节旋钮（PARAMETER ADJUST）；15—电源开关（POWER）

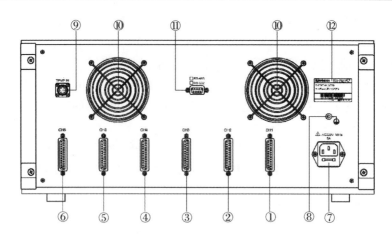

图 3.7 - 3　DJ5000 LED 加速老化试验仪面板背面

1—输出通道一接口；2—输出通道二接口；3—输出通道三接口；4—输出通道四接口；5—输出通道五接口；6—输出通道六接口；7—带保险丝电源插座；8—接地端子；9—温度输入端子；10—风机；11—RS232 串行通信口；12—铭牌（标注本仪器型号及出厂编号）

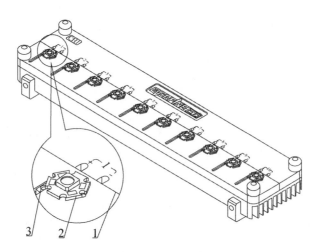

图 3.7 - 4　DJ5000 LED 加速老化试验仪测试平台

1—夹具测试平台；2—被测 LED；3—滑动螺母块

LED 加速老化试验仪有以下几个主要指标：

①恒流电流（幅值）输出范围：$1 \sim 1000$ mA ，输出准确度：$\pm (1\%$ 量程 $+0.3$mA$)$；

②电压输出范围：$0 \sim 5$V；

③频率输出范围：$0 \sim 9999$Hz（步长：1Hz，"0Hz" 表示直流输出）；

④频率允许误差：$\pm 1\%$ 设定值；

⑤占空比：$1:99 \sim 99:1$ 可任意设置（最小脉冲宽度 $20\mu s$）；

⑥定时时间范围：$0 \sim 10000$ h（当定时设定为 0 时，可无时限持续输出）；

⑦时间允许误差：$\pm 1\%$ 设定值；

⑧温度测量范围：$0 \sim 150℃$（选项）。

2. 试验步骤

（1）准备工作：

①连接好电源线，打开仪器电源，先预热 15min。

②将仪器后面板上的 1 通道输出端子与 1 号测试平台相连接。

③将 10 个 1W 大功率 LED 分别焊接至 LED 铝基板上，并通过调节测试平台上的滑动螺母块将其固定在测试平台上，然后将夹具测试平台上 10 组独立的输出线（红为正、黑为负）对应焊接至铝基板上。

（2）设置参数：

①按通道键（CHANNEL），选择通道 1，此时 CH1 指示灯点亮。

②按电流键（CURRENT），该指示灯点亮，然后按左移键（＜）选择设定位，调节旋钮设置电流为 500mA，设定完成后，按电流键保存设置参数并退出电流设置状态。

③按频率键（FREQUENCY），该指示灯点亮，然后按左移键（＜）选择设定位，调节旋钮设置频率为 0Hz，设定完成后，按频率键保存设置参数并退出频率设置状态。

④按定时键（TIMER），该指示灯点亮，然后按左移键（＜）选择设定位，调节旋钮设置时间。

⑤按占空比键（DUTY CYCLE），该指示灯点亮，然后按左移键（＜）选择设定位，调节旋钮占空比为 01：01，设定完成后，按占空比键保存设置参数并退出占空比设置状态。

3. 开始测试

①按下前面板上的输出键（OUTPUT），指示灯点亮，观察测试平台上的 LED 是否点亮，此时仪器进入老化试验状态。

②当定时时间到（定时窗口显示剩余时间为"0"）时，输出指示灯将闪烁，按输出键，仪器回到待机状态。

4. 光通量测试

①按照《LED 光色电综合测试实验指导书》说明，对 LED 依次进行光通量测试。记录样品的光通量测试数据。

②将测试好的样品重新安装在测试平台上，重复上述试验步骤，记录样品的光通量测试数据。

五、注意事项

（1）如在使用过程中需更换 LED，请务必先按输出键"OUTPUT"，输出指示灯灭后，再进行更换。

（2）在放置 LED 时，应注意 LED 极性。

六、实验记录与处理

对比样品两次实验的测试数据，分析样品老化后的光通量特性。

七、实验报告要求

列表记录 LED 老化前、后的光通量数据，并详细记录老化试验的条件。

八、思考题

（1）在实验时，为什么要设置 1 W 大功率 LED 的电流为 500mA？

（2）随着老化时间的变化，LED 的光功率是增大还是衰减？请以实验数据举例说明。

实验 3.8　电压法测量 LED 结温

一、实验目的

（1）掌握电压法测量 LED 结温的实验原理；

（2）熟悉 LED 结温的概念与测量的方法；

（3）学会使用电压法测量 LED 结温。

二、实验原理

半导体的 PN 结电压与温度的关系是负函数关系，即温度升高，PN 结电压降低。根据晶体管原理，可以得到半导体二极管的正向电流与电压的关系为：

$$I = C \cdot \exp \frac{qV - E_g}{kT} \tag{3.8-1}$$

对上式进行变换，可以得到：

$$V = \frac{kT(\ln C \cdot I + E_g)}{q} \tag{3.8-2}$$

式中，V 为二极管正向电压，I 为正向电流，k 为玻耳兹曼常数，q 为电子电量，T 为温度，C 为常数，E_g 为禁带宽度。

从式（3.8-2）可以看到，二极管的正向电压和温度是线性关系，但是和电流是对数关系。根据式（3.8-2），我们可以在固定的电流下，通过测试不同正向电压来确定 PN 结的温度。但是，在应用这一原理的时候，要注意条件，就是这种电压与结温的关系是和电流相关的，由于电压与电流的非线性关系，一个电流值对应的电压-结温关系，不能代表另一个电流值的电压-结温关系。

在理论讨论时，通常讲 PN 结都是指的理想结。在理想结中是不考虑其体电阻的。而在实际器件中，存在着各种体电阻，例如，PN 结的区域内存在电阻，在半导体材料体区内存在电阻，在半导体材料与外电极接触面存在电阻，电极材料存在电阻，电极材料与外引线接触存在电阻，外引线存在电阻，等等。这些电阻的电压温度特性则是正函数的。在实际测量一个 LED 的 V_F 时，这个 V_F 不仅是 PN 结的势垒电压 E_{PN}，而且还包括了上述各种电阻上的电压。这样就对实际的电压-温度函数关系带来了影响。造成理想的电压-温度关系和实际的电压-温度关系会存在很大的偏差。不重视这种偏差会导致错误的结论。

通常在测试 LED 的电压-温度关系时，都是在静态恒温后，再给 LED 供入一个瞬态的小电流，并在极短的时间内读取电压值。这样操作的目的是要排除电流在电阻上的压降。但是小电流下的测试结果，不能反映 LED 在正常大电流时的电压-温度关系。在较大电流下，寄生电阻的作用是不能忽略的。电流越大、温度越高，寄生电阻上的电压降影

124

响越大。而且，寄生电阻上的电压是温度的正函数关系，寄生电阻上的电压随温度的升高将会明显抵消 PN 结的电压降低。在比较小的电流下，寄生电阻上的压降跟 PN 结的电压相比或许可以忽略，但在比较大的电流下，就不能忽略了。这样，小电流下测得的电压温度系数将不适用于大电流的情况。实际上，即使有寄生电阻的存在，我们还是可以利用 LED 总的外部电压（比如封装的两个电极之间的电压）来标定电压温度系数。

假设所有的寄生电阻在某个电流 I 下的电压总和是 V_r，考虑它在 LED 的正常允许温度范围内基本不随温度变化。我们将 LED 在温度 T_1 下恒温，然后通入恒定的工作电流，用灵敏度高的电压表读取瞬间的电压。再将 LED 在温度 T_2 下恒温后，通入相同的电流，读取第二个电压。这两个电压分别是 V_{F1} 和 V_{F2}，根据公式（3.8－2），可以得到：

$$V_{F1} = V_r + V_{PN(T_1)} \tag{3.8－3}$$
$$V_{F2} = V_r + V_{PN(T_2)} \tag{3.8－4}$$

将式（3.8－3）减式（3.8－4）得到

$$V_{F1} - V_{F2} = V_{PN(T_1)} - V_{PN(T_2)} \tag{3.8－5}$$

也即：

$$V_{F1} - V_{F2} = (T_1 - T_2)\left[k\left(\ln C \cdot I + E_g\right)/q\right] \tag{3.8－6}$$

令 $\Delta V = V_{F1} - V_{F2}$，$\Delta T = T_1 - T_2$，就可得到：

$$\Delta V/\Delta T = k\left(\ln C \cdot I + E_g\right)/q = 常数 \tag{3.8－7}$$

显然，电压随温度的变化率是随电流变化的，当电流固定时，它是一个常数。式（3.8－7）只不过是式（3.8－2）的应用，就是我们实际测量结温时的理论基础。

小电流 K 系数法是首先用小的测量电流 I_f（此电流的选择至关重要。除取典型值 0.1、1.0、5.0、10.0mA 外，可取伏安特性的击穿点），分别测量恒温箱中的被测 LED 在不同温度下的结电压 V_f，由此得到该 LED 的 K 系数，接着用 I_F 加热电流加热达到某温度下的热平衡态，迅速切换到测量电流 I_f，测量此时

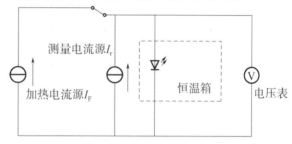

图 3.8－1　K 系数法测量原理图

LED 的结电压，根据 K 系数可以折算出此时 LED 管芯的结温，这种结温测试系统如图 3.8－1 所示。

三、实验仪器

数字万用表、2 个恒流源、恒温箱。

四、实验内容及步骤

1. 测量温度系数 K

①将 LED 置于温度为 T_A 的恒温箱中足够时间至热平衡，此时 $T_{jA} = T_A$；

②用低电流（可以忽略其产生的热量对 LED 的影响，如 $I_f = 5\text{mA}$）快速点测 LED 的 V_{fA}；

③将 LED 置于温度为 T_B（$T_B > T_A$）的恒温箱中足够时间至热平衡，$T_{jB} = T_B$；

④重复步骤②，测得 V_{fB}；（如为了减少随机误差可多次分别提高恒温箱温度，并测得 V_{fC}、V_{fD} 等）

⑤计算 K

$$K = \frac{V_{fB} - V_{fA}}{T_{jB} - T_{jA}} = \frac{V_{fB} - V_{fA}}{T_B - T_A}$$

2. 测量在输入电功率加热状态下的变化

①将 LED 置于温度为 T_A 的恒温箱中，给 LED 输入额定 I_F 使其产生自加热；

②维持恒定加热电流 I_F 足够时间至 LED 工作热平衡，此时 V_F 达到稳定，记录 I_F、V_F；

③迅速切换至测量电流 I_f，立即进行 1 之步骤②，测量 V_f。

3. 结温、热阻计算

$$\Delta V_f = V_f - V_{fA}$$

$$T_j = \frac{V_f - V_{fA}}{K}$$

五、注意事项

（1）为了减少电压测量带来的误差，《EIA/JESD51 – 1 集成电路热测量方法——电气试验法》标准规定测量系数 K 时，两个温度点温差应该大于等于 50℃。

（2）测试电流必须足够小，以免在测试过程中引起芯片温度变化；但是太小时会引起电压测量不稳定，有些 LED 存在匝流体效应，会影响 V_f 测试的稳定性，所以要求测试电流不小于 $I - V$ 曲线的拐点位置的电流值。

（3）由于测试 LED 结温是在工作条件下进行的，从工作电流（或加热电流）降到测试电流的过程必须足够快和稳定，V_f 测试的时间也必须足够短，才能保证测试过程不会引起结温下降。

六、思考题

简述电压法测量 LED 结温的原理。

实验 3.9 基于多路温度测试仪测量 LED 球泡灯热阻

一、实验目的

（1）了解热阻对 LED 球泡灯性能的重要影响；
（2）熟练使用多路温度测试仪测量 LED 球泡灯热阻；
（3）能够基于实验数据评估 LED 球泡灯散热性能。

二、实验原理

广义上的热阻是反映阻止热量传递的能力的综合参量。在传热学的工程应用中，为了满足生产工艺的要求，有时通过减小热阻以加强传热；而有时则通过增大热阻以抑制热量的传递。根据传热方式的不同，可以分为导热热阻、对流热阻、辐射热阻等几类。

在半导体器件领域，热阻通常指的是热量在热流路径上遇到的阻力，反映介质或介质间的传热能力的大小，表明了 1W 热量所引起的温升大小，单位为℃/W 或 K/W。用热功耗乘以热阻，即可获得该传热路径上的温升。可以用一个简单的类比来解释热阻的意义，换热量相当于电流，温差相当于电压，则热阻相当于电阻。

对于目前的大功率 LED 芯片来说，其电光转换效率仅仅为 20% ～ 30%，剩余的 70% ～ 80% 的电能则转换成了热能。LED 芯片的尺寸很小，导致施加在芯片上的热功率密度很大。如果器件热阻很大，产生的热量聚积在芯片中而不能有效地散出去，将会引起 LED 芯片结温的升高，从而导致光衰加剧、寿命缩短、发光波长红移等一系列问题。结温过高会导致输出光通量降低，从而影响光效；同时使荧光粉效率降低，从而影响色温。在室温条件下，结温每升高 1℃，发光效率下降近 1%，光效随结温的升高几乎呈线性降低，寿命随结温升高呈指数形式下降。有文献报道，LED 芯片在 30℃时工作的寿命约是 70℃下工作时长的 20 倍。因此，散热问题是 LED 照明普及和发展的最大技术瓶颈，如何提高大功率 LED 封装散热性能是其发展道路上亟待解决的关键技术之一。在 LED 灯具热量传递通道中，应尽量减小热阻，以提高散热性能，从而提高器件的可靠性。

在假设散热片足够大而且接触足够良好的情况下，热阻的计算公式为

$$T_{cmax} = T_j - PR_{jc} \tag{3.9-1}$$

否则应写成

$$T_{cmax} = T_j - P \left(R_{jc} + R_{cs} + R_{sa} \right) \tag{3.9-2}$$

式中，P 为热功率，R_{jc} 表示芯片内部至外壳的热阻，R_{cs} 表示外壳至散热片的热阻，R_{sa} 表示散热片的热阻，没有散热片时，$T_{cmax} = T_j - P \left(R_{jc} + R_{ca} \right)$，$R_{ca}$ 表示外壳至空气的热阻。而在本实验中，使用 $T_1 = T_2 - PR_{12}$ 的公式近似，用于测量 LED 球泡灯各组件热阻。

三、实验仪器

多路温度测试仪，防风罩，黏结剂，固化剂，LED 球泡灯组件。

四、实验内容及步骤

（1）检查多路温度测试仪电源线是否有破损，外观是否正常，各条传感线是否完整

无缺。

（2）开启多路温度测试仪，预热 10min，观察各条传感线上温度是否显示为室温，如无显示，检查传感线探头上是否有异物并清洁。

（3）拆开 LED 球泡灯灯罩，将 4 条传感线分别用黏结剂和固化剂固定在 LED 芯片环氧树脂、LED 芯片衬底、LED 芯片引脚、PCB 基板边缘。使用黏结剂和固化剂固定时，要将传感线紧贴待测部位，先喷黏结剂，后喷固化剂，等待数秒后固化粘牢。喷涂时务必使传感线和待测部位（图 3.9 – 1）紧密接触，并尽量使用较少的黏结剂和固化剂（图 3.9 – 2），以减小实验误差。

图 3.9 – 1　LED 球泡灯各待测部分　　　　　图 3.9 – 2　黏结剂和固化剂

（4）安装好 LED 球泡灯灯罩，将第五条传感线用上述方法黏结在 LED 球泡灯散热器上。

（5）将黏结好传感线的 LED 球泡灯组件安装在防风罩里，并连接上电源。保证防风罩内温度、湿度恒定，并记录。测试温度一般为 25℃，湿度为 40%。

（6）开启 LED 球泡灯电源，观察多路温度测试仪液晶显示屏（如图 3.9 – 3 所示）上对应传感线数据是否显示温度上升，如未上升，则连线失败，关闭电源后重复第三步。

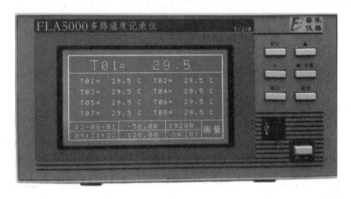

图 3.9 – 3　多路温度测试仪液晶显示屏

（7）记录数据，明确每格传感线探头测试的是哪一个部件，前半小时每隔 10min 记录各个探头数据，之后每隔 20min 记录一次，直到连续 2 次各探头温度均不再上升。每次记录的同时要确保防风罩内温度和湿度值稳定。

五、实验记录与处理

数据记录的格式如表 3.9-1 所示，根据最终记录的数据计算 LED 球泡灯各个组件的热阻，并画出 LED 球泡灯热阻示意图。

表 3.9-1　热阻测试实验记录

日期：　　　　　　记录人：　　　　　　温度：　　　　　　湿度：

时间	传感线 1	传感线 2	传感线 3	传感线 4	传感线 5

六、思考题

（1）如果使用过多的黏结剂和固化剂会对实验结果产生怎样的影响？

（2）能否使用已测数据推算 LED 球泡灯结温？

第4章 太阳能电池技术实验

实验4.1 太阳光辐射能的检测

一、实验目的

1. 了解太阳能与太阳辐射的基本概念；
2. 检测太阳的辐射功率。

二、实验原理

1. 太阳能与太阳辐射

太阳相当于一座聚合核反应器，发射功率达到 3.8×10^{26} W，中心温度约 2×10^7 K。太阳表面相当于6000K的黑体辐射，太阳辐射的光谱的波长为 10pm ～ 10km，其中99%的能量集中在 $0.276 \sim 4.96\mu m$ 之间，在可见光区（$0.39 \sim 0.78\mu m$）的能量超过70%。地球一年接受太阳的总能量为 1.8×10^8 kW·h，仅为太阳辐射总能量的20亿分之一。除光能、热能外，风能、水能、生物质能及矿物燃料均来源于太阳能。对一个具体地理位置而言，太阳对地表面的辐照取决于地球绕太阳的公转与自转、大气层的吸收与反射、气象条件（阴、雨、晴）。

2. 大气质量

太阳常数是指在日地平均距离处，地球大气外界垂直于太阳光束方向的单位面积上、单位时间内接收到的所有波长的太阳总辐射能量值，通常用 AM0 表示。精确测定大阳常数和太阳光谱不仅对大气科学的研究，而且对于天文、航天、太阳能利用和环境科学等都具有重要意义。太阳常数要在地球大气层之外，垂直于入射光的平面上测量（相当于大气质量AM0）。以人造卫星测得的数值大约是 1366 W/m²，地球的截面积是 127 400 000 km²，因此整个地球接收到的能量是 1.740×10^{17} W。由于太阳表面常有黑子等太阳活动，太阳常数并不是固定不变的，但变化幅度比较小，一年当中的变化幅度在1%左右。太阳辐射穿过大气层而到达地面时，由于大气中空气分子、水蒸气和尘埃等的吸收、反射和散射，不仅使辐射强度减弱，还会改变辐射的方向和辐射的光谱分布。因此实际到达地面的太阳辐射通常是由直射和漫射两部分组成。直射是指直接来自太阳辐射，方向不发生改变的辐射；漫射则是被大气反射和散射后，方向发生了改变的太阳辐射。到达地面的太阳辐射主要受大气层厚度的影响。大气层越厚，对太阳辐射的吸收、反射和散射就越严重，到达地面的太阳辐射就越少。此外，大气的状况和大气的质量对到达地面的太阳辐射也有影响。如图4.1-1所示，太阳辐射穿过大气层后，由于水蒸气、气体（如 CO_2 或者 O_2）的吸收和散射，造成某些波段能量明显减弱。如图4.1-2和图4.1-3所示，A 为地球海平面上的一点，当太阳在天顶位置 S_1 时，太阳辐射穿过大气层到达 B 点的路径为 CB。太阳

位于 S_2 点时，其穿过大气层到达 B 点的路径则为 AB。AB 与 CB 之比称为"大气质量"，显然 $m = \dfrac{1}{\cos z}$。它表示太阳辐射穿过地球大气的路径与太阳在天顶方向垂直入射时的路径之比，通常以符号 m 表示，并设定标准大气压和 25℃ 时海平面上太阳垂直入射时，大气质量 $m = 1$，也即 AM1，此时天顶角 $z = 0°$。由于太阳入射到地球不同维度的天顶角（入射光线与地面法线的夹角）不同，也即光程不同，因此相对的等效大气质量也不同。AM1.5 对应于天顶角 48.2°，包括中国、欧洲、美国在内的大部分国家都处在这个中纬度区域。因此一般地表上的太阳光谱都用 AM1.5 表示，能量取 $1000\text{W}/\text{m}^2$，地面温度取 25℃，AM1.5 是 IEC 61646——地面用薄膜型光伏组件设计和定型（GB/T18911—2002）的测试标准，也是 GB/T11011—1989——非晶硅太阳能电池电性能测试规定的测试标准。

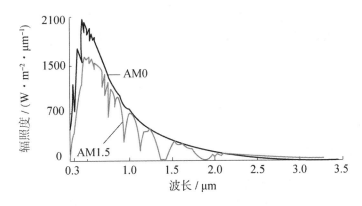

图 4.1 - 1　大气质量随波长分布

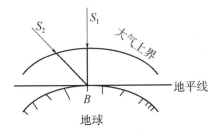

图 4.1 - 2　大气中太阳经过的路线

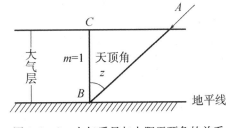

图 4.1 - 3　大气质量与太阳天顶角的关系

3. 太阳辐射能的测量

最常用的是总辐射和直接辐射的测量。测量直接辐射可用直接辐射表及光强计；本实验采用 JG - 2 型光功率计来大致测量。

三、实验仪器及准备

1. 实验仪器

JG - 2 型光功率计（光电转换放大器），本仪器主要由光电探测头、电流电压变换器、电压放大器、数显表和电压表组成，可以进行激光功率、功率密度（照度）的测量。

主要技术指标：波长范围 400 ~ 1100nm；标定波长 670nm，632.8nm，514.5nm，

488.0nm，457.9nm，441.6nm；

　　量程：0.01μW～100mW；测量分挡2μW，20μW，200μW；2mW，20mW，200mW；

　　数字显示：3（1/2）字；不准确度：±5%；模拟输出满刻度5V；输入电压：AC 220V 50Hz；功耗：<10W。

　　2. 预习要求

　　①掌握太阳辐射的基本概念；

　　②学会太阳常数的计算方法；

　　③掌握JG-2型光功率计的基本工作原理以及使用方法。

四、实验内容及步骤

　　1. 实验内容

　　（1）对于不同的时间、天气，采用以上所介绍的JG-2型光功率计来测量太阳光辐射功率。方法是：用光探头按照不同的方向，测出光强Q，再除以光探头的面积S，光强$I = Q/S$（mW/cm²），根据不同的时间，从早上8点开始，每隔半个小时测量一次数据，直到下午5点半。

　　（2）整理数据，画出曲线进行分析。并针对广州市的日照情况，计算广州市某一天某一时刻的太阳光辐射光强，并作出$I-\lambda$数据表以及曲线。

　　（3）写出实验报告。

　　2. 实验步骤

　　（1）光强与探测方位角的关系。

　　实验中首先需要将探头正对太阳光，然后让探头在此位置附近采样测试20个点，探头变动的范围为20°左右，将数据填入表格中，并找出最大光强的位置，与AM1.5比较（能量取1000W/m²）。

　　（2）测试光强与波长关系。

　　将探头直接对准太阳光入射方向，在波长范围400～1100nm下，按照标定波长670nm，632.8nm，514.5nm，488.0nm，457.9nm，441.6nm测试相应的光强，粗略作出$I-\lambda$数据表并画出曲线。

五、注意事项

　　在实验过程中，设备要轻拿轻放；不得用手或者其它物品触摸探头，以防影响探头灵敏度以及测试准确度。

六、实验记录与处理

　　在采样测试过程中，要求波长精确到一位小数（即0.1nm）。

　　实验报告格式如下：

　　实验时间：＿＿月＿＿日上午；

　　实验条件：室温＿＿℃；

　　实验目的：

　　实验仪器：

实验数据:

七、思考题

(1) 影响大气质量的因素有哪些?

(2) 具体地点的日照与该地点所在的纬度和季节有什么关系?

实验4.2 太阳能电池器件性能测试（暗导特性）

一、实验目的

(1) 了解太阳能电池的基本结构和基本特性,理解其工作原理。

(2) 掌握太阳能电池基本特性参数测试的原理与方法,了解太阳能电池片的暗特性,通过外加电源来测试电池片的电流电压特性。

二、实验原理

1. 太阳能电池的结构

以晶体硅太阳能电池为例,其结构示意图如图4.2 – 1 所示。晶体硅太阳能电池以硅半导体材料制成大面积 PN 结进行工作。一般采用 N + /P 同质结的结构,即在约 10cm × 10cm 面积的 P 型硅片（厚度约 500μm）上用扩散法制作出一层很薄（厚度约 0.3μm）的经过重掺杂的 N 型层。然后在 N 型层上面制作金属栅线,作为正面接触电极。在整个背面也制作金属膜,作为背面欧姆接触电极,这样就成了晶体硅太阳能电池。为了减少光的反射损失,一般在整个表面上再覆盖一层减反射膜。

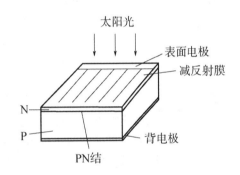

图 4.2 – 1 晶体硅太阳能电池的结构示意图

2. 太阳能电池无光照情况下的电流电压关系（暗特性）

将 PN 二极管分成耗尽区和电荷中性区是一个合理的近似,耗尽区边界的少数载流子浓度与外加电场呈指数变化关系,根据双极输运方程,在热平衡无光照等外加影响下,对 PN 结的载流子分布进行计算。在一维情况下,在二极管的 n 区,有

$$D_p \frac{\partial^2 \Delta p_n}{\partial x^2} - \mu_p E \frac{\partial \Delta p_n}{\partial x} + G - \frac{\Delta p_n}{\tau_{p0}} = \frac{\partial \Delta p_n}{\partial t} \tag{4.2 – 1}$$

式中,D_p、μ_p 分别为空穴的扩散系数和迁移率;$\Delta p_n = p_n - p_{n0}$ 为 n 区少子空穴的浓度,即总少子浓度与热平衡少子浓度的差值;G 为空穴产生率;τ_{p0} 为少子空穴的寿命;E 为电场强度。

在 n 区,$x > x_n$ 的区域,有 $E = 0, G = 0$,同时 PN 结处于平衡状态,$\frac{\partial \Delta p_n}{\partial t} = 0$,从而式（4.2 –1）可以变为

$$D_p \frac{\partial^2 \Delta p_n}{\partial x^2} - \frac{\Delta p_n}{\tau_{p0}} = 0 \qquad (4.2-2)$$

将少子空穴的扩散长度 $L_p^2 = D_n \tau_{p0}$ 代入式（4.2-2），得到

$$\frac{d^2 \Delta p_n}{dx^2} - \frac{\Delta p_n}{L_p^2} = 0 \qquad (4.2-3)$$

同理可得，p区内过剩载流子电子的分布满足以下方程，

$$\frac{d^2 \Delta n_p}{dx^2} - \frac{\Delta n_p}{L_n^2} = 0 \qquad (4.2-4)$$

少子浓度满足的边界条件为

$$\begin{cases} p_n(x_n) = p_{n0} \exp\left(\frac{eV_a}{kT}\right) \\ p_n(x \to \infty) = p_{n0} \\ n_p(-x_p) = n_{p0} \exp\left(\frac{eV_a}{kT}\right) \\ n_p(x \to -\infty) = n_{p0} \end{cases}$$

式中，V_a 为偏置电压。同时我们假设n、p区的电荷中性长度很长，这样在离空间电荷区比较远的地方，过剩载流子浓度趋于零。则式（4.2-3）和式（4.2-4）的解为

$$\begin{cases} \Delta p_n(x) = p_{n0}\left[\exp\left(\frac{eV_a}{kT}\right) - 1\right]\exp\left(\frac{x_n - x}{L_p}\right), x \geqslant x_n \\ \Delta n_p(x) = n_{p0}\left[\exp\left(\frac{eV_a}{kT}\right) - 1\right]\exp\left(\frac{x_p + x}{L_n}\right), x \leqslant -x_p \end{cases}$$

现在我们来推导PN结的电流公式，我们首先假设：流过PN结的电流就是电子电流和空穴电流之和，流过耗尽区的电子电流和空穴电流是一个恒定值。考虑到电子电流和空穴电流为连续函数，PN结的电流就是 $x = x_n$ 处空穴的扩散电流与 $x = -x_p$ 处电子的扩散电流之和。

在 $x = x_n$ 处，少子空穴的扩散电流可以表示为

$$J_p(x_n) = -eD_p \left.\frac{d\Delta p_n(x)}{dx}\right|_{x = x_n} \qquad (4.2-5)$$

将式（4.2-3）代入式（4.2-5）整理得到空穴的扩散电流

$$J_p(x_n) = \frac{eD_p p_{n0}}{L_p}\left[\exp\left(\frac{eV_a}{kT}\right) - 1\right] \qquad (4.2-6)$$

同理，可以计算出 $x = -x_p$ 处的电子扩散电流

$$J_n(-x_p) = -eD_n \left.\frac{d\Delta n_p(x)}{dx}\right|_{x = -x_p} = \frac{eD_n n_{p0}}{L_n}\left[\exp\left(\frac{eV_a}{kT}\right) - 1\right] \qquad (4.2-7)$$

根据前面的假设，总电流就是电子电流和空穴电流之和，这样

$$J = J_p(x_n) + J_n(-x_p) = \left[\frac{eD_p p_{n0}}{L_p} + \frac{eD_n n_{p0}}{L_n}\right]\left[\exp\left(\frac{eV_a}{kT}\right) - 1\right] \qquad (4.2-8)$$

我们定义参数

$$J_s = \frac{eD_p p_{n0}}{L_p} + \frac{eD_n n_{p0}}{L_n}$$

这样式（4.2-8）可以改写为

$$J = J_s\left[\exp\left(\frac{eV_a}{kT}\right) - 1\right] \tag{4.2-9}$$

这就是理想二极管的 $J-V$ 方程，通常情况下，由于各种缺陷而造成的载流子复合，式（4.2-9）的指数项需要加入一个参数

$$n = \sqrt{J} = J_s\left[\exp\left(\frac{eV_a}{nkT}\right)\right] \tag{4.2-10}$$

n 的值在 $1\sim 2$ 之间变化。

虽然式（4.2-8）是我们假设偏置电压 V_a 为正时推导出来的，对于 V_a 取负值同样成立，从图4.2-2可以看到，当 V_a 为负时，只要达到几个热电压 $\frac{kT}{e}$，反偏电流大小与电压几乎没有关系，因此，J_s 就是反向饱和电流密度。

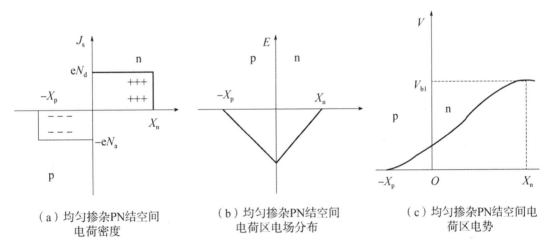

（a）均匀掺杂PN结空间 （b）均匀掺杂PN结空间 （c）均匀掺杂PN结空间电
电荷密度   电荷区电场分布   荷区电势

图 4.2-2　均匀掺杂 PN 结电场变化图

三、实验仪器

1. 实验仪器

模拟太阳光源仪器 1 台，电压表 1 个，电流表 1 个，太阳能电池器件 1 块。

四、实验内容及步骤

（1）认真学习半导体 PN 结的基本知识。了解 PN 结的工作原理，熟练掌握一些常用设备如伏安表等的正确使用。

（2）用电流表测量太阳能电池的伏安特性，通常测试的范围：

起始电压：-1V，终止电压：1V，步进电压：0.1V。

限幅电流：100mA，扫描点数：21。

（3）实验中需要用不透光板遮盖太阳能电池板，关闭光源。测试原理图如图4.2-3所示。将太阳能电池板的两根线对应接到测试仪上的"电压输出"接口上，用电压表测量太阳能电池两端电压，电流表测量回路中的电流，然后根据不同的测量点（电压），测

出电流，总共测量 21 个点，即 –1 V， –0.9V， –0.8V，…， +1V。

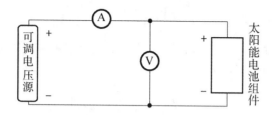

图 4.2 – 3　伏安特性测量接线图

（4）利用上述测量的数据，整理成表格（格式见表 4.2 – 1），用专业软件 Origin 画出 J – V 曲线并进行分析。

（5）写出实验报告。

五、注意事项

在实验过程中，设备要轻拿轻放；实验结束后要整理仪器设备，关闭电源。

六、实验记录与处理

在采样测试过程中，要求电流精确到小数点后三位数（即 0.001mA）。

实验报告格式如下：

实验时间：____月____日上午；

实验条件：室温____℃；

实验目的：

实验仪器：

实验数据：

表 4.2 – 1　黑暗情况下太阳能电池的输出伏安特性测量

光强：0 W/m²

序号	电压/V	电流/A	功率/W	序号	电压/V	电流/A	功率/W
1				12			
2				13			
3				14			
4				15			
5				16			
6				17			
7				18			
8				19			
9				20			
10				21			
11				22			

画出 J – V 曲线图。

七、思考题

影响太阳能电池二极管特性的因素有哪些?

实验 4.3 太阳能电池器件性能测试(光导特性)

一、实验目的

(1) 了解光生伏特的基本原理;

(2) 掌握测量太阳能电池器件特性参数,如开路电压、短路电流、填充因子、能量转换效率的方法;

(3) 了解太阳能电池片的光导特性,通过外加滑线变阻器来测试电池片的电流电压特性;

(4) 了解光源因素对太阳能电池片的基本参数的影响(实际情况下外部因素很多,实验条件下关注的主要是光强因素)。

二、实验原理

1. 光生伏特原理

当太阳光(或其它光)照射到太阳能电池上时,电池吸收光能,能量大于禁带宽度的光子,穿过减反射膜进入硅或者其它太阳能电池光活层中,激发出光生电子–空穴对,并立即被内建电场分离,光生电子被送进 n 区,光生空穴则被推进 p 区,这样在内建电场的作用下,光生电子–空穴对被分离,在光电池两端出现异号电荷的积累,即产生了"光生电压",这就是"光生伏特效应"(简称光伏,见图 4.3 – 1)。在内

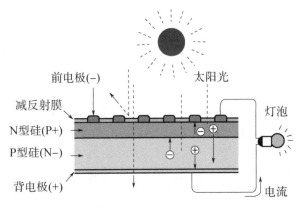

图 4.3 – 1 光生伏特效应演示图

建电场的两侧引出电极并接上负载,在负载中就有"光生电流"流过,从而获得功率输出。

2. 太阳能电池的表征参数

太阳能电池的工作原理是基于光伏效应。当光照射太阳能电池时,将产生一个由 n 区到 p 区的光生电流 I_{ph}。同时,由于 PN 结二极管的特性,存在正向二极管电流 I_D,此电流方向从 p 区到 n 区,与光生电流相反。因此,实际获得的电流 I 为

$$I = I_{ph} - I_D = I_{ph} - I_0 \left[\exp\left(\frac{qV_D}{nk_BT}\right) - 1 \right] \tag{4.3 – 1}$$

式中,V_D 为结电压,I_0 为二极管的反向饱和电流,I_{ph} 为与入射光的强度成正比的光生电

流，其比例系数由太阳能电池的结构和材料的特性决定。n 称为理想系数（n 值），是表示 PN 结特性的参数，通常在 $1\sim2$ 之间。q 为电子电荷，k_B 为玻耳兹曼常数，T 为温度。如果忽略太阳能电池的串联电阻 R，V_D 即为太阳能电池的端电压 V，则式（4.3 - 1）可写为

$$I = I_{ph} - I_0\left[\exp\left(\frac{qV}{nk_BT}\right)\right] \qquad (4.3-2)$$

太阳能电池的伏安特性曲线如图 4.3 - 2 所示。

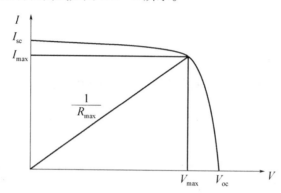

图 4.3 - 2 太阳能电池的伏安特性曲线

当太阳能电池的输出端短路时，$V = 0$（$V\approx0$），由式（4.3 - 2）可得到短路电流

$$I_{sc} = I_{ph} \qquad (4.3-3)$$

即太阳能电池的短路电流等于光生电流，与入射光的强度成正比。当太阳能电池的输出端开路时，$I = 0$，由式（4.3 - 2）和式（4.3 - 3）可得到开路电压

$$V_{oc} = \frac{nk_BT}{q}\ln\left(\frac{I_{sc}}{I_0} + 1\right) \qquad (4.3-4)$$

当太阳能电池接上负载 R 时，负载 R 可以从零到无穷大。当负载 R_{max} 使太阳能电池的功率输出为最大时，它对应的最大功率 P_{max} 为

$$P_{max} = I_{max} \times V_{max} \qquad (4.3-5)$$

式中 I_{max} 和 V_{max} 分别为最佳工作电流和最佳工作电压。将 V_{oc} 与 I_{sc} 的乘积与最大功率 P_{max} 之比定义为填充因子 FF，则

$$FF = \frac{P_{max}}{V_{oc}I_{sc}} = \frac{V_{max}I_{max}}{V_{oc}I_{sc}} \qquad (4.3-6)$$

FF 为太阳能电池的重要表征参数，FF 愈大则输出的功率愈高。FF 取决于入射光强、材料的禁带宽度、理想系数、串联电阻和并联电阻等。

太阳能电池的转换效率 η 定义为太阳能电池的最大输出功率与照射到太阳能电池的总辐射能 P_{in} 之比，即

$$\eta = \frac{P_{max}}{P_{in}} \times 100\% \qquad (4.3-7)$$

三、实验仪器

模拟太阳光源仪器 1 台，电压表 1 个，电流表 1 个，太阳能电池器件 1 块。

四、实验内容及步骤

（1）光强强度调整。将给光源供电的电源调整到 4.0 的位置，然后打开电源开关，此时可以看到氙灯点亮，但光源并不稳定，维持此状态 15min，此时可以看到光照均匀；利用标准的硅太阳能电池进行标定，其中标准电池的短路电流达到 134mA 时，对应 AM1.5G 标准光谱，此时光谱的总辐射功率为 100mW/cm^2。操作流程如下：

首先将标准电池放在氙灯下，其两极用安培表连接，保证电池放在氙灯光源的中央并维持在离光源 30～40cm 的位置，调节氙灯的功率，可以看到电流随之变动，将电流值调整到 134mA±2mA，即完成光源的光强度调整。

然后将电池片放入接线盒。测试原理图如图 4.3－3 所示。将太阳能电池板的两根线对应接到测试仪上的"电压输出"接口上，用电压表测量太阳能电池两端电压，电流表测量回路中的电流，通过改变电阻值得到器件的 $J-V$ 数据。

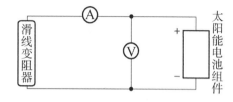

图 4.3－3　伏安特性曲线测量示意图

（2）撤去硅电池，将待测的太阳能电池样片放在氙灯光源下，并保持在光源中心的位置，开始测量器件，将电池的一端与一个电阻箱连接，电阻箱引出一根导线，在电池与电阻箱两端接上伏特表和安培表，调整电阻箱的数值，采集数据。先将电阻值调为零，此时测出来的是器件的短路电流，相应的电压为 0，将电阻调至最大，测出器件的开路电压，根据开路电压的大小，比如开路电压为 0.6V，则每隔 0.02V 测量一个电流电压值，其操作方法为：调整电阻值，直到电压为某个值（如 0.58V），在此点下读出电流值，依此类推，总共测试点数为 30。

（3）整理数据。根据器件的面积，将上述测出来的短路电流除以器件面积，转换为电流密度（单位为 mA·cm^{-2}），画出 $J-V$ 曲线，并计算器件的能量转换效率、开路电压、短路电流密度以及填充因子。

（4）写出实验报告。

五、注意事项

在实验过程中，设备要轻拿轻放；实验结束后要整理仪器设备，关闭电源。

六、实验记录与处理

在采样测试过程中，要求电流精确到小数点后三位（即 0.001mA），电压精确到小数点后两位（即 0.01V）。

实验报告格式如下：

实验时间：＿＿月＿＿日上午；

实验条件：室温＿＿℃；

实验目的：

实验仪器：

实验数据：

表1　标准光照强度下太阳能电池的输出伏安特性测量

光强：1000 W/m²

序号	电压/V	电流/A	功率/W	序号	电压/V	电流/A	功率/W
1				16			
2				17			
3				18			
4				19			
5				20			
6				21			
7				22			
8				23			
9				24			
10				25			
11				26			
12				27			
13				28			
14				29			
15				30			

表2　不同光照强度下太阳能电池的输出伏安特性测量

光源与板距离：＿＿＿＿＿ cm　　光强：＿＿＿＿＿ W/m²

序号	电压/V	电流/A	功率/W	序号	电压/V	电流/A	功率/W
1				16			
2				17			
3				18			
4				19			
5				20			
6				21			
7				22			
8				23			
9				24			
10				25			
11				26			
12				27			
13				28			
14				29			
15				30			

光源与板距离：＿＿＿＿ cm 光强：＿＿＿＿ W/m²

序号	电压/V	电流/A	功率/W	序号	电压/V	电流/A	功率/W
1				16			
2				17			
3				18			
4				19			
5				20			
6				21			
7				22			
8				23			
9				24			
10				25			
11				26			
12				27			
13				28			
14				29			
15				30			

光源与板距离：＿＿＿＿ cm 光强：＿＿＿＿ W/m²

序号	电压/V	电流/A	功率/W	序号	电压/V	电流/A	功率/W
1				16			
2				17			
3				18			
4				19			
5				20			
6				21			
7				22			
8				23			
9				24			
10				25			
11				26			
12				27			
13				28			
14				29			
15				30			

表 3　不同光强下太阳能电池片的输出情况

距离/cm				
光强/（W·m^{-2}）				
短路电流/A				
最大输出功率/W				

画出 $J-V$ 曲线图。

七、思考题

太阳能电池性能的影响因素主要有哪些？

实验 4.4　太阳能光伏电池组件的制作与检测

一、实验目的

（1）学习太阳能光伏电池组件的连接方法，用层压机制作光伏电池组件；
（2）监测太阳能光伏电池组件的性能（$J-V$ 曲线）。

二、实验原理

实验原理同实验 4.3。

三、实验仪器及准备

1. 实验仪器
晶体硅单体太阳能电池，太阳能电池组件；焊条、烙铁、框架、钢化玻璃、黏结剂、TPF 复合膜（底板）、光刻胶等材料；层压机；太阳能电池组件特性检测仪；光刻机。
2. 预习要求
了解太阳能电池组件的连接原理，掌握基本的组件连接以及测试方法。

四、实验内容及步骤

（1）学习太阳能光伏电池组件的连接法，深入了解太阳能电池组件的连接原理。
（2）按照图 4.4-1、图 4.4-2，以混合式的方法连接。

如图 4.4-1 所示，用电焊和焊条将 4 块电池串接起来，然后把串联的四组电池引线焊接起来，最后得到 4×4 方阵的电池，其开路电压等于 4 个子电池的电压之和，短路电流等于四组串联电池的短路电流之和，按同样的方法将图 4.4-2 焊接起来。

（3）按照图 4.4-3 的步骤，用层压机制作光伏电池组件。

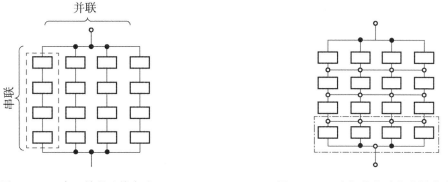

图 4.4 - 1 串 - 并联连接方法   图 4.4 - 2 太阳能电池方阵混合连接法

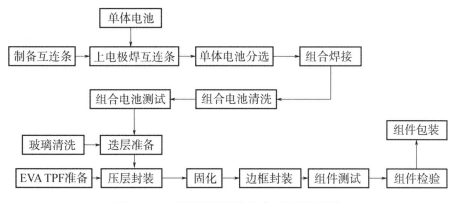

图 4.4 - 3 用层压机制作光伏电池组件流程

（4）检测太阳能光伏电池组件的性能，作出 $J - V$ 曲线。

（5）写出实验报告。

五、注意事项

在实验过程中，设备要轻拿轻放；实验结束后要整理仪器设备，关闭电源。

六、实验记录与处理

在采样测试过程中，要求电流精确到小数点后三位（即 0.001mA），电压精确到小数点后两位（即 0.01V）。

实验报告格式如下：

实验时间：____月____日上午；

实验条件：室温____℃；

实验目的：

实验仪器：

表1 标准光照强度下太阳能电池的输出伏安特性测量

光强：1000 W/m²

序号	电压/V	电流/A	功率/W	序号	电压/V	电流/A	功率/W
1				16			
2				17			
3				18			
4				19			
5				20			
6				21			
7				22			
8				23			
9				24			
10				25			
11				26			
12				27			
13				28			
14				29			
15				30			

由曲线图求出太阳能电池的输出特性。

七、思考题

影响太阳能电池组件性能的因素有哪些？

实验4.5 太阳能控制器的接线、结构与原理实验

一、实验目的

（1）了解太阳能控制器的工作原理与用途；
（2）理解配置太阳能控制器的必要性和重要性。

二、实验原理

太阳能控制器是整个太阳能发电系统的控制中心，其作用是控制太阳能发电系统的工作状态，根据太阳能电池板的输出功率和蓄电池的特性，对蓄电池进行充放电控制，并保护蓄电池不受过充电和过放电的损害，同时输出功率为负载供电。任何实际应用的光伏系统都配置有控制器。

1. 控制器

控制器又称充放电控制器，起着管理光伏系统能量、保护蓄电池及整个光伏系统正常工作的作用。当太阳能电池方阵输出功率大于负载额定功率或负载不工作时，太阳能电池通过控制器向储能装置充电。当太阳能电池方阵输出功率小于负载额定功率或太阳能电池不工作时，储能装置通过控制器向负载供电。

2. 蓄电池

光伏系统最常用的储能装置为蓄电池。

蓄电池是提供和存储电能的电化学装置。光伏系统使用的蓄电池多为铅酸蓄电池，充放电时的化学反应式为：

$$\overset{\text{正极}}{PbO_2} + \overset{\text{负极}}{2H_2SO_4} + \overset{\text{}}{Pb} \underset{\text{充电}}{\overset{\text{蓄电}}{\rightleftharpoons}} \overset{\text{正极}}{PbSO_4} + 2H_2O + \overset{\text{负极}}{PbSO_4}$$

蓄电池放电时，化学能转换成电能，正极的氧化铅和负极的铅都转变为硫酸铅；

蓄电池充电时，电能转换为化学能，硫酸铅在正负极又恢复为氧化铅和铅。

图 4.5 – 1a 为蓄电池充电特性曲线。OA 段电压快速上升。AB 段电压缓慢上升，且延续较长时间。BC 段为充电末期，达到 C 点应立即停止充电。

如果蓄电池充电电流过大，会导致蓄电池的温度过高和活性物质脱落，影响蓄电池的寿命。在充电后期，电化学反应速率降低，若维持较大的充电电流，会使水发生电解，正极析出氧气，负极析出氢气。理想的充电模式是，开始时以蓄电池允许的最大充电电流充电，随电池电压升高逐渐减小充电电流，达到最大充电电压时立即停止充电。

图 4.5 – 1b 为蓄电池放电特性曲线。OA 段电压下降较快；AB 段电压缓慢下降，且延续较长时间。C 点后电压急速下降，此时应立即停止放电。

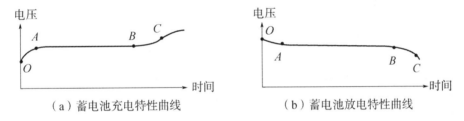

（a）蓄电池充电特性曲线　　　　　　（b）蓄电池放电特性曲线

图 4.5 – 1　蓄电池的充放电特性曲线

蓄电池的放电时间一般规定为 20 h。放电电流过大和过度放电（电池电压过低）会严重影响电池寿命。

蓄电池具有储能密度（单位体积存储的能量）高的优点，但有充放电时间长（一般为数小时）、充放电寿命短（约 1000 次）、功率密度低等缺点。

三、实验仪器及准备

1. 实验仪器

晶体硅单体太阳能电池、太阳能电池组件、蓄电池、控制器等。

2. 预习要求

掌握控制器的使用方法（参考控制器使用说明书）。

四、实验内容与步骤

本实验内容为太阳能路灯控制实验。

太阳能电池路灯控制，是指当有光照射到太阳能电池板上时，太阳能电池输出电能，控制器负载端处于关闭状态，太阳能电池将电能储存在蓄电池中；当无光照射到太阳能电池板上时，太阳能电池几乎没有能量输出，控制器负载端处于导通状态，同时蓄电池对负载供电。比如太阳能路灯白天不亮，到了晚上当光照强度很低时路灯才亮。

按图4.5-2接线，将控制器工作模式设置为"7."（调试方式），此模式下，控制器上的按钮不再是开关功能，其负载端的通断不再通过按键实现，故实验时不再需要按键。

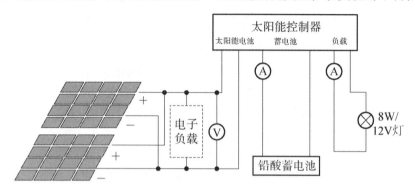

图4.5-2 太阳能路灯控制实验连接示意图

通常太阳能电池开路电压随光强呈近似对数关系。当光强很小时，若继续减小光强，开路电压将迅速减小。当控制器工作在"7."调试方式模式时，控制器检测太阳能电池端口电压，等同于检测外界光强。

当太阳能电池端口电压较高时，控制器判断外界并非黑夜，控制器控制负载端关断，负载灯不亮，太阳能电池对蓄电池充电；当太阳能电池端口电压低于蓄电池端口电压但又不是很低时，由于太阳能电池和蓄电池之间连接着二极管，并不会发生电流倒流，太阳能电池输出电流为零，同时负载端仍然关断；当太阳能电池端口电压低于某一电压时，控制器判断外界为黑夜，同时控制负载端导通，蓄电池对负载供电，负载灯开始工作。

实验时，先断开电子负载，记录太阳能电池端口电压和蓄电池、负载端的电流，并观察充电指示灯（1）和负载指示灯（3）的状态。然后接入电子负载，调节电子负载，使得太阳能电池端口电压由高到低，当太阳能电池端口电压低于某一电压值时，负载灯变亮，记录此时的太阳能电池端口电压和蓄电池、负载端的电流，并观察充电指示灯（1）和负载指示灯（3）的状态变化，将实验数据记入表中。分析说明两种实验条件下能量的流动方向。

五、注意事项

在实验过程中，设备要轻拿轻放；实验结束后要整理仪器设备，关闭电源。

六、实验记录与处理

实验报告格式如下：
实验时间：＿＿月＿＿日上午；
实验条件：室温＿＿℃；
实验目的：
实验仪器：

表 1 太阳能电池路灯控制实验

实验条件	太阳能电池端口电压/V	负载灯的状态（亮/灭）	指示灯的状态（亮/灭）		蓄电池电流/A	负载电流/A
			指示灯(1)	指示灯(3)		
断开电子负载						
调节电子负载使得太阳能电池端口电压较低						

写出实验报告。

七、思考题

太阳能控制器的主要作用有哪些?

实验 4.6 太阳能光伏发电综合实验

太阳的光辐射可以说是取之不尽、用之不竭的能源。每年到达地球的辐射能相当于 49 000 亿吨标准煤的燃烧能,是目前人类耗能的几万倍。太阳能不但数量巨大,用之不竭,而且是不会产生环境污染的绿色能源,所以大力推广太阳能的应用是世界性的趋势。

随着技术的进步与产业规模的扩大,太阳能发电的成本在逐步降低,而资源枯竭与环境保护导致传统电源成本上升。太阳能发电在价格上已可以与传统电源竞争,加之国家产业政策的扶持,太阳能应用具有光明的前景。

一、实验目的

(1) 进一步了解并掌握太阳能电池的原理及结构,太阳能发电系统的组成及工程应用;

(2) 太阳能电池特性测量:测量太阳能电池组件输出伏安特性,得出开路电压、短路电流、最佳工作电压、最佳工作电流、最大输出功率、填充因子、能量转换效率等参数,比较电池组件串联与并联的特性;

(3) 了解环境因素对太阳能电池输出的影响,测量不同光强下太阳能电池输出伏安特性;

(4) 最大功率点跟踪器 (maximum power point tracking, MPPT) 功能实验:MPPT 自动调节与手动调节的比较实验,太阳能电池直接输出与加 MPPT 输出比较实验;

(5) 离网太阳能系统搭建及实验:直流负载实验,离网逆变器交流负载(阻性、容性、感性)实验及波形测量。

(6) 并网太阳能系统搭建及实验:并网逆变器交流负载(阻性、容性、感性)实验及并网逆变器 MPPT 功能展示,并网逆变器孤岛效应保护实验;

(7) 设计性思考——设计户用太阳能系统。

二、实验原理

1. 太阳能光伏发电系统

太阳能光伏发电有离网运行与并网运行两种发电方式。

并网运行是将太阳能发电输送到大电网中，由电网统一调配，输送给用户。此时太阳能电站输出的直流电经并网逆变器转换成与电网同电压、同频率、同相位的交流电。大型太阳能电站大都采用并网运行方式。

离网运行是太阳能系统与用户组成独立的供电网络。由于光照的时间性，为解决无光照时的供电，必须配有储能装置，或能与其它电源切换、互补。中小型太阳能电站大多采用离网运行方式。离网型太阳能电源系统如图 4.6 – 1 所示。

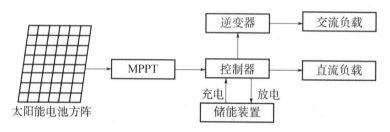

图 4.6 – 1 离网型太阳能电源系统

2. 光伏发电系统的重要组成部分

1）DC – DC 与 MPPT

DC – DC 为直流电压变换电路，相当于交流电路中的变压器，最基本的 DC – DC 变换电路如图 4.6 – 2 所示。

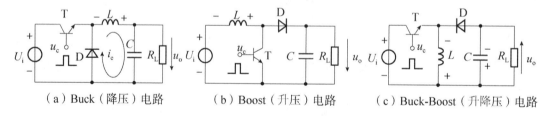

（a）Buck（降压）电路　　　　（b）Boost（升压）电路　　　　（c）Buck-Boost（升降压）电路

图 4.6 – 2 最基本的 DC – DC 变换电路

图 4.6 – 2 中，U_i 为电源，T 为晶体闸流管（简称晶闸管），u_c 为晶闸管驱动脉冲，L 为滤波电感，C 为电容，D 为续流二极管，R_L 为负载，u_o 为负载电压。调节晶闸管驱动脉冲的占空比，即驱动脉冲高电平持续时间与脉冲周期的比值，即可调节负载端电压。

当电源电压与负载电压不匹配时，通过 DC – DC 调节负载端电压，使负载能正常工作。

通过改变负载端电压，改变了折算到电源端的等效负载电阻，当等效负载电阻与电源内阻相等时，电源能最大限度输出能量。

若取反馈信号控制驱动脉冲，进而控制 DC – DC 输出电压，使电源始终最大限度输出能量，这样的功能模块称为最大功率跟踪器（MPPT）。国内外对太阳能电池的最大功率跟踪提出过多种方法，如定电压跟踪法、扰动观察法、功率回授法和增量电导法等，本仪器配置的 MPPT 采用扰动观察法。

2）逆变器

逆变器是将直流电变换为交流电的电力变换装置。逆变电路一般都需升压来满足 220V 常用交流负载的用电需求。它有不同的分类方法：

（1）按升压原理的不同，逆变器分为低频、高频和无变压器 3 种逆变器。

低频逆变器首先把直流电逆变成 50Hz 低压交流电，再通过低频变压器升压成 220V 的交流电供负载使用。它的优点是电路结构简单，缺点是低频变压器体积大、价格高、效率较低。

高频逆变器将低压直流电逆变为高频低压交流电，经过高频变压器升压后，再经整流滤波电路得到高压直流电，最后通过逆变电路得到 220V 低频交流电供负载使用。高频逆变器体积小、重量轻、效率高，是目前用得最多的逆变器类型。

无变压器逆变器通过串联太阳能电池组或 DC - DC 电路得到高压直流电，再通过逆变电路得到 220V 低频交流电供负载使用。这种逆变器在欧洲市场占主导地位，由于在发电与用电电网间没有变压器隔离，在美国禁止使用。

（2）按输出波形，逆变器分为方波逆变器、阶梯波逆变器和正弦波逆变器 3 种。

方波逆变器只需简单的开关电路即能实现，结构简单、成本低。但存在效率较低、谐波成分大、使用负载受限制等缺点。在太阳能系统中，方波逆变器已经很少应用了。

阶梯波逆变器普遍采用 PWM 脉宽调制方式生成阶梯波输出。它能满足大部分用电设备的需求，但它还是存在约 20% 的谐波失真，在运行精密设备时会出现问题，也会对通信设备造成高频干扰。

正弦波逆变器的优点是输出波形好、失真度很低，能满足所有交流负载的应用，它的缺点是线路相对复杂、价格较贵。在太阳能发电并网应用时，必须使用正弦波逆变器。

（3）按使用条件，可分为离网逆变器与并网逆变器。

离网逆变器，按名称来看，是不与电力电网连在一起的。太阳能电池组件将发的电力储存在蓄电池内，再经过离网逆变器将蓄电池内的直流电转换成交流 220V 给负载供电。

并网逆变器，就是将太阳能电池组件输出的直流电直接逆变成高压馈入电网，而不必经过蓄电池储存。并网逆变器必须考虑与电网的连接安全，如必须与电网同相位、同频率以及抗孤岛等特殊情况的应变能力，不能对电网造成污染，如谐波问题等。为防止孤岛效应的发生，在电网断开时，并网逆变器检测到电网断开信号，便立即停止工作，并网逆变器不再对输出端的交流负载供电。

3）电子负载

电子负载是利用电子元件吸收电能并将其消耗的一种负载。其中的电子元件一般为功率场效应管、绝缘栅双极型晶体管等功率半导体器件。由于采用了功率半导体器件替代电阻等作为电能消耗的载体，使得负载的调节和控制易于实现，能达到很高的调节精度和稳定性，还具有可靠性高、寿命长等优点。

电子负载有恒流、恒压、恒阻、恒功率等工作模式。本实验仪器配置的电子负载为恒压模式。在恒压工作模式时，将负载电压调节到某设定值后即保持不变，负载电流由电源输出决定。

3. 孤岛效应及其危害

"孤岛效应"是指在电网故障或中断的情况下，太阳能光伏发电系统足以继续独立供电给负载的现象。而孤岛现象的发生，将对维修人员、电网或负载造成诸多不良影响。

（1）当电网发生故障或中断后，由于太阳能光伏发电系统持续独立供电给负载，将使维修人员在进行修复时，安全受到威胁。

（2）当电网发生故障或中断时，由于太阳能光伏发电系统失去电网作为参考信号，造成系统的输出电流、电压及频率出现漂移而偏离电网频率，产生不稳定的情况，且可能含有较大的电压与电流谐波成分。若及时将太阳能光伏发电系统切离负载，将会使得某些对频率敏感的负载损坏。

（3）当电网恢复瞬间，由于电压相位不同，可能发生较大的冲击电流，造成相关设备损坏，且当电网恢复供电时，可能会发生同步的问题。

（4）若太阳能光伏发电系统与电网连接为三相系统，当孤岛现象发生时，将形成缺相供电，影响用户端的三相负载。

从上述孤岛效应所造成的影响可以知道，孤岛效应的防治对于太阳能光伏发电系统非常重要。因此，必须对孤岛效应进行防治。孤岛现象的检测方法根据技术特点，可以分为三大类：被动检测方法、主动检测方法和开关状态监测方法（基于通信的方法）。

三、实验仪器

太阳能光伏发电原理与应用综合实验平台如图 4.6 – 3 所示。

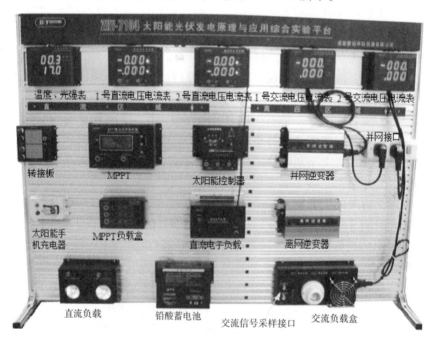

图 4.6 – 3　太阳能光伏发电原理与应用综合实验平台（整机正面照片）

各组件介绍如下：

（1）温度、光强表：监测太阳能电池板表面的温度；监测入射到太阳能电池板表面的辐照强度（W/m²），简称光强。温度测量范围：－20～99.9°C；光强测量范围：0～2500W/m²。

（2）电流源：输出大于0.3A（以具体输出情况为准）直流电源，用于研究控制器对蓄电池的过充和过放保护实验。

1、2号直流电压电流表：用于直流电学信号的测量。电压测量范围为0～200V，电流测量范围为0～10A。

1、2号交流电压电流表：用于测量逆变器（离网逆变器和并网逆变器）输出的电压和电流以及负载电压电流值。最大测量电压为AC 400V，最大测量电流为AC 500mA。

（3）转接板：通过转接板改变太阳能电池板组的连接方式，来完成太阳能电池板串并联实验。为连线方便，转接板内部已将上电池板的红色接头和下电池板的黑色接头对应接到输出端的红黑接头上（见图4.6－4）。

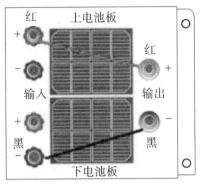

图4.6－4　转接板内部连线示意图　　　图4.6－5　MPPT最大功率跟踪器面板示意图

（4）最大功率跟踪器（MPPT）：如图4.6－5所示，MPPT输入电压范围为12～45V。系统开机默认模式为自动跟踪模式，长按"自动/手动"按钮可以进行最大功率自动跟踪和手动跟踪之间的切换。

①自动跟踪模式下：在找到最大功率点后，显示数据仍为跳变值，输入电压显示为围绕一个中心点左右跳动，输入功率大小为"小→大→小"在变化，这样的显示为正常，读数的时候读取电压跳变的中心值，功率显示的最大值。

②手动跟踪模式下：开机默认为自动模式，长按"自动/手动"按钮先将模式切换到手动模式，按功率调节"▲"按钮，将功率点调节到最低点后，从最低点调节"功率调节"的"▲"或"▼"按钮，使得显示屏上输入功率值达到最大，即完成了手动寻找最大功率点。

注：MPPT输入电压不能超过50V，否则将导致MPPT严重损坏。若MPPT跟踪不到最大功率，则按下"自动/手动"两次，让MPPT重新进行自动跟踪。

（5）MPPT负载盒：为3个独立的20Ω/20W的阻性负载，当太阳能电池板的输出功率较大时，将三个阻性负载并联使用。

（6）蓄电池：本实验系统采用12V 7AH的铅酸蓄电池。其循环充电电压为14.4～15.0V，浮充充电电压为13.5～13.8V，起始电流小于2.1A，最大充电电流为1.75A。

（7）太阳能控制器：太阳能控制器的面板如图4.6－6所示，控制器指示灯的说明如

表 4.6 - 1 所示。

负载状态指示灯(3)
蓄电池状态指示灯(2)
太阳能充电指示灯(1)

蓄电池模式
数字 LED 显示
控制/设置按键

PWX Solar Charge Controller

S+ S- B+ B- L+ L-
太阳能电池　蓄电池　负载

图 4.6 - 6　太阳能控制器面板

表 4.6 - 1　控制器指示灯说明

指示灯	现象	说明
太阳能充电指示灯（1）	绿色常亮	充电电路正常
	绿色闪烁	系统过电压
蓄电池状态指示灯（2）	绿色常亮	蓄电池电压在正常范围
	橙黄色	蓄电池电压降低到欠压
	红色	蓄电池电压降低到过放电压，此时控制器将自动关闭输出
负载状态指示灯（3）	常亮	负载接通
	红色慢闪	负载电流超过了控制器 1.25 倍的额定电流 60s，或负载电流超过了控制器 1.5 倍的额定电流 5s
	快闪	负载或负载侧出现短路故障，此时控制器将立即关闭输出

注：各"+、-"极不要反接。

控制器的工作模式设置：

控制器的工作模式设置如表 4.6 - 2 所示，常见的故障现象及处理方法如表 4.6 - 3 所示。

设置方法：按下控制/设置按键持续 5s，模式（MODE）显示数字 LED 闪烁，松开按键，每按一次转换一个数字，直到 LED 显示的数字为所选模式对应的数字即停止按键，等到 LED 数字不闪烁即完成设置。

①纯光控模式（0）：当没有阳光时，光强降到启动点，控制器延时 10min 确认启动信号后，开通负载，负载开始工作；当有阳光时，光强升到启动点，控制器延时 10min 确认关闭输出信号后，关闭输出，负载停止工作。

②光控 + 延时方式（1～9，0.～5.）：启动过程同前。当负载工作到设定的时间就关闭负载，时间设定见工作模式设置表。

③通用控制方式（6.）：作为一般通用控制器使用（即通过按键控制负载的接通或关断）。

④调试模式（7.）：用于系统调试，与纯光控模式相同，只取消了判断光信号控制输

出的 10min 延时，保留其它所有功能。无光信号时接通负载，有光信号时关断负载，方便安装调试时检查系统安装的正确性。

表 4.6 - 2　控制器工作模式设置表

LED 显示	工作模式	LED 显示	工作模式	LED 显示	工作模式
0	光控开 + 光控关	6	光控开 + 6h 延时关	2.	光控开 + 12h 延时关
1	光控开 + 1h 延时关	7	光控开 + 7h 延时关	3.	光控开 + 13h 延时关
2	光控开 + 2h 延时关	8	光控开 + 8h 延时关	4.	光控开 + 14h 延时关
3	光控开 + 3h 延时关	9	光控开 + 9h 延时关	5.	光控开 + 15h 延时关
4	光控开 + 4h 延时关	0.	光控开 + 10h 延时关	6.	通用控制方式
5	光控开 + 5h 延时关	1.	光控开 + 11h 延时关	7.	调试模式

表 4.6 - 3　控制器常见故障现象及处理方法

现象	处理方法
指示灯和显示屏都无显示	检查蓄电池是否连接正确，连接是否可靠
当有光照到太阳能电池板时，绿色充电指示灯（1）不亮	检查太阳能电池板两端接线是否正确，接触是否可靠
充电指示灯（1）闪烁	系统电压超压；蓄电池开路，检查蓄电池是否连接可靠；或充电电路损坏
负载指示灯（3）亮，但无输出	检查用电器是否连接正确、可靠
负载指示灯（3）快闪，且无输出	输出短路，检查输出线路，移除所有负载后，按一下开关按键，30s 后控制器恢复正常输出
负载指示灯（3）慢闪，且无输出	负载功率超过额定功率，请减少用电设备，按一下按键，30s 后控制器恢复输出
指示灯（2）为红色，且无输出	蓄电池过放电，充足电后自动恢复使用

控制器的供电端口为蓄电池端，故欲让控制器工作，首先得连接蓄电池，然后连接太阳能电池或负载；欲停止控制器工作，应先断开太阳能电池和负载，然后断开蓄电池。

（8）并网接口：并接光伏发电系统与市电的连接口。

（9）并网逆变器：左端的直流输入口处红色端子连接直流正极；所有的黑色端子连接直流负极。输出接到并网接口的插线板上，自带 MPPT 最大功率跟踪以及孤岛效应检测。技术指标参见表 4.6 - 4。

注：非专业人员请勿拆机，输出端为 AC 220V 高压，使用时注意安全。

（10）离网逆变器：左端的直流输入口处红色端子连接直流正极；黑色端子连接直流负极。技术指标参见表 4.6 - 4。

表4.6-4 逆变器技术指标

并网逆变器技术指标		离网逆变器技术指标	
DC 电压范围	$10.5 \sim 28V$	直流电压	12V
最大输入电流	15A	直流电压范围	$10 \sim 15V$
AC 输出功率	200W	额定功率	300W
反压保护	保险丝	输出波形	正弦波
AC 标准电压范围	$90 \sim 140V/180 \sim 260VAC$	输出频率	50Hz 或 60Hz
AC 频率范围	$45 \sim 53Hz/55 \sim 63Hz$	过载	输出关闭
相位差	<1%	过压	15.5V
孤岛效应保护	VAC；fAC	过热	输出自动关闭
输出短路保护	限流	保险丝	短路

（11）太阳能电池板：太阳能电池板采用 $25W_P$ 单晶硅 A 级片两块。其中单块太阳能电池板的开路电压 $U_{oc} = (20 \pm 1)V$，短路电流：$I_{sc} = (1.5 \pm 0.1)A$。

注：本实验平台系统的所有红色端子连接正极；所有的黑色端子连接负极。

四、实验内容与步骤

1. 太阳能电池组件串联与并联特性比较实验

本实验主要是让学生理解太阳能电池板不同的连接方式对输出的影响。

并、串联测量原理示意图分别见图4.6-7和图4.6-8。保持光源与太阳能电池板的距离不变，将单块太阳能电池板和串、并联方式下的输出的开路电压及短路电流记于表4.6-5中。比较不同的连接方式下，太阳能电池输出特性的异同。

表4.6-5 不同连接方式下太阳能电池板的输出测量

连接方式	开路电压 U_{oc}/V	短路电流 I_{sc}/A
上电池板		
下电池板		
两块串联		
两块并联		

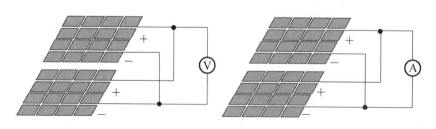

图4.6-7 并联时太阳能电池板开路电压和短路电流测量原理示意图

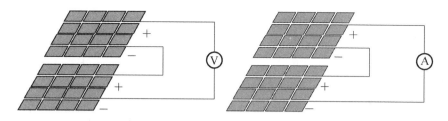

图 4.6-8 串联时太阳能电池板开路电压和短路电流测量原理示意图

2. 最大功率跟踪器（MPPT）功能实验

本实验是让学生理解太阳能电池板最大功率点跟踪的作用和工作原理，学习并掌握太阳能电池的最大输出功率点跟踪的方法。

1）MPPT 手动调节与自动调节的比较实验

按图 4.6-9 所示完成连线，其中负载由 MPPT 负载盒中的三个 20Ω 电阻并联。MPPT 最大功率跟踪器开机默认为自动模式，长按"自动/手动"按钮先将模式切换到手动模式，按功率调节"▲"按钮，将功率点调节到最低输入电压 12.0V 后，从最低点按"功率调节"的"▲或▼"按钮，每升高 0.5V 记录下屏幕上显示的输入电压值和输入电流值，以及输入功率，填入表 4.6-6 中。找到输入功率最大的点，即完成了手动寻找最大功率点。

注：由于本实验中 MPPT 输入电压范围为 12～45V，故手动调节从输入电压 12V 开始向上调节。

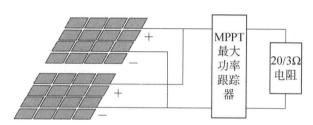

图 4.6-9 最大功率跟踪器（MPPT）原理实验接线示意图

表 4.6-6 手动寻找最大功率点过程记录

序号	输入电压/V	输入电流/A	输入功率/W	序号	输入电压/V	输入电流/A	输入功率/W
1				9			
2				10			
3				11			
4				12			
5				13			
6				14			
7				15			
8				16			

长按"自动/手动"按钮先将模式切换到自动模式，显示数据为跳变值，输入电压显示为围绕一个中心点左右跳动，输入功率大小为"小→大→小"的变化，这样的显示为正常，读数的时候读取电压跳变的中心值，功率显示的最大值记录于表4.6-7中。比较两种模式下测出的最大功率点。

表 4.6-7　两种调节模式下太阳能电池板输出的最大功率点记录

参量	最佳工作电压 U_m/V	最佳工作电流 I_m/A	最大输出功率 P_m/W
手动调节			
自动调节			

2）太阳能电池直接输出与加 MPPT 输出比较实验

此实验意在说明 MPPT 在实现太阳能电池最大功率跟踪的同时，由于自身能耗较小能让负载获得更高的功率，且不同负载获得的功率大小相近。

按图 4.6-10 连接电路。负载分别为 MPPT 负载盒中三个 20Ω 电阻并联和 30W/12V 直流灯。将加 MPPT 前后各负载的电压电流值记入表 4.6-8 中。

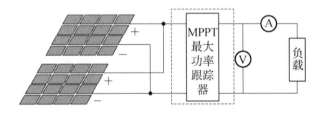

图 4.6-10　太阳能电池直接输出与加 MPPT 输出比较实验电路图

表 4.6-8　加 MPPT 前后负载的电学参量

负载	加 MPPT 前			加 MPPT 后		
	电压/V	电流/A	功率/W	电压/V	电流/A	功率/W
20/3Ω 电阻						
30W/12V 灯						

比较同一负载，加 MPPT 前后获得的功率情况；比较不同负载，加 MPPT 前获得的功率差异和加 MPPT 后获得的功率差异，并分析原因。

3. 离网太阳能系统搭建实验

1）直流负载实验

按图 4.6-11 连线。直流负载分为"8W/12V"灯和"30W/12V"灯（各直流灯的额定功率以实际情况为准），分别接入两种直流负载，观察并记录控制器各端口的电压电流读数，记入表4.6-9，并说明能量的流动方向。注：因为 MPPT 液晶显示屏上已能读出MPPT 的输出电压电流，故不再在接太阳能电池端口接电压电流表。

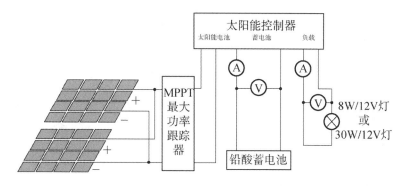

图 4.6 - 11　离网太阳能系统直流负载实验

表 4.6 - 9　太阳能电池直流负载实验

负载	太阳能电池端口			蓄电池端口			负载端口		
	U/V	I/A	P/W	U/V	I/A	P/W	U/V	I/A	P/W
8W/12V									
30W/12V									

2）离网逆变器交流负载（阻性、容性、感性）实验及波形测量

按图 4.6 - 12 连接电路，其中交流负载为 25W 白炽灯，关闭感性和容性负载开关，打开阻性负载开关，记录蓄电池端的电压电流值以及负载端的电压电流值于表 4.6 - 10 中，记录交流负载的波形以及相位差于表 4.6 - 11 中。

分析不同功率的负载情况下蓄电池对电池板输出能量的补充或存储功能。

表 4.6 - 10　不同功率的交流负载实验

交流负载	蓄电池端			负载端		
	U/V	I/A	P/W	U/V	I/A	P/W
5W 节能灯						
25W 白炽灯						

表 4.6 - 11　离网逆变器交流负载（阻性、感性、容性）实验及波形测量

交流负载类型	交流电压电流相位差
阻性负载	
感性负载	
容性负载	

注：①由于控制器负载端的电压与蓄电池端电压基本一致，而蓄电池在充放电时电压在变化，所以读取实验数据时应快速读取；②由于容性负载功耗很小，太阳能电池的能量绝大部分都存入蓄电池中，导致蓄电池电压迅速增大直至达到过充保护电压，此时 MPPT 显示的最大输入功率不断变化，原因是 MPPT 跟踪频率低于 MPPT 输出端的变化频率，导

致 MPPT 不断重新跟踪。若遇到这种情况，可以先用大功率的阻性负载对蓄电池进行放电一段时间，再开始实验。

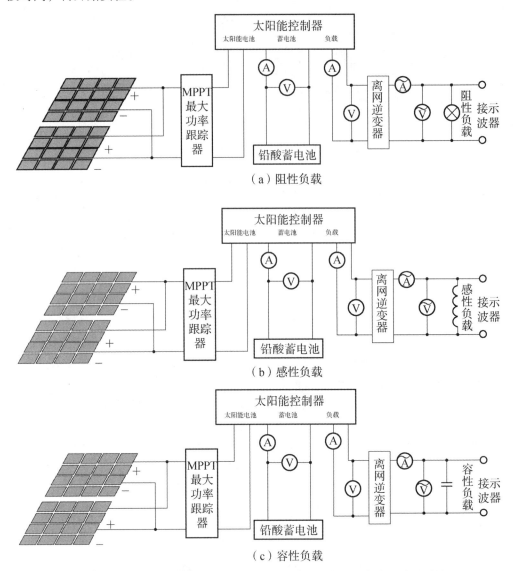

图 4.6 – 12　离网逆变器交流负载（阻性、感性、容性）实验及波形测量

4. 并网太阳能系统搭建及实验（选做内容）

该实验主要展示的是并网发电在太阳能光伏发电系统中的作用和特点，通过实验让学生对并网发电有更深的理解。

与离网太阳能发电系统相比，并网发电系统具有以下优点：

①所发电能馈入电网，以电网为储能装置。当用电负荷较大时，太阳能电力不足时可由市电提供。而负荷较小时，或用不完电力时，就可将多余的电力传给市电。该系统省掉了蓄电池，从而扩张了使用的范围和灵活性，增加系统的平均无故障时间，同时消除了蓄电池的二次污染，并降低了造价。

②分布式建设，就近就地分散发供电，进入和退出电网灵活，既有利于增强电力系统

抵御战争和灾害的能力，又有利于改善电力系统的负荷平衡，并可降低线路损耗。

太阳能并网对电网的影响：

①对电能质量的影响：分散电源接入电网会造成电压波动与闪变以及谐波。大型光伏发电系统启动或者光伏发电系统的输出突然变化或发生较大的变化都会引起电压的波动与闪变。由于光伏发电系统作为分散电源本身就是个谐波源，而且部分的分散电源经过逆变器接入电网，于是产生谐波在所难免。

②并不能减少传统旋转机组的拥有量。由于光伏并网发电系统不具备调峰和调频能力，这将对电网的早峰负荷和晚峰负荷造成冲击。因为光伏并网发电系统增加的发电能力并不能减少电力系统发电机组的拥有量或冗余，所以电网必须为光伏发电系统准备相应的旋转备用机组来解决早峰和晚峰的调峰问题。光伏并网发电系统向电网供电是以机组利用小时数下降为代价的。这当然是发电商所不愿意看到的。由于阳光和负荷出现的周期性，光伏并网发电量的增加并不能减少对电网装机容量的需求。当一个城市的光伏屋顶并网发电达到一定规模时，如果地理气象出现大幅变化，电网将为光伏并网发电系统提供足够的区域性旋转备用机组和无功补偿容量，来控制和调整系统的频率和电压。在这种情况下，电网将以牺牲经济运行方式为代价来保证电网的安全稳定运行。

1）并网太阳能系统交流负载（阻性、感性、容性）实验及并网逆变器 MPPT 功能展示

按图 4.6－13 搭建并网太阳能系统，通过测量并网逆变器输出端的交流电压（$\tilde{U}$）电流（$\tilde{I}_1$）和交流负载的交流电流（$\tilde{I}_2$），可知能量流动的方向。

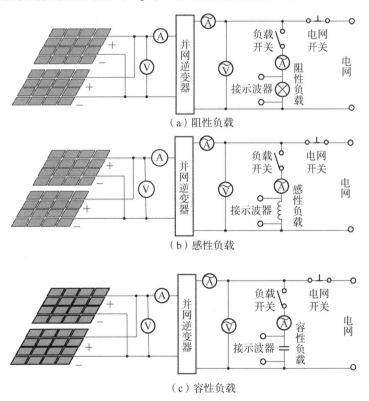

（a）阻性负载

（b）感性负载

（c）容性负载

图 4.6－13 并网太阳能系统搭建及实验原理图

阻性负载选用 5W 节能灯和 25W 白炽灯时，记录 $\tilde{U}$、$\tilde{I}_1$、$\tilde{I}_2$，比较不同额定功率负载下能量的流动情况，并记录于表 4.6 – 12 中，试说明太阳能电池板输出电力与电网电力的互补关系。

表 4.6 – 12　不同功率的交流负载实验

交流负载	逆变器输入端 （太阳能输出端）			逆变器输出端			交流负载端		
	U/V	I/A	P/W	U/V	I/A	P/W	U/V	I/A	P/W
5W 节能灯									
25W 白炽灯									

比较不同额定功率的负载情况下并网逆变器输出端的功率与负载功率的大小，试说明电网对电池板输出能量的补充或存储功能。比较不同负载时太阳能输出端的功率大小，试说明并网逆变器的最大功率跟踪器（MPPT）的功能。

交流负载为感性或容性负载时，记录太阳能电池输出的直流电压（U）、电流（I），以及 $\tilde{U}$、$\tilde{I}_1$、$\tilde{I}_2$，并通过示波器观察负载的电压电流波形，记录于表 4.6 – 13 中。若不同负载下并网逆变器输入端功率 $P_i = U \cdot I$ 相等或相近，说明并网逆变器实现了最大功率跟踪器（MPPT）的功能。

表 4.6 – 13　并网逆变器交流负载（阻性、感性、容性）实验及波形测量

交流负载类型	交流电压电流相位差
阻性负载	
感性负载	
容性负载	

2）并网逆变器孤岛效应保护实验

本实验所用并网逆变器具有孤岛效应检测功能，当并网逆变器检测到电网断开后，并网逆变器将立即停止工作，这样，交流负载灯便与光伏发电系统断开，防止孤岛效应的发生（见图 4.6 – 14）。观察电网开关断开前后，并网逆变器输出端的电压电流变化，以及交流负载灯的亮灭状态，并记录于表 4.6 – 14 中。

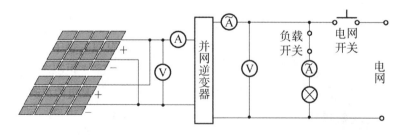

图 4.6 – 14　孤岛效应保护实验原理图

表 4.6 – 14 并网逆变器孤岛效应保护实验

	逆变器输出端		交流负载灯
	有效电压/V	有效电流/A	状态（亮/灭）
与电网断开前			
与电网断开后			

5. 设计性思考——设计户用太阳能系统

可根据自己的理解，自行搭建太阳能电站应用系统，搭建时应注意：

（1）为保护蓄电池，负载功率不宜过大，否则蓄电池可能因为长时间大电流而减少使用寿命。该系统中太阳能电池板能达到的最大输出功率为30W左右（温度低于50℃），调整光源与电池板距离，若使电池板最大输出功率为25W，蓄电池最大连续充放电电流为1.75A，如果蓄电池平均输出电压12V，则蓄电池能输出或吸收的功率不应大于21W，所以负载功率范围必须为4～46W，为保护蓄电池寿命，建议负载功率范围取8～40W，且尽量取中间值。

（2）严禁将太阳能电池接MPPT后，直接接低额定功率负载，如太阳能电池最大输出功率为25W时，严禁直接接额定功率低于25W的负载。

（3）离网逆变器或并网逆变器功耗约8W，选择负载时应考虑到逆变器的功耗。

（4）控制器有多种控制模式，具体见控制器介绍部分，欲实现相关控制功能，须首先改变控制模式。

（5）逆变器输出端为220V交流电，使用时必须小心，勿接触高压区的金属电极。

五、注意事项

（1）连接电路时，应断开太阳能电池输出端；电路连接完成，应检查线路无误后，再连接太阳能电池输出端口。

（2）不能将光源与太阳能电池之间的距离移得太近，以免光源发出的高温烤坏电池板，电池板工作温度应低于50℃。

（3）不要将蓄电池错接到控制器的太阳能电池端子上。

（4）严禁将直流电子负载与蓄电池并联。

（5）严禁将直流电子负载用于其它用途。

（6）严禁将太阳能电池接MPPT后（功率约25W），直接接8W/12V直流灯。

（7）高压区域操作时注意安全。

（8）各种表头使用时注意其测量范围，以免造成损坏。

（9）严禁将两个逆变器相连，否则将烧坏逆变器。

（10）实验时请注意加粗黑体字注明的地方。

六、思考题

（1）温度变化、照度变化对太阳能电池板的工作特性有什么影响？

（2）太阳能电池板并联与串联的电压特性、电流特性有何区别？

（3）蓄电池充电电流的大小和哪些因素有关？

（4）分析蓄电池容量和充电电流以及充电时间的关系。

第5章 光电传感技术实验

实验5.1 光敏电阻伏安特性实验

一、实验目的

（1）认识并学习光敏电阻；

（2）掌握光敏电阻的基本工作原理；

（3）了解光敏电阻光照特性和伏安特性等基本参数及其测量方法。

二、实验原理

某些物质吸收了光子的能量后，产生本征吸收或杂质吸收，从而改变了物质电导率的现象称为物质的光电导效应。利用具有光电导效应的材料（如硅、锗等本征半导体与杂质半导体硫化镉、硒化镉、氧化铅等）可以制成电导（或电阻）随入射光度量变化的器件，称为光电导器件或光敏电阻。

当光敏电阻受到光的照射时，其材料的电导率发生变化，表现出阻值的变化。光照越强，它的电阻值越低。因此，可以通过一定的电路得到输出信号随光的变化而改变的电压或电流信号。测量信号电压或电流很小。当光敏电阻受到一定波长范围的光照时，它的阻值（亮电阻）将急剧变化，因此电路中电流将迅速增加。如此，便可获得光敏电阻随光或时间变化的特性，即光敏电阻的特性参数。

三、实验仪器

GDS－Ⅲ型光电综合实验平台	1 台
LED 光源	1 个
光敏电阻	1 个
通用光电器件实验装置	2 只
通用磁性表座	2 只
光电器件支杆	2 只
连接线	20 条
40MHz 示波器探头	2 条

四、实验内容及步骤

1. 实验内容

本实验的主要内容包括：

①光敏电阻暗电阻和亮电阻的测量；

②光敏电阻光照特性的测量；

③光敏电阻伏安特性的测量。

2．实验步骤

1）认识光敏电阻元件

先找到如图 5.1-1 所示的光敏电阻器件和如图 5.1-2 所示的半导体光电器件实验组件。

图 5.1-1 光敏电阻器件

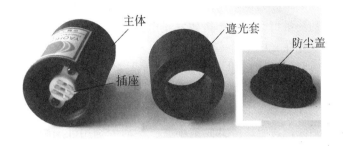

图 5.1-2 半导体光电器件实验装置组件

2）连接实验装置

①将光敏电阻器件的电极牢靠地插入实验装置主体的插座插孔内，成为如图 5.1-3 所示的装置。

②将遮光套拧到主体上完成光敏电阻实验装置的安装。

③将光敏电阻引出线与实验装置相连接，即将连接线的插头插入实验装置的插孔中，黑色引出线即为黑螺钉一侧（负电极）插孔引出电极，而红色插头为靠近"白螺钉"的电极插孔引出线。最后再将遮光套拧好。

图 5.1-3 实验装置

图 5.1-4 安装杆件

④将光电器件实验装置通过"固定螺丝"和图 5.1-4 所示的安装杆件安装固定到光学台面上。显然，右侧小细杆插入到左侧粗杆中的，细杆上的 M5 螺丝是拧到实验装置上的，再插入到粗杆内，用 M8 螺丝直接与磁性底座相连，用磁性底座将光敏电阻实验装置固定在导磁的光学台面上。

⑤安装实验用光源。从备件箱中找出 LED 发光二极管，并找出标有"LED 光源装

置"字样与图 5.1 - 2 相似的装置,按安装光敏电阻类似的方法将 LED 发光二极管安装成实验装置。同样,也用如图 5.1 - 4 所示的杆件将其安装固定到光学台面上。

⑥将光源装置与光敏电阻实验装置相对安装在一起,使 LED 发出的光恰好被光敏电阻所接收,并以能够排除外界杂光的干扰为最好。

3)测量光敏电阻的暗电阻

(1)搭建实验电路。

测量光敏电阻暗电阻的实验电路包括两部分的内容:测量电路与发光电路。对于暗电阻的测量可以暂时不搭建发光电路,而将光敏电阻实验装置的遮光防尘盖盖好。

先在光电综合实验平台的电子组装平台上按如图 5.1 - 5 所示的测量实验电路组装实验电路。具体搭建步骤如下:首先观察光电综合实验平台左下角部分,从中找到如图 5.1 - 6 所示的可调稳压电源部分,其上标有"可调"和"GND"字样的为可调稳压电源的"+"和"-"极,旁边的旋钮为调压端,顺时针旋转电压升高。实验前应该逆时针旋到底,将电压降低到最小值。然后分别用红黑两种颜色的连线将最左侧的数字电压表并联到"可调"与"GND"端(应用红色连线接电压表和可调的红色插孔),再用一条红色连线将数字电压表的红色插孔"+"与电流表的"+"连接起来,然后将光敏电阻实验装置的红色插头插入该数字电流表的黑色插孔上,将光敏电阻实验装置的黑色插头插入数字电压表"-"(黑色)插孔上,完成图 5.1 - 5 所示测量电路的组装。

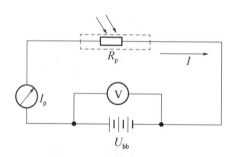

图 5.1 - 5 光敏电阻实验电路

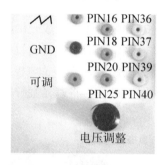

图 5.1 - 6 可调稳压电源

在组装过程中要用到如图 5.1 - 7 所示的交叉连接技术。即每个插头的后面都有一个插孔,将两个以上的插头连接起来。

另外,在选用电流表时,光电综合实验平台右侧提供了 2 块表头,它们没有共地关系,可以串接入电路,测量电流。

(2)测量光敏电阻的暗电阻。

完成上述搭建工作,检查无误后,先测量光敏电阻的暗电阻。测量时千万不要打开光敏电阻实验装置的遮光套!只有处于暗室状态的时间很长时才能测出它的真实暗电阻。由于光

图 5.1 - 7 插头的串接方法

敏电阻的惯性或前历效应的影响,会使暗电阻测量值有较长时间的变化。这个变化是前历效应或惯性引起的,随时间的增长逐渐趋于稳定。

给光电综合实验平台通电前要设置数字电压表的量程,在确认调压旋钮逆时针旋到底

后，可选第Ⅰ挡量程，然后随数字表示值的增加再换高量程。基于数字电压表将显示可调稳压电源的电压，数字电流表的量程只能选第Ⅰ挡量程，它的量程为200μA。在这个量程下显示的电流值为微安。即为流过光敏电阻的暗电流值。

由于光敏电阻的暗电阻很高，在实验电压较低时电流表读不出数据，随着加在光敏电阻上的电压增高，电流表逐渐有数字输出，此时开始记录电压值 U_{bb} 与电流值 I_d。要注意光敏电阻的暗电流不要超过 20μA。

（3）整理实验数据。

按着如图 5.1 – 5 所示的测量电路测出它的暗电流 I_d，它与电源电压 U_{bb} 之比的倒数即为光敏电阻的暗电阻 R_d。将所测得的电源电压 U_{bb} 值与电流 I_d 值分别填入表 5.1 – 1，将计算出的暗阻的阻值填入对应栏。

表 5.1 – 1 光敏电阻暗电阻的测量

测量次数	电源电压 U_{bb}/V	电流 I_d/μA	暗电阻 R_d/Ω	测量公式
1				
2				$R_d = U_{bb}/I_d$
3				

4）亮电阻的测量

如果已经将光敏电阻与 LED 组装在一起，则只要点亮 LED 即可进行亮电阻的测量。亮电阻测量装置如图 5.1 – 8 所示，测量电路依然如图 5.1 – 5 所示。当光敏电阻在一定的光照下（由 LED 光源的电流值 I_{LED} 标定），测出流过光敏电阻的电流 I_p 与电源电压 U_{bb}（测量亮电阻时可以将电源电压调定到确定值，如 12V）之比的倒数为光敏电阻的亮电阻值 R_L。

在测量亮电阻时必须将 LED 光源的供电电路部分接好。具体连接方法如下：

①将 LED 的两个电极插入 LED 光源主体的插孔中。插入时要注意区分正负极，将稍长些的管脚插入靠近白色螺钉的插孔，短脚插入靠近黑色螺钉的插孔。

②插好后将遮光套拧在主体上，然后将 LED 光源与光敏电阻实验装置相对而放，使 LED 发出的光直射到光敏电阻上。

③将 LED 光源装置的红色插头插到平台提供的 +5V 电源（V_{cc}）插孔上，将其黑色插头插到 50Ω 电阻的一端，另一端与平台电子组装平台上的 1kΩ 电位器中间头（滑动端）相连，然后用连线将 1kΩ 电位器的定端和"GND"端相连，构成如图 5.1 – 10 所示的供电电路。

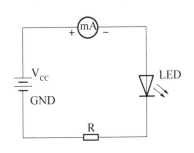

图 5.1 – 8 光敏电阻亮电阻实验装置　　　图 5.1 – 9 LED 光源供电电路

电路连接好后，就可以开机实验，接通平台电源后，数字电压表将测出电源电压 U_{bb} 值、电流 I_p 值。当调整 $1k\Omega$ 电位器时，流过 LED 发光管的电流 I_{LED} 由电流表读出，它改变着入射到光敏电阻上的照度。将发光管的电流 I_{LED} 填入表 5.1 – 2。

表 5.1 – 2　光敏电阻亮电阻的测量

测量次数	电源电压 U_{bb}/V	电流 I_{LED}/mA	电流 $I_p/\mu A$	亮电阻 R_L/Ω	测量公式
1	12				
2	12				
3	12				$R_L = U_{bb}/I_p$
4	12				
5	12				

5）测量光敏电阻的伏安特性

利用上述实验装置可以测量出光敏电阻的伏安特性，并能够画出其伏安特性曲线。实验步骤如下：①调整 $1k\Omega$ 电位器，使电流表的示值较低，然后逐渐增大电压 U_{bb}，读出一系列电流 I_{pi} 值，然后将这些值分别在如图 5.1 – 10 所示 $I-V$ 特性图上找到位置点，将这些点连成线，该线即为光敏电阻的伏安特性曲线。

图 5.1 – 10　$I-V$ 特性图

6）借助虚拟仪器测量光敏电阻的伏安特性

下面利用光电综合实验平台提供的硬件资源，模拟示波器、模拟伏安特性仪及其功能软件，直接对光敏电阻进行伏安特性的测量实验，在计算机界面上直接得到光敏电阻的伏安特性曲线。为此，首先需要熟悉光电综合实验平台的示波功能。具体实验步骤如下：

①用两只示波笔（示波器探头）将示波笔的接地端接到"GND"端，然后将两只探头分别通过 2 条短连接线插到平台的阶梯波与锯齿波输出信号端；

②接通平台电源，启动平台内的计算机（按动"PC电源"按钮），观察显示器，在界面上找到光电平台相应的软件，双击之进入如图 5.1 – 11 所示的平台软件主

图 5.1 – 11　伏安特性测试主界面

界面。

　　界面的上方表明了所能够完成的实验种类，"伏安特性实验"与"时间响应实验"。中间为参数设置框，伏安特性实验参数有两项，分别是采样频率（阶梯波与扫描锯齿波的工作频率）和发出锯齿波的级数选择；时间响应实验主要参数是采样频率。下方为示波器通道的选择，点击后出现通道选项，根据应用选择。最下方是示波器功能键，点击它，将在主界面上弹出示波功能显示窗口，如图 5.1 - 12 所示。

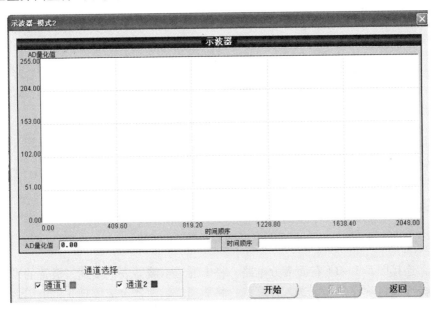

图 5.1 - 12　示波器主界面

　　示波器主界面主要包括波形显示窗、通道选择项和操作按钮。若示波器探头已经接入信号（例如已经分别接入到"阶梯波"输出插孔和"锯齿波"输出插孔），并已经在主界面上选中"伏安特性实验"，这时再用鼠标点击"开始"，则在波形显示窗中将显示出如图 5.1 - 13 所示的阶梯波与锯齿波的波形。

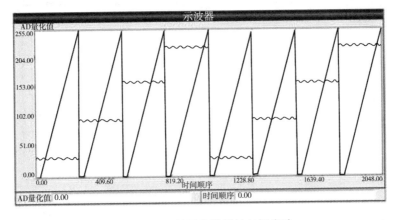

图 5.1 - 13　显示的阶梯波与锯齿波

③组装光敏电阻伏安特性实验电路。组装前务必将平台电源关掉，然后按图 5.1 - 14 所示的光敏电阻伏安特性实验电路组装，步骤如下：

先将 LED 光源" + "极（红色插头）插入到 + 5V（V_{CC}）插孔，将黑色插头插入三极管 T_1 的集电极（c）插孔（绿色）中，再用较长的连线将阶梯波输出连接到一只 510Ω 电阻的一个插孔中，用另外一条连线将这只 510Ω 电阻的另一插孔与 T_1 的基极（b）相连接，将三极管的发射极（e）与一只 51Ω 的电阻串接后再与 1kΩ 电位器相串联，最后将电位器的中间滑动端接地，便完成了图 5.1 - 15 所示电路的光源（左部）部分的连接。

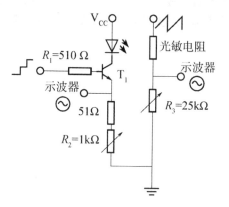

图 5.1 - 14　光敏电阻实验电路

然后，连接图 5.1 - 14 右面部分电路。将 1 通道示波器表笔接到三极管的发射极，用来观察阶梯波和将阶梯光信息送入计算机；将 2 通道示波器表笔接到光敏电阻的黑色插头上，用来观察光敏电阻在锯齿波作用下的输出信号和将该信号送入计算机。接好后，检查搭建电路是否与图 5.1 - 14 相符。检查无误后将平台电源接通，再重新进入软件主界面，选择"伏安特性实验"选项，设置好采样频率后先用"示波器"观察输出信号波形是否与图 5.1 - 15 接近，接近后执行"停止"，再"返回"。然后在主界面上单击"数据采集"，显示屏将显示出如图 5.1 - 16 所示的光敏电阻伏安特性曲线。

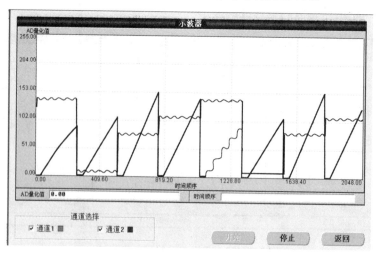

图 5.1 - 15　示波器视窗下光敏电阻实验波形

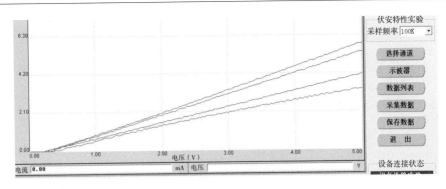

图 5.1-16　光敏电阻的伏安特性

由于光敏电阻属于具有光敏特性的电阻，因此它的伏安特性为斜率不同的斜直线，表明在不同光照下电阻的阻值不同。利用伏安特性曲线可以计算出光敏电阻的阻值。曲线的横坐标为电压（V），纵坐标为电流（mA）。

五、注意事项

（1）在搭建电路的过程中一定要注意关断实验平台的电源，不要带电搭建。搭建完成后，要认真检查是否正确，确认正确以后，方可合上平台电闸。

（2）使用电流表时一定要注意量程，不能超量程使用。否则电流表不能显示出测量数据，而且也容易烧毁电流表，造成不可挽回的损失。

（3）在使用可调电源进行光敏电阻暗电阻测试时，由于可调电源的电压值最大为200V，故在测试过程中，不要触摸接线处，以防触电。

六、思考题

（1）为什么必须将光敏电阻置入暗室一段较长的时间之后才能进行暗电阻的测试。
（2）阐述光敏电阻的阻值与光照变化的关系。

实验 5.2　光敏电阻时间响应特性实验

光敏电阻是半导体光电器件中时间响应特性最强（或惯性最大）的器件，掌握它的测量方法有利于正确应用这类器件，同时也为测量其它光电器件的时间响应奠定基础。

一、实验目的

（1）认识并学习光敏电阻在不同辐射强度下的时间响应特性；
（2）掌握光敏电阻的时间响应特性的测量方法。

二、实验原理

1. 弱辐射条件下的时间响应
设入射辐射如图 5.2-1 上方的方波所示光脉冲，其辐射通量 Φ_e 表示为

$$\varPhi_e(t) = \begin{cases} 0 & \text{当 } t = 0 \\ \varPhi_{e,0} & \text{当 } t > 0 \end{cases} \tag{5.2 -1}$$

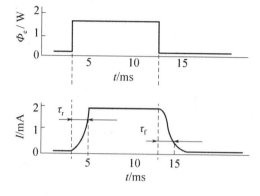

图 5.2 - 1　弱辐射时间响应

光敏电阻的光电导率 $\Delta\sigma$ 和光电流 I_e 随时间变化的规律为如图 5.2 - 1 下方所示的输出波形，其变化规律为：

$$\Delta\sigma = \Delta\sigma_0 \ (1 - e^{-\frac{t}{\tau}}) \tag{5.2 -2}$$

$$I = I_{e0} \ (1 - e^{-\frac{t}{\tau}}) \tag{5.2 -3}$$

式中，$\Delta\sigma_0$ 与 I_{e0} 分别为弱辐射作用下的光电导率和光电流的稳态值。

显然，当 $t \gg \tau_r$ 时，$\Delta\sigma = \Delta\sigma_0$，$I_e = I_{e0}$；当 $t = \tau_r$ 时，$\Delta\sigma = 0.63\Delta\sigma_0$，$I = 0.63 I_{e0}$；$\tau_r$ 定义为光敏电阻的上升时间常数，即光敏电阻的光电流上升到稳态值 $I_{\varPhi e0}$ 的 63% 所需要的时间。

当停止辐射时，入射辐射通量 $\varPhi_e$ 与时间的关系为

$$\varPhi_e(t) = \begin{cases} \varPhi_{e,0} & \text{当 } t = 0 \\ 0 & \text{当 } t > 0 \end{cases} \tag{5.2 -4}$$

同样，可以推导出停止辐射情况下的光电导率和光电流随时间的变化规律

$$\Delta\sigma = \Delta\sigma_0 \ e^{-\frac{t}{\tau}} \tag{5.2 -5}$$

$$I = I_{e0} e^{-\frac{t}{\tau}} \tag{5.2 -6}$$

当 $t = \tau_f$ 时，$\Delta\sigma_0$ 下降到 $\Delta\sigma = 0.37\Delta\sigma_0$，$I_{e0}$ 下降到 $I = 0.37 I_{e0}$；当 $t \gg \tau_f$ 时，$\Delta\sigma_0$ 与 I_{e0} 均下降到 0；可见，在辐射停止后，光敏电阻的光电流下降到稳态值的 37% 所需要的时间称为光敏电阻的下降时间常数，记为 τ_f。

显然，光敏电阻在弱辐射作用下的上升时间常数 τ_r 与下降时间常数 τ_f 近似相等。

2. 强辐射条件下的时间响应

如图 5.2 - 2 所示为较强的辐射通量 $\varPhi_e$（图的上方波形）脉冲作用于光敏电阻时的输出波形（图的下方波形），无论对本征型还是杂质型的光敏电阻，光激发载流子的变化规律由式（5.2 - 1）表示。设入射辐射为方波脉冲

$$\varPhi_e(t) = \begin{cases} 0 & \text{当 } t = 0 \\ \varPhi_0 & \text{当 } t \geq 0 \end{cases} \tag{5.2 -7}$$

170

光敏电阻电导率 σ 的变化规律为

$$\Delta\sigma = \Delta\sigma_0\tanh\frac{t}{\tau} \qquad (5.2-8)$$

其光电流的变化规律为

$$\Delta I_\Phi = \Delta I_{\Phi0}\tanh\frac{t}{\tau} \qquad (5.2-9)$$

显然，当 $t\gg\tau$ 时，$\Delta\sigma = \Delta\sigma_0$，$I_e = I_{e0}$；当 $t = \tau$ 时，$\Delta\sigma = 0.76\Delta\sigma_0$，$I_e = 0.76I_{e0}$。在强辐射入射时，光敏电阻的光电流上升到稳态值的 67% 所需的时间 τ_r 定义为强辐射作用下的上升时间常数。

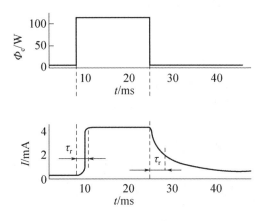

图 5.2 - 2　强辐射时间响应

当停止辐射时，由于光敏电阻体内的光生电子和光生电荷需要通过复合才能恢复到辐射作用前的稳定状态，而且随着复合的进行，光生载流子数密度在减小，复合概率在下降，所以，停止辐射的过渡过程要远远大于入射辐射的过程。停止辐射时光电导率和光电流的变化规律可表示为

$$\Delta\sigma = \Delta\sigma_0\frac{1}{1+t/\tau} \qquad (5.2-10)$$

三、实验仪器

①GDS - Ⅲ型光电综合实验平台 1 台；
②LED 光源 1 个；
③光敏电阻 1 个；
④通用光电器件实验装置 2 只；
⑤通用磁性表座 2 只；
⑥光电器件支杆 2 只；
⑦连接线 20 条；
⑧40MHz 示波器探头 2 条。

四、实验内容及步骤

1. 常规测量方式

常规测量光敏电阻时间响应特性的方法是用示波器同步测量脉冲光源的发光脉冲与光敏电阻电路输出信号脉冲间的时间延迟。

常规测量方法的测量电路如图 5.2 - 3 所示。由发光二极管（LED）及其驱动电路提供快速开关的辐射光源，它将产生脉冲辐射（方波辐射）。在方波辐射的作用下，光敏电阻的阻值将发生变化，由偏置电阻 R_b 构成的变换电路将光敏电阻的阻值变化变成输出电压 U_o 的变化。观测光敏电阻变换电路输出信号脉冲随入射辐射的时间变化规律，便可以测量出它的时间响应特性。

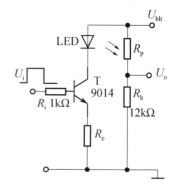

测量时，取 $U_{bb} = 12\text{V}$。用示波器测量输出信号 U_o 与入射辐射源的时间变化波形，从而测得光敏电阻随入射辐射的变化规律（即时间响应）。

显然，图 5.2 - 3 中的电阻 R_e 值的大小控制着 LED 发出光的强弱，改变 R_e 值，可获得不同的辐射通量 Φ_e 作用下光敏电阻表现出的时间响应特性。因此，通过手动开关与 R_e 阻值的改变，便可以观测到如图 5.2 - 4 所示的光敏电阻在弱辐射与强辐射情况下的时间响应特性。实验中，要注意电阻 R_e 值的选择，电阻 R_e 值较大时，电流 I_e 较小，LED 发出的光很弱，光敏电阻处于微弱辐射状态；而 R_e 值

图 5.2 - 3　时间响应测量电路

较小，I_e 较大，入射到光敏电阻上的照度将使光敏电阻处于强辐射状态。

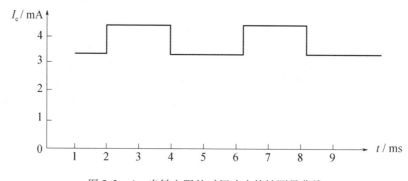

图 5.2 - 4　光敏电阻的时间响应特性测量曲线

采用手动控制光源的开关，或将脉冲加到光源的信号控制端，都能够得到开关方式快速变化的强、弱两种脉冲辐射，用示波器或其它测量手段可以方便地观测到光敏电阻在弱、强两种辐射情况下的时间响应特性。

2. 用平台自动测量方式

采用光电综合实验平台很容易测量光敏电阻的时间响应特性。实验步骤也包括搭建实验电路，调出"光电综合实验平台主界面"，并在主界面的菜单选项中选择"时间响应实验"，然后，再从时间响应实验栏的"采样频率"选项中设置适当的频率，最后，采用两个示波探头 CH_1 与 CH_2 分别接在电阻 R_e 端测量方波输入脉冲和光敏电阻变换电路的输出信号 U_o 上，然后点击"采集数据"菜单，将弹出如图 5.2 - 5 所示的"时间响应测量"的界面，坐标横轴为时间，界面分为两部分，上部显示加在光敏电阻上的输入方波脉冲的波形，下部为光敏电阻变化电路的输出信号，对比上下两部分波形，不难看出光敏电阻的

时间响应特性。

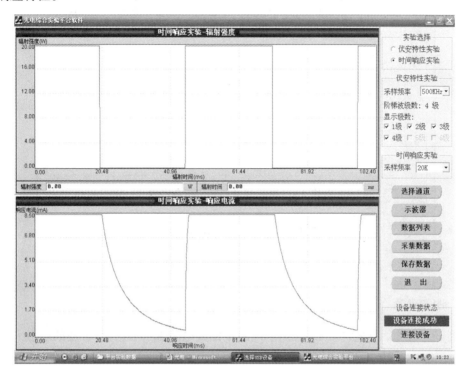

图 5.2 - 5　时间响应测量软件界面

从两个波形对应点的时间，例如上部方波脉冲上升时刻的时间（在界面上将鼠标放到上升沿点左键可以测量出此刻的时间），然后，在下部找出对应时刻，看输出波形（将鼠标放到对应点后点击左键），观察它们之间的时间延迟关系。可以看出光敏电阻变换电路在较强辐射作用下，上升时间较短，而下降时间非常长。

通过调整 LED 光源供电电路的电阻 R_e（三极管射极电阻）的阻值（阻值增大，流过 LED 的电流减小；当减小电阻 R_e 时，流过发光管 LED 的电流增大，使加到光敏电阻光敏面上的照度增强），能够完成光敏电阻在强、弱两种辐射作用下时间响应特性的测量实验。如图 5.2 - 5 所示波形显然是强辐射作用下时间响应的情况，它具有强辐射的特征，输出信号的上升时间很短而下降时间拖得很长。

光敏电阻时间响应测量的另一种方法是用示波功能来完成。用示波输入端 CH_1 与 CH_2 分别接到输入 U_i 与输出 U_o 上，然后执行主界面的"示波器"菜单，用示波器能够在一个屏上观测时间响应特性曲线。

改变 R_e 的阻值，使提供给 LED 的电流降低而发出很微弱的光脉冲，在微弱光脉冲的作用下光敏电阻表现出如图 5.2 - 6 所示的弱辐射作用下的时间响应特性。

点击鼠标右键，界面上会弹出测量坐标线，用其可以观测或测量出光敏电阻的上升时间常数 τ_r 与下降时间常数 τ_f。

上述两种测量时间响应的方法都可以用来观测其它光电传感器的时间响应特性。

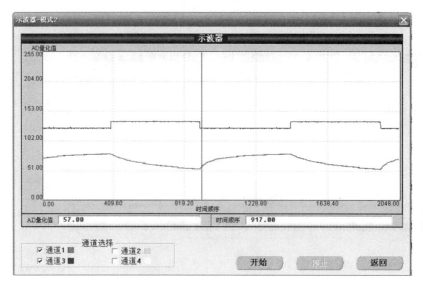

图 5.2－6　弱辐射作用下光敏电阻的时间响应

五、注意事项

在测试过程中，注意图 5.2－3 所示电路中偏置电阻 R_b 的选择，合适的电阻大小才能在示波器上观测到输出的波形信号。

六、思考题

在强辐射与弱辐射下，光敏电阻的时间响应为什么有差异？

实验 5.3　光敏电阻的变换电路

一、实验目的

（1）学习光敏电阻基本变换电路的类型及其特性；
（2）重点掌握光敏电阻的恒压偏置电路与恒流偏置电路的组成及其特性；
（3）在应用光敏电阻进行光电检测与控制时能正确选择变换电路。

二、实验原理

光敏电阻的阻值随入射辐射量的变化而改变，因此，可以用光敏电阻将光学信息变化为电学信息。但是，电阻值的变化信息不能直接检测到，须将电阻值的变化转化为电流或电压信号输出。完成这一转化工作的电路称为光敏电阻的变换电路。常用的光敏电阻变换电路包括基本偏置电路、恒流偏置电路、恒压偏置电路三种。

1. 基本偏置电路

光敏电阻的基本偏置电路如图 5.3－1 所示。

假设在某照度 E_v 下，光敏电阻的阻值为 R_e，电导为 g，则流过偏置电阻 R_L 的电流为

$$I_L = \frac{U_{bb}}{R_e + R_L} \qquad (5.3-1)$$

用微变量表示

$$dI_L = -\frac{U_{bb}}{(R_e + R_L)^2} dR \qquad (5.3-2)$$

根据推导，可得偏置电阻 R_L 两端的输出电压为

$$u_L = R_L i_L = \frac{U_{bb} R_e^2 R_L S_g}{(R_e + R_L)^2} e_v \qquad (5.3-3)$$

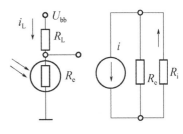

（a）原理电路　　（b）微变等效电路

图 5.3-1　光敏电阻基本偏置电路

其中，S_g 为光电导灵敏度，$u_L = dU_L$，$e_v = dE_v$，从式（5.3-3）可以看出，当电路参数确定后，输出电压信号与弱辐射入射辐射量（照度 e_v）呈线性关系。

2. 恒流偏置电流

在简单偏置电路中，当 $R_L \gg R$ 时，流过光敏电阻的电流基本不变，此时的偏置电路称为恒流偏置电路。然而，光敏电阻自身的阻值已经很高，再满足恒流偏置的条件就难以满足电路输出阻抗的要求，为此，可引入如图 5.3-2 所示的晶体管恒流偏置电路。

在恒流偏置电路中，输出电压为

$$dU_o = \frac{U_W - U_{be}}{R_e} R^2 S_g dE_v \qquad (5.3-4)$$

显然，恒流偏置电路的电压响应率 S_v 为

$$S_v = \frac{U_W}{R_e} R^2 S_g \qquad (5.3-5)$$

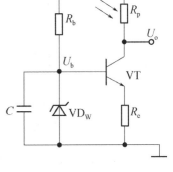

图 5.3-2　恒流偏置电路

由此可见，光敏电阻在恒流偏置电路的输出电压响应率与光敏电阻阻值的平方成正比，与光电导灵敏度成正比。

3. 恒压偏置电路

在简单偏置电路中，当 $R_L \ll R$ 时，加在光敏电阻上的电压近似为电源电压 U_{bb}，为不随入射辐射量变化的恒定电压。利用晶体三极管很容易构成光敏电阻的恒压偏置电路，如图 5.3-3 所示。

输出电压的变化量为：

$$dU_o = -R_c dI_c = -R_c dI_e = R_c S_g U_W dE_v \qquad (5.3-6)$$

式（5.3-6）说明恒压偏置电路的输出信号与光敏电阻的阻值 R_e 无关。

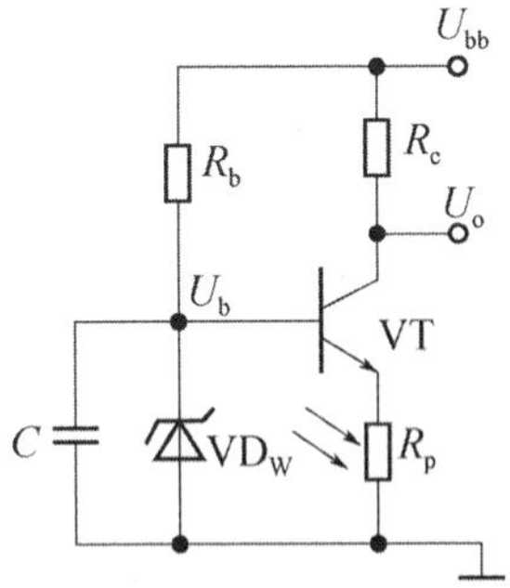

图 5.3-3　恒压偏置电路

三、实验仪器

①GDS-Ⅲ型光电综合实验平台 1 台；
②LED 光源 1 个；
③光敏电阻 1 个；
④通用光电器件实验装置 2 只；

⑤通用磁性表座 2 只；

⑥光电器件支杆 2 只；

⑦连接线 20 条；

⑧40MHz 示波器探头 2 条。

四、实验内容及步骤

1. 实验内容

①组装光敏电阻的恒流偏置电路，测量光敏电阻恒流偏置电路的电压灵敏度，分析电压灵敏度与电路中哪个器件关系密切。

②组装光敏电阻的恒压偏置电路，测量光敏电阻恒压偏置电路的电压灵敏度，分析电压灵敏度与电路中哪些器件关系密切。

2. 实验步骤

1）安装照明光源

①先从光电实验平台的配件箱中取出 LED 照明光源，并将其安装在实验平台的光学台面上；再取出光敏电阻器并将其插入通用光电器件实验装置，将其与 LED 光源相对安装成如图 5.1 - 8 所示结构（等高，并离开一定的距离）。

②将 LED 照明光源的连线中的红色插头插入 + 5V（V_{cc}）插孔，用连线将电流表的黑色插座和 100Ω 电阻的一个插座相连接，用连线将 100Ω 电阻的另一端插座和 1kΩ 电位器的插座相连接，再用连线将 1kΩ 电位器与 GND 相连。完成 LED 光源电路的搭建。

合上光电实验平台的电源开关，数字电流表将测量出流过 LED 光源的电流，调节电位器，观察电流表的示值。

2）对照明光源进行标定

取出数字照度计的探头，并将其连线插入平台照度计下面的插座内，将照度计探头与 LED 光源相对安装在一起，调整 1kΩ 电位器的旋钮，读出并记录流过 LED 发光管的电流 I_f 值，测出光敏电阻光敏面的照度 E_v；改变 I_f，再测照度 E_v，得到 LED 光源的电流与发光的一组数据，从中能够分析出 LED 的发光特性。

3）组装光敏电阻的恒流偏置电路

用连接线将光敏电阻与三极管等器件按如图 5.3 - 2 所示接成恒流偏置变换电路。

电路参数选取的原则有两条：

①流过稳压二极管的电流应该满足稳压二极管稳定工作的条件，即

$$I_w \geqslant \frac{U_{bb} - U_{VD_W}}{R_b} = 5mA \tag{5.3 - 7}$$

流过稳压管的电流大于 5mA，稳压管两端的电压便保持稳定。如果没有稳压二极管，可以将两个二极管串接起来替代稳压管。注意，这时它们的正向压降为 1.4V。

②满足三极管的线性工作条件。必须使三极管工作在线性放大区，因只有在线性放大区，三极管的发射极电流才近似等于集电极电流，光敏电阻才能处于恒流偏置的状态。因此，应使三极管的集 - 射结电压 U_{ce} 大于饱和压降 U_{ces}，即

$$U_{ce} = U_{bb} - I_c(R_p + R_e) \geqslant 0.5 \text{ V} \tag{5.3 - 8}$$

其中，R_e 为光敏电阻，R_p 为提供偏置电流的控制电阻。在三极管处于放大工作状态下，

光敏电阻的电流近似为

$$I_e \approx I_c = \frac{U_b - U_{ce}}{R_e} \qquad (5.3-9)$$

其值的大小应该满足恒流偏置电路中三极管 VT 处于放大工作状态的要求。U_{bb} 可以选用 +12V 电源。

4）恒流偏置电路电压灵敏度的测量

首先用数字电压表测量三极管基极电位是否稳定，电压应稳定在所选稳压二极管的稳定电压值 U_w。满足要求后，检测三极管的 U_{ce} 是否满足在线性区工作的要求。都满足后，调整光源的照度 E_v，测量输出电压 U_o，并将其记录下来，获得一组 E_v-U_o 数据。计算出恒流偏置电路的电压灵敏度 S_v。

$$S_v = \frac{U_{o2} - U_{o1}}{E_{v2} - E_{v1}} \qquad (5.3-10)$$

分析测量结果，说明 S_v 非线性的原因。

5）组装光敏电阻的恒压偏置电路

用连接线将光敏电阻按如图 5.3-3 所示的电路接成恒压偏置的变换电路。

电路参数可以自己选定，不同的参数会有不同的结果。但是，参数选取的原则是：

①应该满足稳压二极管稳定工作的条件，即

$$I_w \geq \frac{U_{bb} - U_{VD_W}}{R_b} = 5mA$$

流过稳压管的电流大于 5mA，稳压管两端的电压便保持稳定。

②必须使三极管工作在线性放大区，因为只有在线性放大区三极管的发射极电流才近似等于集电极电流，处于恒压偏置的光敏电阻的电流才等于集电极电流，输出电压 U_o 才可以近似为

$$U_o = U_{bb} - I_p(R_p + R_c)$$

6）恒压偏置电路电压灵敏度的测量

首先测量三极管的基极电位是否为所选稳压二极管的稳定电压值 U_w，满足要求后，检测三极管的 U_{ce} 是否满足在线性区工作的要求。都满足后，调整光源的照度 E_v，测量输出电压 U_o，并将其记录下来，获得一组 E_v-U_o 数据。计算出恒压偏置电路的电压灵敏度 S_v

$$S_v = \frac{U_{o2} - U_{o1}}{E_{v2} - E_{v1}}$$

分析测量结果，说明 S_v 非线性的原因，改变电阻 R_c 与 R_b 值，观察灵敏度的变化。分析原因。

7）恒流偏置电路时间响应的测量

利用实验平台的示波功能可以对光敏电阻的恒流偏置电路、恒压偏置电路的时间响应进行自动测量。测量电路如图 5.3-4 所示，测量时用 CH_1 探头测量 LED 发光二极管供电电路的输入脉冲波形，即将 CH_1 探头接到发光电路的信号输入端，用 CH_2 接恒流偏置电路的输出电压 U_o 端，用虚拟示波器观测光敏电阻恒流偏置情况下的时间响应特性。

时间响应测量的具体步骤如实验 5.2 中所述的用仪器进行时间响应自动测量的方式进

行。比较 LED 输入脉冲信号的波形与输出电压 U_o 的波形便可以观测到恒流偏置电路的时间响应特性。通过调整 R_{LED} 的阻值调整流过 LED 的电流分别实现对弱辐射与强辐射两种状态下光敏电阻时间响应特性的测量。用同样的方法还可以测量恒压偏置电路下光敏电阻的时间响应特性。

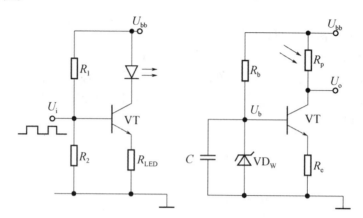

图 5.3 – 4　恒流偏置电路时间响应的测量电路

五、注意事项

LED 照明电路中，注意 LED 的电流不要超过 20mA。

六、思考题

光敏电阻的恒流偏置电路和恒压偏置电路分别具有什么特性？

实验 5.4　光电二极管的特性参数及其测量

硅光电二极管是最基本的光生伏特器件，掌握了光电二极管的基本特性参数及其测量方法对学习其它光伏器件十分有利。

一、实验目的

熟悉光电二极管的光电灵敏度、时间响应、光谱响应等特性。

二、实验原理

光电二极管是典型的光生伏特器件，它只有一个 PN 结。光电二极管的全电流方程为

$$I = I_D(e^{\frac{qU}{kT}} - 1) - \frac{\eta q\lambda}{hc}(1 - e^{-\alpha d})\Phi_{e,\lambda} \qquad (5.4 - 1)$$

式中，前一项称为扩散电流，也称为暗电流，用 I_d 表示；后一项为光生电流，常用 I_p 表示。显然，扩散电流 I_d 与加在光电二极管上的偏置电压 U 有关，当 $U = 0$ 时，扩散电流为 0。扩散电流 I_d 与偏置电压 U 的关系为

$$I_d = I_D(e^{\frac{qU}{kT}} - 1) \qquad (5.4 - 2)$$

式中，I_D 为 PN 结的反向漏电流，与材料中的杂质浓度有关；q 为电子电荷量，k 为玻耳兹曼常数，T 为环境的绝对温度。显然，式（5.4－2）描述的光电二极管的扩散电流与普通二极管没有什么区别。

而与入射辐射有关的电流 I_p 为

$$I_p = -\frac{\eta q \lambda}{hc}(1 - e^{-\alpha d})\Phi_{e,\lambda} \qquad (5.4-3)$$

式中，h 为普朗克常数，α 为硅材料的吸收系数，d 为光电二极管在光行进方向上的厚度，λ 为入射光的波长。显然，对单色辐射来讲，当光电二极管确定后，上述参数均为常数。

因此，光电二极管的光电流随入射辐射通量 $\Phi_{e,\lambda}$ 呈线性变化，式中的负号表示光生电流的方向与扩散电流的方向相反。

三、实验仪器

①GDS－Ⅲ型光电综合实验平台 1 台；

②LED 光源 1 个；

③光电二极管 1 只；

④通用光电器件实验装置 2 只；

⑤通用磁性表座 2 只；

⑥光电器件支杆 2 只；

⑦连接线 20 条；

⑧40MHz 示波器探头 2 条。

四、实验内容及步骤

1. 实验内容

本实验的主要内容包括：

①光电二极管光照灵敏度的测量；

②光电二极管伏安特性的测量；

③光电二极管时间响应特性的测量。

2. 实验步骤

1）搭建实验电路

（1）认识光电二极管。

从外形看，光电二极管、光电三极管和 ϕ5 "子弹头" 式 LED 发光二极管的外形非常相似，它们均有一长一短两个电极（管脚），较长电极定义为正极，较短电极为负极。但是，仔细从顶端看去，能够看出它们的差异，光电二极管的光敏面积（显深颜色部分）较大，光电三极管较小，发光二极管没有。

（2）认识光电二极管实验装置。

光电二极管实验装置即半导体光电器件实验装置，只是将光电二极管插入它的插孔。它的引出线通过标准插座引出，其结构和接线如图 5.1－3 所示。

（3）搭建测量电路。

测量电路如图 5.4－1 所示，搭建时应首先将光电二极管实验装置与 LED 发光光源装置相对安放在平台上，然后将光电二极管实验装置引线的红色插头插到负载电阻 R_L（例如选 510kΩ）的插孔中，再将负载电阻的另一个插孔与数字电流表的正极（红色插孔）用连线连接，然后将数字电流表的负极（黑色插孔）与平台左下角可调电源的负极（黑色插孔）相连，将光电二极管的负极（黑色插头）插入可调电源的红色插孔中，最后将数字电压表并接到光电二极管的两端，完成如图 5.4 – 1 所示测量电路的搭建。

LED 光源的供电电路的搭建与"实验 5.1：光敏电阻亮电阻测量实验"电路搭建一样。

2）光照灵敏度的测量

定义光电二极管的电流灵敏度 S_I 为入射到光敏面上辐射量的变化（例如通量变化 dΦ）引起电流变化 dI 与辐射量变化 dΦ 之比。通过对式（5.4 – 3）进行微分可以得到

$$S_I = \frac{dI}{d\Phi} = \frac{\eta q \lambda}{hc}(1 - e^{-\alpha d}) \qquad (5.4 - 4)$$

显然，当某波长 λ 的辐射作用于光电二极管时，其电流灵敏度为与材料有关的常数，表征光电二极管的光电转换特性的线性关系。

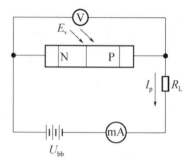

图 5.4 – 1　光电二极管偏置电路

（1）暗电流的测量。

首先测量光电二极管的暗电流，测量电路如图 5.4 – 1 所示．当光电二极管处于暗室状态时，用图 5.4 – 1 所示数字电流表测量光电二极管的暗电流。

①将 LED 光源的一个引线插头拔出，使光电二极管处于暗室之中。

②接通平台电源，即可以直接从串联数字电流表读取光电二极管的电流读数。

③调整可调稳压电源的电压，观测数字电流表与数字电压表数值的变化，并将电流与电压表的示值记录下来，在直角坐标系中画出电流与电压的关系曲线，即为被测光电二极管的暗电流特性曲线。

（2）光照特性的测量。

①标定光源。

测量完暗电流以后，将拔出的插头再插入电路。然后将平台提供的照度计与 LED 光源相对安装，通过改变 LED 供电电路的串联电阻（可串接电位器改变电阻）分别测出 LED 的电流 I_p 值及与之对应的光源出口处的照度值。便可以获得 LED 光源的光电流 I_p 与入射到被测光电二极管光敏面处的光照度 E_v 间的光照特性曲线。

标定过程中，把照度（如 100、200、300lx）所对应的电流 I_{LED} 记录到表 5.4 – 1 内，完成标定工作。

表 5.4 – 1　发光二极管的电流与发出的光照度

光照度 E_v/lx	100	200	300	400	500	600	700
电流 I_{LED}/mA							

②光电二极管光照特性测量实验。

标定完成后，将光电二极管实验装置与 LED 光源相对安装，然后根据表 5.4 – 1 的示值测量出不同光照下光电二极管的输出电流，填入表 5.4 – 2，并根据表 5.4 – 2 中的数据

在直角坐标系中绘出 $I-E$ 特性曲线。

表 5.4 - 2 光电二极管光照特性测量值

光照度 E_v/lx	100	200	300	400	500	600	700
电流 I_{LED}/mA							
电流 I_p/mA							

由光照特性曲线计算出光电二极管的光电灵敏度 S_v

$$S_v = \frac{\Delta I_p}{\Delta E_v} \qquad (5.4-5)$$

3）光电二极管伏安特性的测量

光电二极管伏安特性的测量方法也分为两种：手工描点测量方法与利用实验仪器进行自动测量的方法。

（1）手工描点测量方法。

手工描点测量方法是利用图 5.4-1 所示的电路测量出光电二极管的伏安特性，并描绘出特性曲线。在测量时，首先设定入射光的照度值，而后改变电源电压 U_{bb}，用数字电压表测量光电二极管两端的电压 U_D，用数字电流表测量光电流 I_p，将测量值填入表 5.4 - 3 中。

表 5.4 - 3 光电二极管伏安特性测量值

100 lx	电压 U_D/V	0	0.1	0.2	0.5	1	5	8	12
	电流 I_p/mA								
200 lx	电压 U_D/V	0	0.1	0.2	0.5	1	5	8	12
	电流 I_p/mA								
300 lx	电压 U_D/V	0	0.1	0.2	0.5	1	5	8	12
	电流 I_p/mA								
400 lx	电压 U_D/V	0	0.1	0.2	0.5	1	5	8	12
	电流 I_p/mA								

由图 5.4-1 可见，光电二极管两端所加的偏置电压均为负值。光电二极管在反向电压作用下的伏安特性曲线可将表 5.4-3 中的数值在直角坐标系找到对应点，再将这些点连成线便画出一组特性曲线，即为光电二极管的伏安特性曲线。

（2）自动测量的方法。

自动测量的方法是将发光二极管与被测光电二极管组装成如图 5.4-2 所示的电路。将实验平台上提供的阶梯信号接到发光二极管供电电路的输入端，使其发出阶梯光脉冲；而实验平台提供锯齿扫描波为被测光电二极管的偏置电源，使光电二极管上加载的电源由低向高逐渐增强。由于平台提供的"阶梯波"与"锯齿波"均具有严格的"同步"关系，用实验平台的"示波器"探头将光电二极管输出信号接入计算机系统，便完成自动测量光电二极管伏安特性的准备工作。完成光电二极管电压由低到高变化（或扫描）一次，LED 提供一个阶梯的亮度。也可以说在 LED 提供一个阶梯亮度的情况下，光电二极管的电源电压做一次由低到高的扫描。以扫描电压为横轴，以反映流过光电二极管电流（I_p）强度的输出电压 U_o 为纵轴，所做扫描图像便为光电二极管的伏安特性曲线。

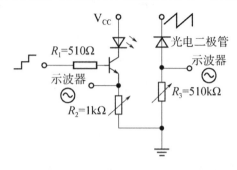

图 5.4 – 2　光电二极管特性实验电路

实验时，用平台提供的基本电子元器件构成如图 5.4 – 2 所示的 LED 供电电路，开机检查 LED 是否发出了阶梯光脉冲。然后再关机，搭建光电二极管的接收电路，并将 LED 与光电二极管安放在一起，尽量靠近，避免杂光干扰。将平台上的 2 只示波笔分别接到锯齿扫描电压与光电二极管的输出端，并以锯齿波为 x 轴，以输出信号为 y 轴。调出光电综合实验平台的执行软件界面如图 5.4 – 3 所示，在界面上先选中"伏安特性实验"。

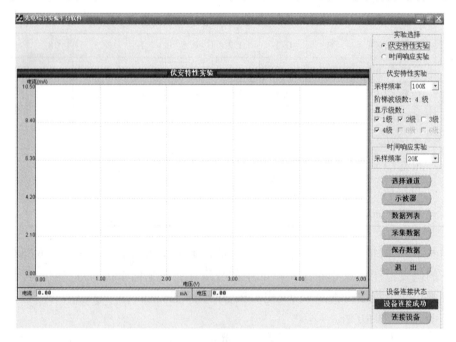

图 5.4 – 3　光电器件伏安特性实验软件界面

选定扫描频率在 500kHz 以下，如 100kHz，然后点击界面上的"示波器"，在示波显示界面，选择通道 1 为红色，通道 2 为蓝色，将示波笔（探头）接入相应的通道，再点击"开始"菜单，屏幕上将显示出示波笔输入信号的波形。

观察示波器的波形，调整相应的电阻，使显示的特性曲线确实符合测量需要后，再点击"停止"按钮，将在显示屏上出现用示波笔所采集的信号波形（如阶梯波与锯齿波）。点击"返回"按钮，便回到如图5.4-3所示的软件主界面，再设置"伏安特性测量"的采样频率和阶梯波的级数。

与光敏电阻伏安特性测量方法类似，搭建好实验电路后，先用示波器探头1观测图5.4-2中左侧阶梯波信号，再用示波器探头2观测右部光电二极管输出信号，得到如图5.4-4所示阶梯波与输出信号波形，如果输出信号波形的每个台阶的高度均有一定的差异，高度尺寸不太小或不太大，说明光电二极管的变换电路调得比较合适，则可以点击"停止"按钮，将其抓屏保存，再点击"返回"按钮，回到主界面。然后在主界面上再点击"数据采集"，便会在界面上显示出如图5.4-5所示光电二极管的伏安特性曲线。它为典型光电二极管器件的伏安特性曲线。

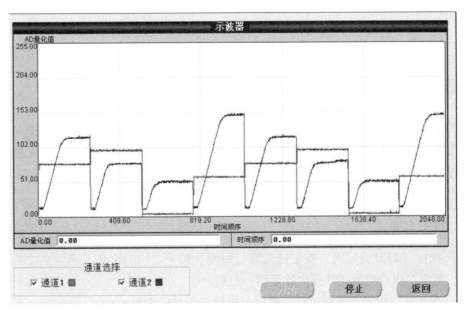

图5.4-4 阶梯波作用下光电二极管的输出波形

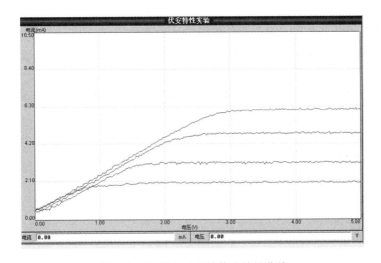

图5.4-5 光电二极管伏安特性曲线

4）光电二极管时间响应的测量

光电二极管时间响应的测量电路如图 5.4 – 6 所示。图中左半部分为 LED 脉冲光源的供电电路，由平台发出频率可调的方波脉冲信号加于 LED 驱动三极管的基极，使三极管的集电极电流形成脉冲电流引致 LED 发出脉冲光。电路的右侧为光电二极管的变换电路，光电二极管反向偏置，并使光电二极管能够接收到方波脉冲光辐射。

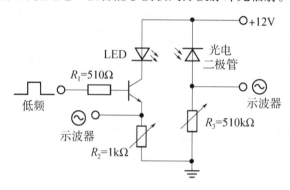

图 5.4 – 6　时间响应测量电路

用实验仪示波探头 CH_1 接到发光脉冲信号输入端，而用仪器的另一示波探头 CH_2 接到光电二极管输出端 U_o，打开计算机并执行光电二极管时间响应测量程序，观测 CH_1 与 CH_2 的波形，根据 CH_2 相对 CH_1 的波形，测量出光电二极管的上升时间 τ_r 与下降时间 τ_f，获得光电二极管的时间响应特性曲线。

五、注意事项

（1）在标定 LED 光源时，要记住光源与照度计探头之间的距离。确保在之后的测试过程中，光电二极管与照度计探头处于同一位置。

（2）在光电二极管特性测试时，光电二极管处于反向偏置。

六、思考题

（1）为什么光电二极管一般工作在负偏压状态下？

（2）为什么光电二极管的时间响应比光敏电阻的要短？

实验 5.5　光电池的偏置电路与特性参数测量实验

光电池包含测量用的硅光电池、硒光电池与太阳能电池等，它们常有 3 种偏置方式，即自偏置（作为电池应用）、零伏偏置（测光用）与反向偏置（测光用）。在不同偏置的情况下硅光电池将表现出不同的特性（详见《光电技术》相关内容），适用于不同的应用。

一、实验目的

1. 掌握光电池的三种偏置电路，即自偏置（作为电池应用）、零伏偏置（测光用）

与反向偏置（测光用）；

2. 熟悉光电池三种偏置电路的特性。

二、实验原理

硅光电池与光电二极管类似，具有光生伏特器件的特性，是典型的 PN 结型光生伏特器件。硅光电池与光电二极管的不同之处在于它的光敏面积较大，PN 结型材料的掺杂浓度较高，内阻较小，便于向负载供电。

1. 自偏置电路

硅光电池的自偏置电路的实验电路如图 5.5 – 1a 所示，用数字电压表测量硅光电池两端的电压，用微安表测量流过硅光电池的电流。显然，加在硅光电池两端的偏置电压由光生电流在负载电阻上产生的压降提供。因此，称其为自偏置电路。

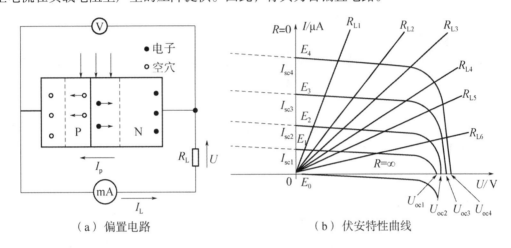

（a）偏置电路　　　　　　　　　　　（b）伏安特性曲线

图 5.5 – 1　硅光电池自偏置电路与伏安特性曲线

在自偏置情况下，硅光电池的电流方程为

$$I_{\mathrm{p}} = \frac{\eta q}{h\nu} \Phi_{\mathrm{e},\lambda} - I_D \left(\mathrm{e}^{\frac{qU}{kT}} - 1 \right) \tag{5.5 – 1}$$

式中，电压 $U = I_{\mathrm{p}} R_{\mathrm{L}}$，为自偏置电压。流过光电二极管的电流由两部分组成，一部分与入射辐射有关，另一部分与偏置电压（或负载电阻 R_{L}）呈指数关系。

由此可以得到 I_{p} 与 R_{L} 间的关系和如图 5.5 – 1b 所示的关系曲线，它应该位于第 4 象限，为方便分析与计算将其旋转到第 1 象限。

当 $R_{\mathrm{L}} = 0$，$U = 0$ 时，相当于硅光电池处于短路工作状态；短路状态下，流过硅光电池的电流为短路电流 I_{sc}，它与入射辐射通量 $\Phi_{\mathrm{e},\lambda}$ 的关系为

$$I_{\mathrm{p}} = I_{\mathrm{sc}} = \frac{\eta q}{hc} \Phi_{\mathrm{e},\lambda} \tag{5.5 – 2}$$

短路状态下硅光电池的输出功率为零，为自偏置电路的特殊状态（$R_{\mathrm{L}} = 0$），工作点位于直角坐标系的纵轴上。

另一个特殊状态为 $R_{\mathrm{L}} \rightarrow \infty$，即开路状态。此时，流过硅光电池的电流为零（$I_{\mathrm{p}} = 0$），可以推导出开路电压为

$$U_{\text{oc}} = \frac{kT}{q}\ln\frac{(I_{\text{D}} + I_{\text{sc}})}{I_{\text{D}}} \tag{5.5-3}$$

显然，它应该位于横轴上，是对数函数，与光电流及暗电流呈对数关系。同样，开路状态下的输出功率也为零。

但是，$0 < R_{\text{L}} < \infty$ 时，输出功率 $P_{\text{L}} > 0$。R_{L} 取何值使硅光电池的输出功率最大是利用硅光电池作电源向负载供电的关键技术。通过实验找到获得最大输出功率的最佳负载电阻 R_{opt} 是硅光电池自偏置电路的关键。

2. 反向偏置电路

硅光电池的反向偏置电路与光电二极管的反向偏置电路类似，PN 结所加的外电场方向与内建电场方向相同，使 PN 结区加宽，更有利于光生电子与空穴的运动。只要外加电场足够大，光电流 I_{p} 只与光度量有关而与外加电压的幅度无关（如图 5.5-2 所示）。

显然，反向偏置下的硅光电池不会对负载输出功率，只能消耗供电电源的功率。

3. 零伏偏置电路

硅光电池在零伏偏置状态下具有良好的光电响应特性，它的暗电流为零。这是硅光电池零伏偏置的最大特点。真正绝对零伏偏置的电路是不存在的，但是，可以制作出近似的零伏偏置电路。图 5.5-3 为典型的硅光电池零伏偏置电路。图中，用高增益的高阻抗运算放大器构成闭环放大电路，硅光电池的等效输入电阻 R_{i} 接近于零，使电路近似为硅光电池的零伏偏置电路。

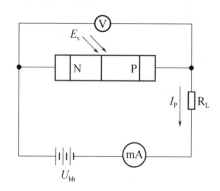
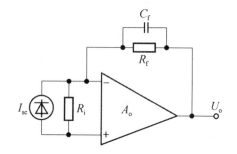

图 5.5-2　硅光电池反向偏置电路　　　　图 5.5-3　硅光电池零伏偏置电路

三、实验仪器

①GDS-Ⅲ型光电综合实验平台 1 台；

②LED 光源 1 个；

③硅光电池 1 只；

④通用光电器件实验装置 2 只；

⑤通用磁性表座 2 只；

⑥光电器件支杆 2 只；

⑦连接线 20 条；

⑧40MHz 示波器探头 2 条。

四、实验内容及步骤

1. 实验内容

①硅光电池在不同偏置状态下的基本特性；

②测试硅光电池在不同偏置状态下的典型特性参数；

③测量硅光电池在反向偏置下的时间响应。

2. 实验步骤

1）自偏置电路的输出特性与最佳负载电阻

（1）组装自偏置电，并测量其输出特性。

首先将硅光电池装置和 LED 光源装置牢靠地安装到光学台上，使 LED 光源发出的光能够射入硅光电池上，构成如图 5.5 - 4 所示的结构。再按照图 5.5 - 1 所示的电路连接成自偏置电路。

图 5.5 - 4　硅光电池实验装置

搭建电路的具体操作步骤如下：

a. 将 LED 光源的红色插头插入 + 12V 电源插孔，将其黑色插头插入电流表的红色插座（+），将电流表的黑色插孔（−）与 50Ω 电阻相连接，再将 50Ω 电阻的另一插孔与 1kΩ 电位器的一个插孔相连，将电位器的插孔接 GND。

b. 将 LED 光源与照度计探头相对放置，测量光源的照度。

c. 将 LED 光源进行电流 I_{LED} 与照度的标定，确定所用照度下的电流 I_{LED} 值；标定完成后，记录下所需要照度下的电流 I_{LED} 值。

d. 将硅光电池引出线的红色插头插入电流表的"+"插孔，电流表的"−"与负载电阻的插孔相连接，再将硅光电池黑色插头插入负载电阻的另一端插孔中，最后将数字电压表跨接到硅光电池的两端。完成光电池自偏置电路的搭建。

e. 实验过程中，先调整 LED 灯到表 5.5 - 1 所需要的电流值 I_{LED}，再读硅光电池输出的电流 I_p 值和电压 U_p 值，计算输出功率 P；然后，改变负载电阻 R_L，再读电流 I_p 值和电压 U_p 值，计算输出功率 P；记录不同负载电阻值情况下的 I_p 与 P，填入表 5.5 - 1。

f. 再改变硅光电池光敏面上的照度 E_v（调整电位器改变 I_{LED} 值），再测一组流过硅光电池的电流 I_p 和对应的输出功率 P，填入表 5.5 - 1。

表 5.5 - 1　硅光电池自偏置电路的测量数据

照度 E_v	改变次数	1	2	3	4	5	6	7	8
50lx	R_L/kΩ	0	0.1	0.2	0.5	1.5	2.7	3.6	5.1
	I_p/mA								
输出功率 P/W									
10 lx	R_L/kΩ								
	I_p/mA								

	输出功率 P/W							
20 lx	$R_L/k\Omega$							
	I_p/mA							
	输出功率 P/W							
100 lx	R_L/Ω							
	I_p/mA							
	输出功率 P/W							

将表 5.5 – 1 中的值在图 5.5 – 5 所示的直角坐标系上找到相应的点，并将各点连接起来形成如图 5.5 – 1b 所示的伏安特性曲线。

（2）测量最佳负载电阻。

从表 5.5 – 1 中可以看出，硅光电池在某照度下输出的功率 P 随负载电阻 R_L 的变化而变化；而且，总存在这样的负载电阻 R_L，它所对应的输出功率最大，该负载电阻被称为最佳负载电阻，记作 R_{opt}。不同照度下的最佳负载电阻 R_{opt} 的阻值不同，通过实验可以找到最佳负载电阻 R_{opt} 与入射辐射的关系。

将负载电阻 R_L 用电位器代替，改变电位器的阻值，观察硅光电池输出电流的变化和输出功率 P 的变化，直到找出最大输出功率为止，用"万用表"（或将电位器与数字电流表串联接入 +12V 电源）测量出电位器此刻的阻值即为该照度下的最佳负载电阻。计算出的功率为该照度下的最大输出功率。

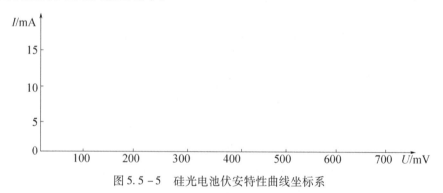

图 5.5 – 5　硅光电池伏安特性曲线坐标系

2）硅光电池的零伏偏置电路

（1）零伏偏置电路的组成。

在光电综合实验平台中找到任意一个放大器和反馈电阻 R_f，将其连接成如图 5.5 – 3 所示的零伏偏置电路。将相应的测量仪表也连接好。自行检查无误后，打开光电综合实验平台的电源，将 LED 照明光源与硅光电池装成一对。

用实验平台提供的数字电压表测量零伏偏置电路的输出电压 U_o，用数字电流表测量光源 LED 的发光电流 I_{LED}，通过改变 I_{LED} 改变硅光电池光敏面上的照度，测出输出电压与入射照度的关系。将所测得的输出电压 U_o 与 I_{LED} 的关系在图 5.5 – 5 所示的直角坐标系上作图。

（2）零伏偏置电路参数对光电转换特性的影响。

硅光电池零伏偏置电路的主要参数是反馈电阻 R_f，实验时用不同阻值的反馈电阻 R_f，测量其光电灵敏度，观测硅光电池的光电灵敏度与电阻 R_f 的关系。

3）硅光电池的反向偏置电路

从实验平台备件箱中取出装有硅光电池的探头，按如图 5.5 - 6 所示的电路连接，由于加在硅光电池两端的电场与硅光电池 PN 结的内建电场的方向相同，阻挡扩散电荷的运动而有利于漂移运动，因此称其为反向偏置电路。将 LED 光源与硅光电池探头按如图 5.5 - 4 所示的结构稳固地安装在光学平台上，并用实验平台上的数字电压表测量输出电压 U_o。

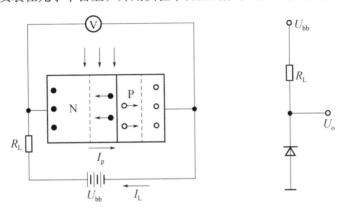

（a）反偏 PN 结　　　　　（b）硅光电池反偏电路

图 5.5 - 6　硅光电池反向偏置电路

如果反向偏置电路如图 5.5 - 6b 所示，输出电压 U_o 应为电源电压 U_{bb} 与光生电流 I_p 在负载电阻 R_L 两端产生的压降 I_pR_L 之差，即

$$U_o = U_{bb} - I_pR_L = U_{bb} - R_LS_I\Phi_{e,\lambda} \qquad (5.5 - 4)$$

式中，R_L 为负载电阻，S_I 为光照灵敏度，$\Phi_{e,\lambda}$ 为入射辐射通量；由式（5.5 - 4）可见，输出电压与入射辐射通量 $\Phi_{e,\lambda}$ 的变化方向相反。

实验时，先打开光电实验平台的电源，然后调整光源的电流 I_{LED}，使入射的光通量 $\Phi_{v,\lambda}$ 或照度 $E_{v,\lambda}$ 为适当值，测出此时的光电流 I_p 与输出电压 U_o 值，填入表 5.5 - 2 中；再改变 LED 光源的电流值，测得另一组数据，填入表 5.5 - 2。

最终测得 5 组数据，根据所测数据，可以在直角坐标系上画出不同的光照特性曲线。

表 5.5 - 2　在一定电源电压下确定光通量的伏安特性数据

$I/\mu A$	U/V					
	U_1	U_2	U_3	U_4	U_5	U_6
I_1						
I_2						
I_3						
I_4						
I_5						

将表中的数据用坐标表示，便画出如图5.5-7所示的特性曲线。曲线中，负载电阻值直接影响输出电压的变化量，影响电路的电压灵敏度。

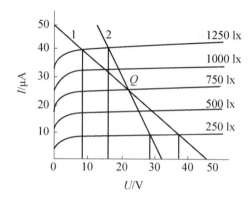

图5.5-7　光电池反向偏置伏安特性曲线

说明： 光电综合实验平台提供了硅光电池反向偏置电路实验的相关软硬件，学生可以很方便地完成硅光电池反向偏置伏安特性曲线的测试。

测试时电源用锯齿波提供，入射到光电池上的光由 LED 光源提供阶梯光输入端，软件菜单上选定好阶梯的步长，执行特性曲线测量软件，便可直接在计算机显示屏上观测到硅光电池反向偏置下的伏安特性曲线。

由伏安特性曲线可以方便地测出硅光电池的电流灵敏度 S_I，电压灵敏度 S_V 等参数。

4）测量硅光电池反向偏置状态下的时间响应

测量硅光电池反向偏置状态下的时间响应的电路如图5.5-8所示，用示波器探头 CH_1 测量 LED 发光管的驱动脉冲，用探头 CH_2 测量硅光电池反向偏置电路的输出信号 U_o，在光电综合实验平台软件主界面上选择"示波器"菜单，可以显示出如图5.2-5所示的时间响应曲线。要注意选择适当的采样频率，可选择频率为 100kHz，即光源为 100kHz 的方波脉冲。实验时，因所用硅光电池的面积不同，时间响应的差距可能很大，应适当调整采样频率，使观测效果最佳，能够读出它的上升时间 τ_r 与下降时间 τ_f。

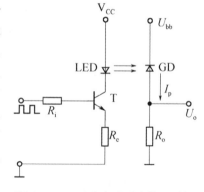

图5.5-8　硅光电池反向偏置时间
响应测量电路

五、思考题

硅光电池的三种偏置电路分别具有什么特点？

实验5.6　光电三极管的特性参数实验

光电三极管是一种最基本、最常用的光生伏特器件，掌握它的基本特性和性能参数的测量方法是应用光电三极管实现光电检测与控制的重要手段。

一、实验目的

（1）熟悉光电三极管的光电灵敏度、时间响应、光谱响应等特性；

（2）掌握相关特性参数的测试方法。

二、实验原理

为了提高光电二极管的电流灵敏度，提高内增益，采用具有电流放大功能的晶体三极管制造出 NPN 或 PNP 型 Si（或 Ge 等）半导体光电三极管。其原理结构及等效电路如图 5.6 – 1 所示。

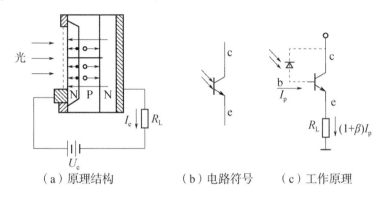

（a）原理结构　　　　　（b）电路符号　　　　（c）工作原理

图 5.6 – 1　光电三极管原理结构图与电路符号

它是由两个 PN 结构成的半导体光电器件，在如图 5.6 – 1a 所示的偏置电压作用下，其集电结处于反向偏置，发射结处于正向偏置。因此，集电结构成的光电二极管因本征吸收所产生电子 – 空穴对中的空穴与处于正向偏置的发射结所发射的电子复合形成基极电流 I_b，显然

$$I_b = I_p = \frac{\eta q \lambda}{hc} \Phi_{e,\lambda} \qquad (5.6 - 1)$$

处于反向偏置的集电结收集基极电流 I_b 并放大 β 倍。即

$$I_c = \beta \frac{\eta q \lambda}{hc} \Phi_{e,\lambda} \qquad (5.6 - 2)$$

显然，它是光电二极管灵敏度的 β 倍，即它与光电二极管相比，增益提高 β 倍。

光电三极管光电灵敏度的提高带来了光电特性的变化，它的光电灵敏度的线性、伏安特性与时间响应特性都与光电二极管有所差异。通过实验可以进一步认识这些问题，以便在实际应用中能够正确选择适当型号的器件，为更合理地应用光电三极管进行相关设计。

三、实验仪器

①GDS – Ⅲ型光电综合实验平台 1 台；

②LED 光源 1 个；

③光电三极管 1 只；

④通用光电器件实验装置 2 只；

⑤通用磁性表座 2 只；

⑥光电器件支杆 2 只；

⑦连接线 20 条；

⑧40MHz 示波器探头 2 条。

四、实验内容及步骤

1. 实验内容

①光电三极管光照灵敏度的测量；

②光电三极管伏安特性的测量；

③光电三极管时间响应的测量；

④光电三极管光谱特性的测量。

2. 实验步骤

1）光电三极管实验常识

比较光电二极管与光电三极管的外形，观察它们之间的共同点与差异。图 5.6－2 所示为光电二极管与光电三极管放在一起的照片，从照片上怎样分辨是光电二极管还是光电三极管呢？分辨的方法是看其内部光敏区的面积，光电三极管的光敏面积小于光电二极管的光敏面积。因此顶端发黑色的是光电二极管（左侧），而另一只是光电三极管（右侧）。

图 5.6－2　光电二极管与光电三极管外形图

2）光电三极管伏安特性

（1）常规测量方法。

光电三极管在不同照度下的伏安特性与一般晶体三极管在不同的基极电流作用下的输出特性一样，光电三极管可以将光信号变换成电信号。

按图 5.6－1a 所示电路将光电三极管实验装置接入如图 5.6－3 所示的测量电路，接入方法与步骤与光电二极管实验相同，这里不再赘述。

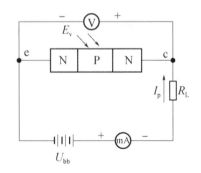

图 5.6－3　光电三极管参数测量电路

将实验平台上的数字电压表跨接到光电三极管的两端（发射极接电压表的负极），电流表串联入测量电路中（注意电表的极性应如图 5.6 - 3 所示），再将负载电阻也串联入测量电路。电源电压可以选择 +12V，也可以选择 +5V。测量用的光源可以选用光电实验平台提供的 LED 照明光源，它能够通过改变电流实现不改变光源光谱成分的情况下改变光电三极管光敏面上的照度。实验时可以用平台上的照度计事先标定好所用光源装置的电流与照度间的对应关系，然后再通过测量电流得知光源的照度，以便获得已知照度的光源进行伏安特性的测量。

在一定照度的光源作用下慢慢调节如图 5.6 - 3 所示的电源电压 U_{bb}（可以自行用平台提供的电子元器件构成可调电源），使之按表 5.6 - 1 ～ 表 5.6 - 4 给出电源电压值变化，测量光电三极管的输出电流 I_{VT} 和光电三极管两端的电压 U_o，填入表 5.6 - 1 ～ 表 5.6 - 4。

表 5.6 - 1　在 100 lx 照度下

U_o/V	1.0	1.5	2.0	2.5	3.5	4.0	4.5	5.0	5.5
I_{VT}/mA									

表 5.6 - 2　在 500 lx 照度下

U/V	1.0	1.5	2.0	2.5	3.5	4.0	4.5	5.0	5.5
I_{VT}/mA									

表 5.6 - 3　在 1000 lx 照度下

U/V	1.0	1.5	2.0	2.5	3.5	4.0	4.5	5.0	5.5
I_{VT}/mA									

表 5.6 - 4　在 1500 lx 照度下

U/V	1.0	1.5	2.0	2.5	3.5	4.0	4.5	5.0	5.5
I_{VT}/mA									

根据表 5.6 - 1 ～ 表 5.6 - 4 的数据画出光电三极管在一定照度下的伏安特性曲线，如图 5.6 - 4 所示。

图 5.6 - 4　光电三极管伏安特性实验曲线

（2）仪器扫描自动测量方法。

仪器扫描自动测量法是通过仪器内部提供的扫描电路为光电三极管供给阶梯波光照和

锯齿波偏置电压，实现在一个阶梯光照下电源作线性变化，从而获得光电三极管的伏安特性曲线。

自动测量法的操作过程与实验步骤与实验 5.4 "光电二极管的特性参数及其测量" 相似，这里不再赘述。

3）光电三极管光照特性的测量

光电三极管的光照特性主要表现在它的暗电流特性与亮电流特性方面，通常采用如下方法进行测量。仍采用如图 5.6 - 3 所示的测量电路，先设定加在光电三极管上的偏置电压 U_D（或电源电压 U_{bb}），然后改变入射到光电三极管上的光照度，测出对应不同照度下流过负载电阻 R_L 的电流 I_L，将 I_L 填入表 5.6 - 5；改变偏置电压，重复上述过程，可以获得与表 5.6 - 5 类似的测量值，再根据这些测量值绘出如图 5.6 - 5 所示的光照特性曲线。照度为 0 时输出的电流为暗电流。

表 5.6 - 5　光电三极管的光照特性

E_v/lx	0	10	20	30	40	50	60	70	80
I /mA									

图 5.6 - 5　光电三极管光照特性实验曲线

4）光电三极管的时间响应

光电三极管的时间响应测量电路如图 5.6 - 6 所示。光电三极管时间响应测量系统的光源由发光二极管提供。由于发光二极管的时间响应远远小于光电三极管，因此，对于光电三极管来说发光二极管在方波脉冲电流作用下发出的光可以近似为方波辐射。光电三极管在方波辐射作用下的响应标志着光电三极管的时间响应特性。因此，用图 5.6 - 6 所示的时间响应测量电路中光电三极管集电极输出信号 U_o 的波形能够测量出它的时间响应特性。

输出信号 U_o 的波形存在着上升时间 τ_r 和下降时间 τ_f，它们都滞后于输入脉冲的两个边沿。因此，通过同步测量输入与输出脉冲的波形可以测量光电三极管的时间响应。测量时，将输入给发光二极管的方波脉冲接到实验平台输入端口 CH$_1$ 端上，既用它作数据采集的同步控制又要将其波形显示出来，输出信号 U_o 接到实验平台的另一个输入端 CH$_2$

上，作为被测信号。接好后，合上实验平台电源和计算机的电源开关，执行"光电综合实验平台软件"，弹出主菜单，在主菜单上选择适当的工作频率，如选择 500kHz，按"示波器"功能键，在示波器界面上点击"开始"，则界面出现如图 5.6 - 7 所示两示波器探头所测得的信号波形。其中下部方波为光源的驱动波形，上部为光电器件的输出波形。显然输出波形因器件的惯性而产生延迟，用鼠标右键可以测出波形任意点处的幅值与位置值（纵、横坐标值）；例如在图 5.6 - 7 中选择上升到幅值的 10% 的时间起点，在图 5.6 - 8 中选择上升到幅值的 90% 的时间终点，由图 5.6 - 7 及图 5.6 - 8 可以方便地测量出电路的上升时间与下降时间。

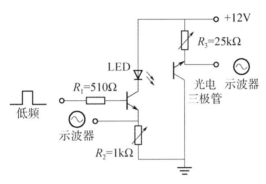

图 5.6 - 6　时间响应测量电路

从图 5.6 - 7 与图 5.6 - 8 中可以看出，输出电压波形延迟于输入脉冲的波形，表明光电三极管的反向偏置电路存在着时间延迟现象，利用软件提供的测量工具，可以找到它的上升时间 τ_r 值和下降时间 τ_f 值。

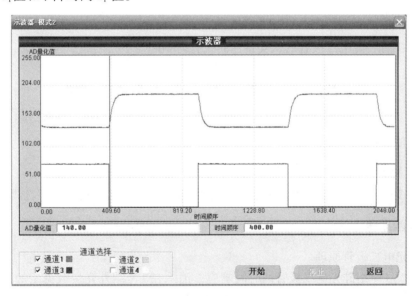

图 5.6 - 7　光电三极管变换电路的时间响应的测量

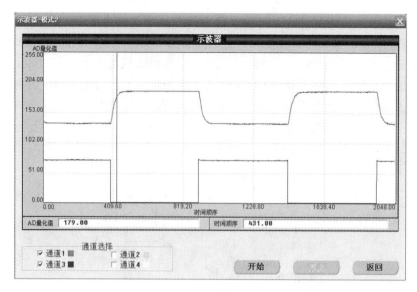

图 5.6 – 8　光电三极管变换电路上升到位波形图

五、注意事项

（1）实验过程中应该具体计算出光电三极管的两种变换电路在不同工作频率下的上升时间与下降时间，通过实验，掌握时间响应的测量方法。

（2）实验结束后，将光电三极管的时间响应特性曲线用计算机抓图的方法存入计算机，并填入实验报告。

六、思考题

光电三极管、光电二极管的伏安特性曲线有何相同与不同之处？为什么？

实验 5.7　PIN 与雪崩光电二极管实验

一、实验目的

（1）了解 PIN 光电二极管、雪崩二极管的特性；

（2）掌握 PIN 光电二极管时间响应特性的测量、雪崩二极管的增益特性测量。

二、实验原理

1. PIN 光电二极管原理

为了提高 PN 结硅光电二极管的时间响应，消除在 PN 结外光生载流子的扩散运动时间，常采用在 P 区与 N 区之间生成 I 型层，构成如图 5.7 – 1a 所示的 PIN 结构光电二极管。PIN 光电二极管与 PN 结型的光电二极管在外形上没有什么区别，都如图 5.7 – 1b 所示。

196

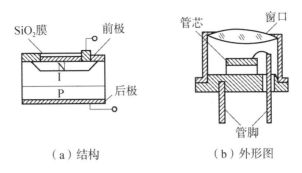

（a）结构　　　　　　　　　（b）外形图

图 5.7 - 1　PIN 光电二极管结构与外形图

PIN 光电二极管在反向电压作用下，耗尽区扩展到整个半导体，光生载流子在内建电场的作用下只产生漂移电流，因此，PIN 光电二极管在反向电压作用下的时间响应只取决于漂移时间 τ_{dr} 与延迟时间 τ_{RC}，在 10^{-9}s 左右。

2. 雪崩光电二极管

PIN 光电二极管提高了 PN 结光电二极管的时间响应，但未能提高器件的光电灵敏度，为了提高光电二极管的灵敏度，人们设计了雪崩光电二极管，使光电二极管的光电灵敏度提高到需要的程度。

1）雪崩二极管的结构

图 5.7 - 2 为雪崩光电二极管的三种结构示意图。图 5.7 - 2a 为在 P 型硅基片上扩散杂质浓度大的 N^+ 层，制成 P 型 N 结构；图 5.7 - 2b 为在 N 型硅基片上扩散杂质浓度大的 P^+ 层，制成 N 型 P 结构；无论 P 型 N 结构还是 N 型 P 结构，都必须在基片上蒸涂金属铂形成硅化铂（约 10nm）保护环。图 5.7 - 2c 为 PIN 型雪崩光电二极管。由于 PIN 型光电二极管在较高的反向偏置电压（简称反向偏压）作用下耗尽区扩展到整个 PN 结区，形成自身保护（具有很强的抗击穿功能），因此，雪崩光电二极管不必设置保护环。目前，市场上的雪崩光电二极管基本上都是 PIN 型雪崩光电二极管。

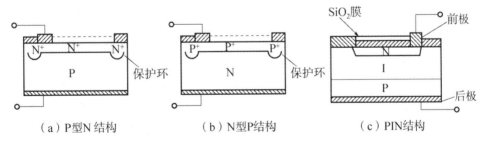

（a）P型N结构　　　　　（b）N型P结构　　　　　（c）PIN结构

图 5.7 - 2　雪崩光电二极管结构示意图

2）雪崩光电二极管工作原理

雪崩光电二极管为具有内增益的一种光生伏特器件。它利用光生载流子在强电场内的定向运动，产生的雪崩效应获得光电流的增益。在雪崩过程中，光生载流子在强电场的作用下进行高速定向运动，具有很高动能的光生电子或空穴与晶格原子碰撞，使晶格原子电离产生二次电子－空穴对，二次电子和空穴在电场的作用下又获得足够的动能，又使晶格原子电离产生新的电子－空穴对，此过程像"雪崩"似地继续下去。电离产生的载流子

197

数远大于光激发产生的光生载流子数，这时雪崩光电二极管的输出电流迅速增加，其电流倍增系数 M 定义为：

$$M = \frac{I}{I_0} \qquad (5.7-1)$$

式中，I 为倍增输出的电流，I_0 为倍增前输出的电流。

雪崩倍增系数 M 与碰撞电离率有密切的关系。碰撞电离率表示一个载流子在电场作用下，漂移单位距离所产生的电子－空穴对数目。实际上电子电离率 α_n 和空穴电离率 α_p 是不完全一样的，但它们都与电场强度有密切关系。由实验确定，电离率 α 与电场强度 E 可以近似地写成以下关系

$$\alpha = A e^{-\left(\frac{b}{E}\right)^m} \qquad (5.7-2)$$

式中，A、b、m 都为与材料有关的系数。

假定 $\alpha_n = \alpha_p = \alpha$ 时，可以推导出倍增系数 M 与电离率 α 的关系为

$$M = \frac{1}{1 - \int_0^{x_D} \alpha \mathrm{d}x} \qquad (5.7-3)$$

式中，x_D 为耗尽层的宽度。上式表明，当

$$\int_0^{x_D} \alpha \mathrm{d}x \to 1 \qquad (5.7-4)$$

时，$M \to \infty$。因此，称式（5.7-4）为发生雪崩击穿的条件。其物理意义是：在强电场作用下，当通过耗尽区的每个载流子平均能产生一对电子－空穴时，就发生雪崩击穿现象。当 $M \to \infty$ 时，PN 结上所加的反向偏压就是雪崩击穿电压 U_{BR}。

实验发现，在略低于击穿电压时，也会发生雪崩倍增现象，不过 M 较小，这时 M 随反向偏压 U 的变化可用经验公式近似表示为

$$M = \frac{1}{1 - (U/U_{BR})^n} \qquad (5.7-5)$$

式中，指数 n 与 PN 结的结构有关。对 $N^+ - P$ 结，$n \approx 2$；对 $P^+ - N$ 结，$n \approx 4$。由上式可见，当 $U \to U_{BR}$ 时，$M \to \infty$，PN 结发生击穿。

适当调节雪崩光电二极管的工作偏压，便可得到较大的倍增系数，一般雪崩光电二极管的偏压在几十伏到几百伏。目前，雪崩光电二极管的偏压分为低压和高压两种，低压在几十伏左右，高压达几百伏。雪崩光电二极管的倍增系数可达几百倍，甚至数千倍。

从图 5.7-3 可以看到，工作偏压增加时，输出亮电流（即光电流和暗电流之和）按指数形式增加。在偏压较低时，不产生雪崩过程，即无光电流倍增。所以，当光脉冲信号入射后，产生光电流脉冲信号很小（如 A 点波形）。当反向偏压升至 B 点时，光电流便产生雪崩倍增，这时光电流脉冲信号输出增大到最大（如 B 点波形）。当偏压接近雪崩击穿电压时，雪崩电流维持自身流动，使暗电流迅速增加，光激发载流子的雪崩放大倍率却减小，即光电流灵敏度随反向偏压增加反而减小，如在 C 点处光电流的脉冲信号减小。换句话说，当反向偏压超过 B 点后，由于暗电流增加的速度更快，使有用的光电流脉冲幅值减小。所以最佳工作点在接近雪崩击穿点附近。有时为了压低暗电流，把工作点向左移动一些，虽然灵敏度有所降低，但是，暗电流和噪声特性有所改善。

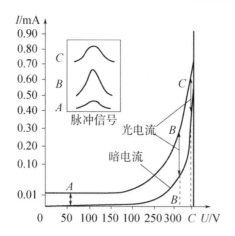

图 5.7 - 3　暗电流、光电流与偏压的关系

三、实验仪器

①光电综合实验平台主机 1 台；
②雪崩光电二极管 1 只；
③高速 LED 发光二极管 1 只；
④ PIN 光电二极管 1 只；
⑤1GHz 双踪迹示波器 1 台；
⑥磁性表座 4 只。

四、实验内容及步骤

1. PIN 光电二极管时间响应的测量

①将 PIN 光电二极管探头及其实验装置牢靠地用磁性表座固定在光学平台上。

②再将 LED 光源固定在光电平台上，且使 LED 光源发出的光能够被 PIN 光电二极管接收。

③实验用的高压电源在光电综合实验平台的左下角，高压电源的开关在左前端，高压源如图 5.7 - 4 所示的由 GND（负极）与"可调"（正极）端口构成。

④高压电源的调整由标有"电压调整"字样的旋钮来完成，它的电压调节范围为 0 ~ 200V。逆时针旋转，输出电压减小，顺时针旋转电压增高。

⑤搭建时间响应测量电路。实验电路如图 5.7 - 5 所示，先搭建发光电路。在光电综合实验平台上任选一支三极管，然后，利用平台提供的电阻构建成如图 5.7 - 5 左侧的 LED 发光电路。其中，U_i 为快速开关脉冲，在其作用下获得快速变化的脉冲光信号直接照射到 PIN 光电二极管上。PIN 雪崩光电二极管的变换电路如图 5.7 - 5 右侧部分所示，为二极管的反向偏置电路，可采用高频（1GHz）示波器对其输出信号 U_o 直接进行时间响应的测量。测量时，通常用示波器的一个探头测量快速光脉冲信号，用另外一个探头测量 PIN 光电二极管的输出信号 U_o，比较两个波形的时间关系，测量出它的时间响应。通常雪崩光电二极管也属于 PIN 型光电二极管，其时间响应的测量也与之类同，不再赘述。

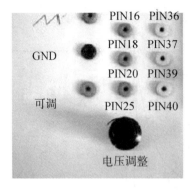

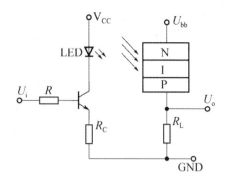

图 5.7-4　高压电源　　　　　　图 5.7-5　时间响应测试电路

2. 雪崩光电二极管工作状态的测量

①将雪崩光电二极管探头及其实验装置牢靠地用磁性表座固定在光学平台上。

②再将 LED 光源固定在光电平台上，且使 LED 光源发出的光能够被雪崩光电二极管接收。

③利用可调高压电源与平台提供的电阻与数字电流表相串联构成如图 5.7-6 所示的测量电路，调整加在雪崩光电二极管上的反向偏压。

④先关闭 LED 的电源，使雪崩光电二极管处于暗室状态，逐渐地由低向高调整反向偏压，观察流过数字电流表的电流（暗电流），当暗电流如图 5.7-3 所示增长很快（雪崩过程开始）时停止增加反向偏压。记录此时加在雪崩光电二极管上的反向偏压与暗电流的值。

⑤将加在雪崩光电二极管上的反向偏压退回到较低电平，将 LED 光源打开，逐渐增加偏压，流过雪崩光电二极管的光电流突然增加时立即停止增压，记录此时加在雪崩光电二极管上的反向电压与流过雪崩光电二极管的电流值。然后，关闭 LED 光源，再记录暗室状态下的输出电流值。

⑥上述实验过程中测得的电流与电压值在相应的直角坐标系中标记出来，将这些标记点连成曲线，便可得到如图 5.7-3 所示的波形图。

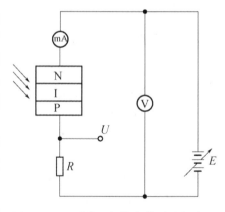

⑦分析画出的特性曲线，从中找出雪崩光电二极管的雪崩特性。找出测量雪崩光电二极管增益 M 的测量方法。

图 5.7-6　雪崩二极管参数测量电路

五、思考题

（1）为什么 PIN 二极管的时间响应比光电二极管更短？

（2）雪崩二极管与光电三极管有何区别？

实验 5.8　PSD 位置传感器实验

一、实验目的

（1）掌握光伏器件的横向效应和利用横向效应实现的光点位置传感器（PSD）的工作原理；

（2）了解有关 PSD 的应用技术。

二、实验原理

如图 5.8 - 1 所示为 PIN 型 PSD 器件的结构示意图，它由 3 层构成，上面为 P 型层，中间为 I 型层，下面为 N 型层。在上面的 P 型层上设置有两个电极，两电极间的 P 型层除具有接收入射光的功能外，还具有横向分布电阻的特性，即 P 型层不但为光敏层，而且是一个均匀的电阻层。

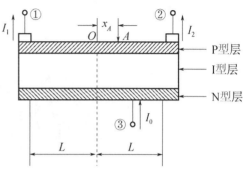

图 5.8 - 1　一维 PSD 结构示意图

当光束入射到 PSD 器件光敏层上距中心点的距离为 x_A 时，在入射位置上产生与入射辐射成正比的信号电荷，此电荷形成的光电流通过电阻 P 型层分别由电极 1 与 2 输出。设 P 型层的电阻是均匀的，两电极间的距离为 $2L$，流过两电极的电流分别为 I_1 和 I_2，则流过 N 型层上电极的电流 I_0 为 I_1 与 I_2 之和。即

$$I_0 = I_1 + I_2 \qquad (5.8 - 1)$$

若以 PSD 器件的几何中心点 O 为原点，光斑中心距原点 O 的距离为 x_A，则

$$I_1 = I_0 \frac{L - x_A}{2L}, \quad I_2 = I_0 \frac{L + x_A}{2L}, \quad x_A = \frac{I_2 - I_1}{I_2 + I_1} L \qquad (5.8 - 2)$$

利用式（5.8 - 2）即可测出光斑能量中心对于器件中心的位置 x_A，它只与电流 I_1 和 I_2 的和、差及其比值有关，而与总电流无关。

PSD 器件目前已被广泛地应用于激光自准直、光点位移量和震动的测量、平板平行度的检测以及二维位置测量等领域。

国内目前只有少数几家公司生产一维与二维 PSD 器件，用于光点位置的测量。目前市面上较多的为蚌埠市集成光电技术研究所生产的 W 系列一维与二维 PSD 器件，其中 W103 器件测量范围较宽、测量精度较高，为首选器件。它的主要技术指标如表 5.8 - 1 所示。

表 5.8 - 1　W 系列传感器主要技术指标

型号	芯片尺寸/mm	最小检测误差/μm	最大检测误差/μm	分辨率/μm	光谱响应/nm
W101	2×3	± 20	± 70	1	$380 \sim 1\ 100$
W102	1×12	± 200	± 500	6	$380 \sim 1\ 100$

续上表

型号	芯片尺寸/mm	最小检测误差/μm	最大检测误差/μm	分辨率/μm	光谱响应/nm
W103	1.3×15	±200	±500	6	380～1 100
W104	2×20	±200	±500	6	380～1 100
W105	2.5×34	±200	±800	10	380～1 100

W103 的外形图如图 5.8 – 2 所示，其中两侧的电极分别接 P 型硅，中间电极为 N 极。

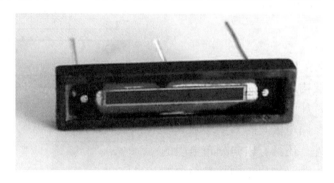

图 5.8 – 2　W103 型 PSD 器件外形图

三、实验仪器

①GDS – Ⅲ型光电综合实验平台主机 1 台；
②一维 PSD 光电位置传感器（W103）及其夹持器 1 件；
③点状半导体激光器 1 只；
④磁性表座 2 只；
⑤二维调整架 1 只。

四、实验内容及步骤

1. 实验内容

将装载有点光源的被测物体所发出的圆形光点落到一维 PSD 器件上，其两个电极分别输出 2 路电流，电流强度的和与差值与光点距器件中心位置的距离有关，因此，可用电流强度来度量光点在 PSD 上的位置，即用电流测出被测物体的位置。

2. 实验步骤

1）搭建实验装置

从实验平台备件箱中取出如图 5.8 – 3 上部所示的 PSD 实验装置，并将其用支持架和磁性表座固定在 GDS – Ⅲ型光电综合实验平台上（固定的时候要求 PSD 光敏面与光学平台台面平行）。然后再将点状半导体激光器（LD 光源）装置安装到下面装有二维调整架的磁性表座上，使二维调整架能够沿 PSD 长度方向微调，构成如图 5.8 – 4 所示的结构。

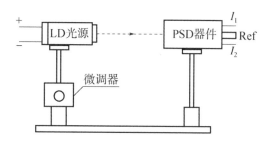

图5.8－3 PSD固定装置图　　　图5.8－4 测量光电位置实验装置原理图

图5.8－4为在光电综合实验平台上搭建的一维PSD应用实验装置原理图。它由能够使点激光光源做一维微位移的装置与PSD固定装置相对安装构成。PSD器件实验装置已经将PSD器件的三个引出脚分别用红、黑和黄三色线引出，其中黑色线为N型电极的引出线，其余两种颜色线分别为它的两个P电极。为便于安装与实验，PSD实验装置下面配备有标准M5螺纹孔，用它很容易安装到磁性表座上并确保PSD器件与水平面平行。

2）连接测量电路

（1）认识性实验：采用非常简单的方式，认识PSD器件的基本工作原理与特性。具体操作如下：利用平台提供的数字电流表，将PSD的两个P型层电极（红与黄色引出线）接到数字电流表的"＋"（红色）插孔中，将两块表的"－"（黑色）插孔连接起来，并与PSD装置的黑色连线连接，构成如图5.8－5所示的电路。观察激光点位置移动过程中两块表的示值变化，示值与光点的位置有关。

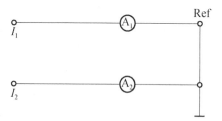

图5.8－5 PSD简单实验电路

认识性实验过程中，由于光点的移动精度受到结构的限制，以及电流表对电流测量的线性和精度也不高，所以只能粗略地进行原理性的实验，不能获得更高的精确度。如果追求更高精度的实验，必须对实验装置提出更高的要求，对测量电路也要提出更高的要求。

对于认识性实验也可以进行定量实验。按图5.8－5所示接好电路，并检查无误后，合上实验平台电源开关，将半导体激光器接到平台上的5V电源上。为确保激光器安全，应在电路中串接50Ω的电阻，限制流过激光器的电流不至于瞬间过高。先调整激光器夹持器，使激光光斑落在PSD的中间位置，读出电流I_1与I_2，使其值尽量接近。然后，调整二维调整架的微动旋钮使光点沿PSD敏感面移动，边移动边记录电流I_1与I_2值。观察I_1与I_2值的变化，从调整架或测微器上读出变化量Δx。观测位移量Δx与电流变化量间的关系。

（2）精确实验：利用安装在物体上的激光器发出的光点来测量物体的位移是PSD器件的重要应用。

作为要求精度很高的PSD实验仪器要从两个方面提出要求，一方面是机械运动量的测量精度能够达到要求，另一方面是要保证PSD输出电流的线性。

确保机械量测量的精度由机械系统设计完成。测量输出电流的线性需要设计如图5.8

－6 所示的测量电路。由除法电路直接输出光点的位置 x 值。

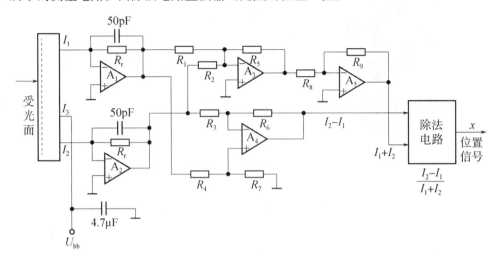

图 5.8－6　一维 PSD 位置测量电路

五、思考题

利用 PSD 器件来测量光点位置的原理是什么？

实验 5.9　光电倍增管特性测试实验

光电倍增管（PMT）是最灵敏的光电传感器件，其暗电流、信噪比、灵敏度和时间响应等特性都具有独特的优点。

一、实验目的

（1）熟悉光电倍增管的暗电流、信噪比、灵敏度和时间响应等特性的测试；

（2）掌握光电倍增管在微弱辐射探测领域的应用。

二、实验原理

1. 光电倍增管工作原理

光电倍增管属于真空光电传感器件，它主要由光入射窗、光电阴极、电子聚焦系统、倍增电极和阳极 5 部分构成。光电倍增管有多种结构类型，典型光电倍增管的外形如图 5.9－1 所示，为侧窗圆形鼠笼式光电倍增管。其工作原理分五个部分：

①光透过入射窗口玻璃入射到玻璃内层光电阴极上，窗口玻璃的透过率满足光电倍增管的光谱响应特性；

②进入到光电阴极上的光使光电阴极材料产生外光电效应，激发出电子，并飞离表面而到真空中，称其为光电子；

③光电子通过电场加速，并在电子聚焦系统的作用下射入到第一倍增极 D_1 上，D_1 发射出的光电子数目是入射光电子数目的 δ 倍，这些二次光电子又在电场作用下射入到下一

增极；

④入射光电子经 N 级倍增后，电子数就被放大 δ^N 倍，图 5.9-1 所示的倍增管共有 8 级，即 $N=8$；

⑤经过电子倍增后的二次电子由阳极收集起来，形成阳极电流，在负载上产生压降，输出电压信号 U_{o}。

2. 光电倍增管的基本特性参数

1）光电灵敏度

光电灵敏度是光电倍增管探测光信号能力的一个重要指标，通常分为阴极灵敏度 S_{k} 与阳极灵敏度 S_{a}。它们又可分为光谱灵敏度与积分灵敏度。光电倍增管的阳极光谱灵敏度常用 $S_{\text{a},\lambda}$ 表示，阳极积分灵敏度常用 S_{a} 表示，其量纲为 A/lm。

2）阴极光谱灵敏度 $S_{\text{k},\lambda}$

$S_{\text{k},\lambda}$ 定义为阴极电流与入射辐射通量之比，即

图 5.9-1　侧窗圆形鼠笼式光电倍增管外形

$$S_{\text{k},\lambda} = \frac{I_{\text{k}}}{\Phi_{\text{e},\lambda}} \qquad (\mu\text{A/lm}) \qquad (5.9-1)$$

3）阴极积分灵敏度 S_{k}

阴极积分灵敏度常用 S_{k} 表示，定义为阴极电流与所有入射辐射波长的光谱辐射通量积分之比，即

$$S_{\text{k}} = \frac{I_{\text{k}}}{\int_0^\infty \Phi_{\text{e},\lambda}} \qquad (\mu\text{A/lm}) \qquad (5.9-2)$$

若入射辐射为可见光，也可将 S_{k} 定义为阴极电流与入射光的光通量之比，其量纲为 $\mu\text{A/lm}$。

4）阴极灵敏度的测量

设入射到阴极 K 的光照度为 E_{v}，光电阴极的面积为 A，则光电倍增管所接收到的光通量 Φ_{v} 为

$$\Phi_{\text{v}} = E_{\text{v}} A \qquad (5.9-3)$$

将式（5.9-3）代入式（5.9-2）便可通过测量入射到 PMT 光敏面上的照度得到入射光通量。如果入射光为单色，则所测量出来的阴极灵敏度为光谱灵敏度；若入射光为白色，则所测量出来的阴极灵敏度为积分灵敏度。

入射到光电阴极的光通量由 LED 发光二极管提供，用 LED 发光二极管很容易提供各种颜色的"单色光"，可以近似地将其看作光谱辐射量，在实验前先将 LED 光源用照度计进行标定；测量时，用数字电流表测出流过 LED 的电流 I_{LED}（I_{LED} 已被标定），它与照度相对应，当测出 LED 光源出光口的面积时，便很容易计算出它发出的光通量。实验中常用的光通量为 $2 \times 10^{-5} \sim 2 \times 10^{-2}$ lm。

5）阳极光照灵敏度 S_{a}

S_{a} 定义为光电倍增管在一定的工作电压下阳极输出电流 I_{a} 与所有入射辐射波长的光谱辐射通量积分之比，即

$$S_a = \frac{I_a}{\int_0^\infty \Phi_{e,\lambda}} \quad (A/lm) \tag{5.9-4}$$

若入射辐射为可见光，也可将 S_a 定义为阴极电流与入射光的光通量之比，其量纲为 A/lm。

6）电流放大倍数（增益）G

G 定义为在一定的入射光通量和阳极电压下，阳极电流 I_a 与阴极电流 I_k 之比，即

$$G = \frac{I_a}{I_k} \tag{5.9-5}$$

由于阳极灵敏度为 PMT 增益与阴极电流之积，因此，增益又可表示为

$$G = \frac{S_a}{S_k} \tag{5.9-6}$$

G 描述了光电倍增管系统的倍增能力，它是工作电压的函数。

7）暗电流 I_d

当光电倍增管处于隔绝辐射的暗室中时，其阳极输出电流称为暗电流。暗电流与光电倍增管的供电电压 U_{bb} 有关，因此必须首先确定 U_{bb}，才能测定它的暗电流 I_d。引起暗电流的主要因素有：欧姆漏电、热电子发射、场致发射、玻璃荧光与玻壳放电等。

3. 光电倍增管的供电电路

光电倍增管的供电电路常采用如图 5.9-2 所示的电阻链分压结构。它由 $N+1$ 个电阻串联而成，其中 N 为光电倍增管的倍增极数。设流过串联电阻的电流为 I_R，则每个电阻上的压降为电流 I_R 与电阻 R_i 的乘积，因此，加在光电倍增管倍增极上的电压为 $U_{di} = I_R R_{i+1}$。

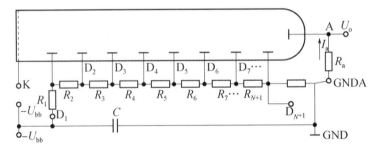

图 5.9-2　光电倍增管常规供电电路接线图

为确保流过电阻链中每个电阻的电流 I_R 都近似相等，应满足关系

$$I_R \geq 10 I_{a\,max} \tag{5.9-7}$$

式中，$I_{a\,max}$ 为阳极最大输出电流。

光电倍增管的输出电流 I_a，在负载电阻 R_a 上产生的压降为输出电压信号 U_o，即

$$U_o = I_a R_a \tag{5.9-8}$$

三、实验仪器

①PMTS-Ⅱ型光电倍增管实验仪 1 台；

②耐高压连接线 8 条；

③微电流计 1 台。

四、实验内容及步骤

1. 实验内容

①光电倍增管阳极暗电流 I_d 的测量；

②光电倍增管阳极灵敏度 S_a 的测量；

③光电倍增管的阳极灵敏度 S_a 与电源电压 U_{bb} 的关系；

④光电倍增管的电流增益 G 的测量。

2. 实验步骤

1）熟悉光电倍增管实验仪

PMTS－Ⅱ型光电倍增管实验仪的共同点是：①仪器内部暗室里安装有 GDB221 型圆形鼠笼式 8 倍增级的光电倍增管；②实验光源为可切换发光颜色的 LED 灯，灯的亮度能够通过电位器进行无级调整；③仪器面板上装有独立电源的数字电表可供实验应用，左起第一块电压表的量程是 20V、200V、2000V，分 3 挡进行切换；左起第二块电压表的量程是 2V、20V、200V，分 3 挡进行切换；④两块电流表也是 3 挡可切换量程的，均为0.2mA、2mA、20mA，基本满足实验过程所用；⑤仪器面板上还安装有高压电源的调压旋钮（左面第一个），能够调整光电倍增管实验所用的负高压电源的电压，旋钮上的标记标明电压的高低，逆时针旋转电压降低，顺时针旋转电压增高；⑥面板上还安装了调节照明光源亮度的调整旋钮，顺时针旋转亮度增强。

PMTS－Ⅱ型光电倍增管实验仪的外形如图 5.9－3 所示，它的发光颜色切换开关安装在仪器面板右侧，标有"光源切换"字样，按动该键，旁边的"光源指示"灯的颜色将发生变化，标志着光电倍增管实验仪内部工作照明灯的颜色在改变，内、外的颜色同步。光电倍增管实验仪的下面安装有 2 个开关，右侧是仪器的电源总开关，左侧是实验光源的"光源开关"，为测量光电倍增管暗电流时关灯用。面板上还安装有 8 个插孔并分别在其上方标有字符，注明其功能。其中的"LED⁺"为内部照明灯供电电路的正极，可用连线接入量程为 20mA 电流表的 "＋" 端，"LED⁻"是负极，应该用连线接入量程为 20mA 电流表的 "－" 端，用电流表示值测量各色光源的发光亮度。"－E"为负高压电源输出端，它与"GND"插孔之间的电压为负高压（可由"高压调整"旋钮调整）；"K"为光电倍增管的阴极引出插孔；"D1"为光电倍增管第 1 倍增极的引出端，"DN"为光电倍增管最末一极倍增极（即为第 8 极）的引出端；"A"为光电倍增管的阳极引出端。上述插孔是光电倍增管特性参数测量过程中实现图 5.9－2 所示电路图的关键。

2）测量暗电流

①先将光电倍增管实验仪取出，明确它的型号，查阅使用说明书，仔细观察仪器的外接端口的定义。尤其注意其上的开关、调节旋钮、插座和配件的名称与意义。

PMTS－Ⅱ型实验仪的最右侧机体上为入射窗，不用时应该将其封闭，使用时可将封闭盖拧下用螺纹口将被测光导入。

②在连接电源或打开电源开关前，要检查光源开关是否处于关闭状态，高压调整旋钮是否旋到最小值，然后再连接电源线。

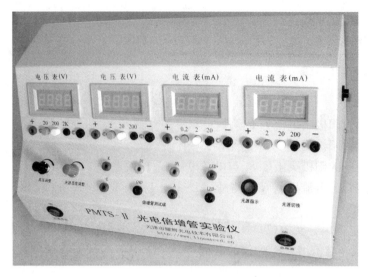

图 5.9 - 3　光电倍增管实验仪外形图

③在实验面板上找到阴极 K、阳极 A、第一倍增极 D1 与地 GND 等接线插孔和高压光源开关、高压电压调整旋钮、光源调整旋钮等重要部件。

④用专用连接线将阴极 K 与第一倍增极 D1 相连，在阳极 A 与地之间串入微安电流表（光电平台上安装的数字电流表在按下 1 挡位后其读数即为微安），用来读取阳极电流。

⑤再将高压电源的电压调整旋钮逆时针旋至最低位置，然后用连接线将"- E"插孔和高压表（左面第 1 块表在 3 挡有效时为高压表）的黑色插孔相连接，再用连线将"GND"与高压表的红色插孔相连接。

⑥打开光电倍增管实验仪的电源开关，观察到数字电流表的示值为零值（阳极电流 I_a 为 0），然后再调整"高压调整"旋钮，使高压表的电压逐渐增高，待增高到微安表有有效读数时停止，读出此时的电压值与阳极电流值。

⑦再缓慢调节高压电源，观测高压电表的示值，当它们分别为 100V、200V、300V、400V、500V、600V 和 700V 时记录阳极电流，即为光电倍增管在不同工作电压下的暗电流 I_d 值。

⑧将所测得的数据填入表 5.9 - 1。

表 5.9 - 1　光电倍增管暗电流测量值

倍增管电压 U_{bb}/V	100	200	300	400	500	600	700
暗电流 I_d/μA							

⑨在直角坐标系中画出 $I_d \sim U_{bb}$ 关系曲线；分析光电倍增管阳极暗电流与供电电源电压之间的关系。

⑩将高压调整旋钮调到最小后再关闭实验仪的总电源。

3）测量 PMT 的阳极电流灵敏度 S_a

①先用连线将"LED$^+$"与毫安表（按下 II 挡切换开关的数字电流表）的红色插孔连接好，完成内部照明光源的测量。

②检查光电倍增管实验仪的接线端是否已经按测暗电流的接法接好；再检查高压电源调整旋钮和光源调整旋钮是否已经都逆时针旋到底；打开高压电源，调整高压电源调压旋钮使阴极电压为 -200V。

③轻轻顺时针旋光源亮度调整旋扭，使它接近事先标定好的值，并使测出的阳极电流 I_a 值便于观测，根据事先标定的电流 I_{LED} 找出光敏面上的照度值，记录测出的倍增管阳极电流 I_a，填入表 5.9 - 2，由式（5.9 - 4）可以计算出当前电源电压（-200V）下的阳极灵敏度（这里要注意入射到光电阴极的光通量为照度与阴极面积之积）。

表 5.9 - 2 光电倍增管阳极灵敏度的测量

电源电压 U_{bb}/V	测量次数	1	2	3	4	5	6	7	8
-200	I_{LED}/mA	1	2	3	4	5	6	7	8
	I_a/mA								
-300	I_{LED}/mA	1	2	3	4	5	6	7	8
	I_a/mA								
-400	I_{LED}/mA	0.5	1	1.5	2	2.5	3	3.5	4
	I_a/mA								
-500	I_{LED}/mA	0.2	0.4	0.6	0.8	1.0	1.2	1.4	1.6
	I_a/mA								

表 5.9 - 2 中的 LED 光源的照度分别在仪器出厂前进行了标定，标定值如表 5.9 - 3 所示。其中照度值为入射到光电倍增管阴极面上的照度。

表 5.9 - 3 LED 灯在阴极面上的照度

I_{LEDR}/mA	1	2	3	4	5	6	7	8
E_k/mlx	11.5	23.3	31.6	41.7	52.8	63.7	73.0	84.0
I_{LEDG}/mA	1	2	3	4	5	6	7	8
E_k/mlx	38.7	73.7	105.9	135.6	167.1	196.8	222.1	250.9
I_{LEDB}/mA	1	2	3	4	5	6	7	8
E_k/mlx	32.0	66.0	100.3	132.0	166.4	199.4	227.3	260.0
I_{LEDW}/mA	1	2	3	4	5	6	7	8
E_k/mlx	30.6	58.3	81.7	92.0	127.5	152.8	175.0	196.1

根据表 5.9 - 3 就可以计算出光电倍增管在不同颜色光的照射下的光照灵敏度。分别测出光电倍增管在电压为 -400V、-500V、-600V 时的阳极电流与阳极光照灵敏度 S_a。

④将所测的数据在直角坐标系中找到对应点，将这些点连接起来构成光电倍增管阳极灵敏度与电源电压的关系曲线，得出它们之间的关系。

⑤实验完成后，先将高压电源调整电位器逆时针旋到底，再关闭总电源。

4）测量 PMT 的增益 G

根据增益的定义，可以用如图5.9-4所示的测量电路对光电倍增管的增益 G 进行测量。具体测量步骤如下：

①确认电源已经关掉后，将光电倍增管按图5.9-4所示连接好，分别将"-E"与"GND"接到标有"2k"字样红、黑插座上，并按下Ⅲ挡键，将阴极K插孔用连线接到右起第2块电流表的"+"插孔，再将电流表的"-"插孔与"-E"相连接，并将电流表的Ⅰ挡按键按下（量程为200μA）用来测量阴极电流 I_k；将阳极"A"与另一电流表的"-"插孔相连，电流表的"+"插孔与GND相连接，电流用Ⅱ挡（2mA量程），用来测量阳极电流 I_a。

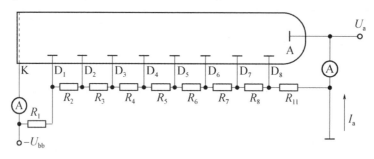

图5.9-4　光电倍增管增益测量电路

②将光源亮度调整旋钮逆时针旋转到底，用一根连接线将实验仪上的"LED⁺"和"LED⁻"短路，然后将总电源开关闭合，合上实验平台的光源开关，检测光源的发光情况（查看三种颜色的按键是否正常）。

③将高压电源电压调节旋钮顺时针旋转，边旋边看数字电压表，待增高到表5.9-4所示电压值时，停止旋转，测量高压电源电压 U_{bb} 与 I_k、I_a 值；调节光源的照度，使 I_k、I_a 的读数值适合观测；然后，再改变电源电压值，重复测量 I_k、I_a 的值，并将测得的值填入表5.9-4。

④将表5.9-4中的数据在直角坐标系中画出曲线，分析光电倍增管的增益 G 与电源电压 U_{bb} 的关系。

表5.9-4　光电倍增管增益与电源电压的关系

电源电压/V	-200	-300	-400	-500	-600	-700
$I_k/\mu A$						
I_a/mA						
G						

⑤用光电倍增管测量微弱辐射的强度。利用如图5.9-2所示的电路测量微弱辐射强度，实验时，应该先将被测辐射通过如图5.9-5所示的"接入装置"接入到仪器（可以利用接入装置的 M8×1 螺纹将外接被测辐射接入），然后再开机进行实验。实验时内部光源应

图5.9-5　实验仪光辐射接入装置

该处于关断状态。若使用如图 5.9 - 2 所示电路的放大器，要注意放大倍率的调整与标定，既要使输出电压的幅度便于观察，又要满足动态范围的要求。

五、注意事项

（1）注意保护光电倍增管。光电倍增管内为高真空状态，封装尾管易受到外力或振动的损伤，所以应尽力保证其安全，特别对于带有过渡封装的合成石英壳的光电倍增管，应特别注意外力冲击、机械振动等影响。

（2）保持阴极面和管基清洁。勿裸手触摸阴极面、玻璃芯柱和管基。阴极面上的指痕和灰尘会造成透过率降低，玻璃芯柱和管基上的污物可能引起漏电。如阴极面、玻璃芯柱和管基被弄脏，请用无水乙醇擦去污物保持清洁。

（3）勿暴露于强光下。直接暴露于日光或其它强光下会使光电阴极面损坏。即使光电倍增管不工作时也绝不允许日光和其它强光（包括紫外光、可见光、近红外光等）照射光电阴极。

六、思考题

（1）为什么光电倍增管仅用于测量微弱辐射？
（2）光电倍增管产生暗电流的原因有哪些？

实验 5.10　光电耦合器特性测量

光电耦合器（包括光电开关）是一种非常有用的功能器件，它在工业控制、计算机接口、不同电平间的信号传输等领域发挥着非常重要的作用。

一、实验目的

（1）掌握光电耦合器的基本特性、特性参数的测量方法及其基本应用；
（2）掌握光电耦合器关于电流传输比、光电隔离特性、输入输出时间响应与抗干扰等主要特性；
（3）掌握光电耦合器的典型应用与基本应用。

二、实验原理

光电耦合器与光电开关的外形结构如图 5.10 - 1 所示，它通常由 LED 发光二极管与半导体光电器件（如光电二极管、光电三极管、达林顿光电三极管等）封装在一起构成。将发光器件与光电器件分开封装的器件（如图 5.10 - 1 中 a、b、c）均称为光电开关；而发光器件与光电器件同封装在一个器件内的器件（如图 5.10 - 1d）称为光电耦合器。每种器件又因参数的不同而衍生出很多种类型或型号不同的光电开关与光电耦合器件，由于外形、特性的不同而应用于不同的领域；但是，它们同属于一类器件，有着共同的特性。

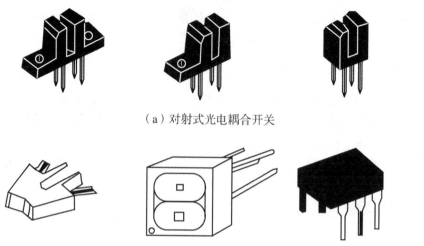

（a）对射式光电耦合开关

（b）同侧光电耦合开关　（c）同侧光电耦合开关　（d）DIP封装的光电耦合器

图 5.10 - 1　几种光电耦合器与光电开关外形图

1. 电流传输比 β

在直流工作状态下，光电耦合器件的集电极电流 I_c 与发光二极管的注入电流 I_F 之比定义为光电耦合器件的电流传输比，用 β 表示。如图 5.10 - 2 所示为光电耦合器件的输出特性曲线，在其中部取一工作点 Q，它所对应的发光电流为 I_{FQ}，对应的集电极电流为 I_{cQ}，因此该点的电流传输比为

$$\beta_Q = I_{cQ}/I_{FQ} \times 100\% \tag{5.10 - 1}$$

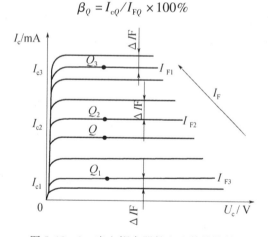

图 5.10 - 2　光电耦合器件电流传输特性

如果工作点选在靠近截止区的 Q_1 点时，虽然发光电流 I_F 变化了 ΔI_F，但相应的 ΔI_{c1}，变化量却很小。这样，β 值很明显地要变小。同理，当工作点选在接近饱和区 Q_3 点时，β 值也要变小。这说明工作点选择在输出特性的不同位置具有不同的 β 值。因此，在传送小信号时，用直流传输比是不恰当的，而应当用所选工作点 Q 处的小信号电流传输比来计算。这种以微小变量定义的传输比称为交流电流传输比。它用 $\tilde{\beta}$ 来表示。即

$$\tilde{\beta} = \Delta I_c/\Delta I_F \times 100\% \tag{5.10 - 2}$$

对于输出特性线性度做得比较好的光电耦合器件，β 值很接近 $\tilde{\beta}$ 值。在一般的线性状

态使用中，都尽可能地把工作点设计在线性工作区；对于开关使用状态，由于不关心交流与直流电流传输比的差别，而且在实际使用中直流传输比又便于测量，因此通常都采用直流电流传输比 β。

需要指出，光电耦合器件的电流传输比与三极管的电流放大倍数都是输出与输入电流之比值，从表面上看是一样的，但它们却有本质的差别。在三极管中，集电极电流 I_c 总是比基极电流 I_b 大几十甚至几百倍。因此，把三极管的输出与输入电流之比值称为电流放大倍数。而光电耦合器件内的输入电流使发光二极管发光，光电耦合器件的输出电流是光电接收器件（光电二极管或光电三极管）接收到的光产生的光电流，可用 αI_F 表示，其中 α 是与发光二极管的发光效率、光敏三极管的增益及二者之间距离等参数有关的系数，通常称为光激发效率。而激发效率一般比较低，所以 I_F 一般要大于 I_c。所以光电耦合器件在不加复合放大三极管时，其电流传输比总小于 1，通常用百分数来表示。

2. 光电耦合器件的时间响应

光电耦合器件在脉冲电压信号作用下的时间响应特性用输出端的上升时间 t_r 和下降时间 t_f 描述。如图 5.10 - 3 所示为典型光电耦合器件的脉冲响应特性曲线，从输入端输入矩形脉冲，采用频率特性较高的脉冲示波器观测输出信号波形，可以看出，输出信号的波形产生延迟现象。通常将脉冲前沿的输出电压上升到满幅度的 90% 所需要的时间称为上升时间，用 t_r 表示；而脉冲下降沿过程中，输出电压的幅度由满幅度下降到 10% 所需要的时间称为下降时间，用 t_f 表示。

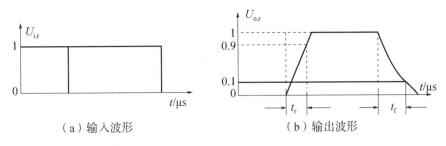

（a）输入波形　　　　　　　（b）输出波形

图 5.10 - 3　典型光电耦合器件时间响应特性

最高工作频率 f_m、脉冲上升时间 t_r 和下降时间 t_f 都是衡量光电耦合器件动态特性的参数。当用光电耦合器件传送小的正弦信号或非正弦信号时，用最高工作频率 f_m 来衡量较为方便，而当传送脉冲信号时，则用 t_r 和 t_f 来衡量较为直观。

t_r、t_f 与 f_m 一样，也与负载电阻的阻值有关，减小负载电阻可以使光电耦合器获得更高的时间响应特性。

3. 光电耦合器件的伏安特性

光电耦合器件的伏安特性通常指光电耦合器件的输出特性，是光电器件（光电二极管、三极管等）的输出特性，它与光电二极管、三极管的伏安特性相同。如图 5.10 - 4 所示为典型光电耦合器的伏安特性。

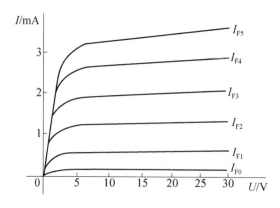

图 5.10 - 4　光电耦合器的伏安特性

4. 光电耦合器件的隔离特性

光电耦合器件的隔离特性常用输入与输出间的隔离电压和输入与输出间的绝缘电阻来描述。

1）输入与输出间隔离电压 BV_{CFO}

光电耦合器件的输入（发光器件）与输出（光电接收器件）的隔离特性可用它们之间的隔离电压 BV_{CFO} 来描述。一般低压使用时隔离特性都能满足要求；而在高压使用时，隔离电压成为重要的参数。绝缘耐压与电流传输比都与发光二极管和光敏三极管之间的距离有关，当二者距离增大时，绝缘耐压提高了，但电流传输比却降低了；反之，当两者距离减小时，虽增大了 β，但 BV_{CFO} 却降低了。这是一对矛盾，可以根据实际使用要求来挑选不同种类的光电耦合器件。如果制造工艺得到改善，可以得到既具有很高的 β 值又具有很高绝缘电压的光电耦合器件。目前，北京光电器件厂生产的光电耦合器件的 BV_{CFO} = 500V，采用特殊的组装方式，可制造出用于高压隔离应用的耐压高达几千伏或上万伏的光电耦合器件。

2）输入与输出间的绝缘电阻 R_{FC}

光电耦合器件隔离特性另一种描述方式是绝缘电阻。光电耦合器件的隔离电阻一般在 $10^9 \sim 10^{13}\Omega$ 之间。它与耐压密切相关，它与 β 的关系和耐压与 β 的关系一样。

R_{FC} 的大小意味着光电耦合器件的隔离性能的好坏。光电耦合器件的 R_{FC} 一般比变压器原副边绕组之间的绝缘电阻大几个数量级。因此，它的隔离性能要比变压器好得多。北京光电器件厂生产的光电耦合器件绝缘电阻 R_{FC} 值一般可以达到 $10^{11}\Omega$，可耐 1kV 以上的高压。

5. 光电耦合器件抗干扰特性

光电耦合器件之所以具有很高的抗干扰能力，主要有下面几个原因：

①光电耦合器件的输入阻抗很低，一般为 $10\Omega \sim 1k\Omega$；而干扰源的内阻都很大，一般为 $10^3 \sim 10^6\Omega$。按一般分压比的原理来计算，能够馈送到光电耦合器件输入端的干扰噪声就变得很小了。

②由于一般干扰噪声源的内阻都很大，虽然也能供给较大的干扰电压，但可供出的能量却很小，只能形成很微弱的电流。而光电耦合器件输入端的发光二极管只有在通过一定的电流时才能发光。因此，即使是电压幅值很高的干扰，由于没有足够的能量，不能使发

光二极管发光，从而被它所抑制。

③光电耦合器件的输入 – 输出边是用光耦合的，且这种耦合又是在一个密封管壳内进行的，因而不会受到外界光的干扰。

④光电耦合器件的输入 – 输出间的寄生电容很小（一般为 $0.5 \sim 2\text{pF}$），绝缘电阻又非常大（一般为 $10^{11} \sim 10^{13}\,\Omega$），因而输出系统内的各种干扰很难通过光电耦合器件反馈到输入系统。

三、实验仪器

①GDS – Ⅲ型光电综合实验平台主机 1 台；

②兆欧表 1 台；

③连接线 6 条。

四、实验内容及步骤

1. 实验内容

①光电耦合器件电流传输比的测量；

②光电耦合器件伏安特性的测量；

③光电耦合器件时间响应的测量；

④光电开关的应用实验；

⑤光电耦合器件隔离特性的测量。

2. 实验步骤

1）电流传输比的测量

首先在光电实验平台上找到光电耦合器件的引出端插孔，并将它按图 5.10 – 5 所示的电路连接，然后用数字电流表分别测量流过发光管的电流 I_{LED} 和流过光电器件的电流 I_{p}。

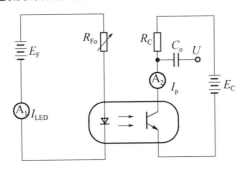

图 5.10 – 5 电流传输比测量电路

电路接好后合上实验平台电源开关，用外接电阻的方式改变电阻 R_{F}，记录不同电流 I_{LED} 下的 I_{p} 值，并将其填入表 5.10 – 1。由式（5.10 – 1）计算出被测光电耦合器件的电流传输比 β，将其填入表 5.10 – 1。

表 5.10-1　光电耦合器件电流传输比测量值

I_{LED}/mA							
I_p/mA							
β							

　　将表 5.10-1 的数值在图 5.10-6 中找到相应的点，将这些点连起来便是光电耦合器件的电流传输比 β 曲线。由曲线可以看出光电耦合器的电流传输比并非为常数，它与发光电流有关，也与光电三极管的工作状态有关。

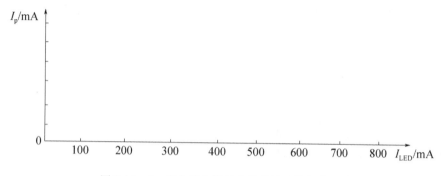

图 5.10-6　光电耦合器件电流传输比特性曲线

2）测量光电耦合器件的伏安特性

　　测量光电耦合器件的伏安特性时，将图 5.10-5 中的电源用阶梯波电源，即将发光二极管的阳极接到实验平台左边画有阶梯波形的插座上。光电耦合器件的输出部分电源用锯齿波扫描电压，并以测量电压 U_o 的方式测量输出电流 I_p，改动后的电路如图 5.10-7 所示。

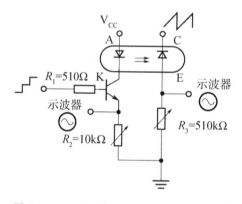

图 5.10-7　光电耦合器伏安特性测量电路

　　按图 5.10-7 电路接好，将光电耦合器的输出信号 U 接到实验平台的输入端 CH_1 上。合上实验平台的电源开关，执行光电耦合器伏安特性测量软件，在界面上选定测量条件后，即可进行测量工作（具体测量步骤可参考实验 5.4 光电二极管伏安特性的测量）。计算机显示屏上将显示出与图 5.10-4 所示图形类似的曲线，为被测光电耦合器件的输出伏安特性曲线。将光电耦合器的伏安特性曲线用抓图的方法存入计算机，并填入实验报告。

3）光电耦合器时间响应的测量

光电耦合器时间响应的测量电路如图 5.10 – 8 所示，光电耦合器的发光二极管由脉冲信号源供电，由于发光二极管的时间响应远远高于光电二极管、三极管，因此，发光二极管发出近似的方波辐射光脉冲，光电三极管在方波辐射作用下的输出信号由于它具有上升时间 t_r 和下降时间 t_f，其输出信号 U_o 将产生延迟。将输入给发光二极管的方波脉冲接到实验平台输入端口 CH_1 上，用作同步数据采集的同步控制；输出信号 U_o 接到实验平台的输入端 CH_2 上，作为被测信号。接好后，合上实

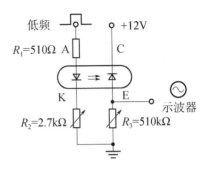

图 5.10 – 8　时间响应测量电路

验平台电源开关，执行光电耦合器时间响应的软件，计算机显示屏上将显示出输入脉冲与输出脉冲之间的时间关系，即光电耦合器的时间响应。从曲线可以找到上升时间 t_r 和下降时间 t_f。将光电耦合器的时间响应特性曲线用抓图的方法存入计算机，并填入到实验报告。

五、思考题

（1）光电耦合器件一般适用在哪些场合？

（2）光电耦合器件在电路中的信号传输作用与电容的隔直传交作用有什么不同？

实验 5.11　光敏元件的特性及电机转速测量

在生产中，经常需要测量电机的转速，如发动机、电动机、机床等，以实现自动控制。光电传感器和霍尔传感器是常用的两种测速元件。

一、实验目的

（1）掌握光电传感器和霍尔传感器的工作原理及特性；

（2）了解电机转速的测量方法。

二、实验原理

1. 光电测速

光电传感器由发光管和光敏管组成，可传输模拟信号和数字信号，可用来非接触测量电机转速，具有无电磁干扰、响应速度快（微秒，甚至纳秒量级）、体积小、重量轻、成本低等优点。

光电传感器有反射式和透射式两种，本实验采用透射式。为了实现透射式测速和提高测

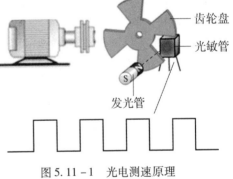

图 5.11 – 1　光电测速原理

速精度，在电机的转轴上安装一个齿轮码盘，齿轮码盘的两侧分别放置发光管和光敏管如图 5.11 – 1 所示。当发光管发出的光被齿轮挡住时，光敏管输出低电平（或高电平，依光

217

敏管的后续电路类型而定）；当发光管的光通过齿轮的缺口时，光敏管输出高电平（或低电平）。因此，当电机转动时，光敏管就输出周期性脉冲信号，用示波器或频率计测出脉冲计数，从而得到电极的转速，如图 5.11 – 2 所示。由于光电传感器的响应速度有限，光敏管输出脉冲的上升沿缓慢，表现为有 t_r 的上升时间。所以，光敏管的输出脉冲 U_{o1} 用整形电路变为矩形脉冲 U_{o2}，然后输到示波器测量。

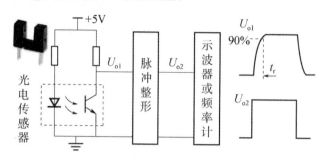

图 5.11 – 2　光电测速电路

依据脉冲计数来测量电机转速的常见方法有 M 法（测频率法）、T 法（测周期法）和 M／T 法（测频率/周期法）。M 法在高速时测量较准，T 法在低速时测量较准，而 M／T 法则是前两种方法的结合，从而使得在整个速度范围内都有较好的准确性。

设码盘有 m 个等间距的齿轮，电机的转速为 n r/s，则在 1s 内光敏管输出的脉冲数即频率 $f = m \times n$，则转速为：

$$n = \frac{f}{m} \tag{5.11 – 1}$$

在本实验中，$m = 100$，只要用示波器测出脉冲频率 f，由式（5.11 – 1）就可以求得转速 n（r/s）。

2. 霍尔效应测速

霍尔传感器具有无触点、无火花、体积小、寿命长等优点，常用霍尔传感器来测量电机转速。如图 5.11 – 3 所示，在电机转轴上固定一只磁钢，在磁钢的同一平面内安装霍尔元件 A 和霍尔元件 B（不随电机转动）。磁钢每随电机转动一周，霍尔元件产生的霍尔电压（$U_H = K_H IB$）就变化一次，霍尔元件 A 和 B 分别输出一个脉冲。用示波器测出脉冲频率 f，则电机的转速 $n = f$。

由于霍尔元件 A 和 B 安装在电机的不同位置，故它们产生的脉冲相位不同。设脉冲的周期为 T，两脉冲上升沿的时间差为 t，则两脉冲的相位差为：

$$\varphi = \frac{t}{T} \times 2\pi \tag{5.11 – 2}$$

式（5.11 – 2）也是霍尔元件 A 与 B 的角度距离。设霍尔元件 A 与 B 到电机轴心 O 点的距离为 r，则霍尔元件 A 与 B 的圆周距离为：

$$l = r\varphi \tag{5.11 – 3}$$

由于霍尔元件产生的信号不是很好的矩形脉冲，所以霍尔元件 A 和 B 采用单片霍尔传感器 A3141。如图 5.11 – 4 所示，A3141 将霍尔片、电流源、差分放大器及施密特等电

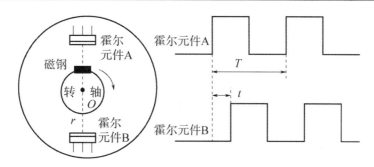

图 5.11 - 3 霍尔效应测速原理

路集成在一起，经信号整形，A3141 的 3 脚输出矩形脉冲。

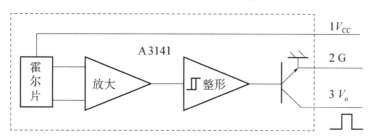

图 5.11 - 4 霍尔传感器 A3141 结构框图

三、实验仪器

示波器，直流电机，光电传感器，霍尔传感器，直流电源（0 ～ 8V）。

四、实验内容及步骤

1. 光电测速

（1）按图 5.11 - 1 装好光电传感器，按图 5.11 - 2 接好电源和示波器。

（2）接通实验仪电源，调节电机的电源电压分别为 1V、2V、3V、4V、5V，用示波器测量光敏管输出的脉冲频率，将数据填入自拟的表格中。

（3）由式（5.11 - 1）计算电机转速，画出电机转速与电源电压的关系曲线，分析曲线特点。

（4）交换电机的电源极性，使电机反转，重复步骤（2）、（3）。

2. 霍尔效应测速

（1）按图 5.11 - 4 接好电源和示波器。

（2）接通实验仪电源，调节电机的电源电压分别为 1V、2V、3V、4V、5V，用示波器测出霍尔片 A 或 B 的 3 脚输出脉冲频率 f，则电机转速 $n = f$。将数据填入自拟的表格中，在光电测速法同一坐标系中画出电机转速与电源电压的关系曲线。

（3）交换电机的电源极性，使电机反转，重复步骤（2）。

（4）比较霍尔效应测速法与光电测速法曲线的差异，分析误差原因。

（5）用示波器测出霍尔片 A 与 B 的脉冲相差，由式（5.11 - 2）、式（5.11 - 3）算出霍尔元件 A 与 B 的圆周距离。

五、思考题

（1）依据脉冲计数测量电机转速的常见方法常有 M 法和 T 法，测高速和低速分别采用哪种方法较好？为什么？

（2）光电测速时在电机转轴上安装齿轮码盘的作用是什么？码盘的齿轮数与测速精度有什么关系？

（3）霍尔传感器测速有何优点、缺点？

实验 5.12　光电探测器灵敏度及线性度研究

光电探测器能够利用光电效应将入射到物体表面的辐射能转换成可测量的电量。它在军事和国民经济的各个领域有广泛用途：在可见光或近红外波段主要用于射线测量和探测、工业自动控制、光度计量等；在红外波段主要用于导弹制导、红外热成像、红外遥感等方面。在使用光电探测器时，需要关注其灵敏度及线性度。

一、实验目的

（1）学习常见光电探测器的工作原理和使用方法；

（2）掌握光电三极管、光电池的光照度特性及其测试方法；

（3）了解光照度的基本知识和测量原理、方法。

二、实验原理

1. 光电效应

光电探测器件的物理基础是光电效应，光电效应分为外光电效应和内光电效应两大类。在光线作用下，物体的电子逸出物体表面、向外发射的现象称为外光电效应。基于外光电效应的光电器件有光电管、光电倍增管等。内光电效应是指光与物体内的电子作用后，电子不逸出物体外，而是在物体内使导电率发生变化（光电导效应）或产生电动势（光生伏特效应）的现象。光敏电阻就是基于光电导效应的。本实验所研究的光电三极管和光电池则是基于光生伏特效应的光电探测器。

2. 光电三极管工作原理和特性

光电三极管和普通三极管相似，也具有电流放大作用，只是它的集电极电流不只是受基极电路和电流控制，同时也与所受到的光辐射有关。通常基极不引出，但也有一些光电三极管的基极有引出，用于温度补偿和附加控制等作用。

当具有光敏特性的 PN 结受到光辐射时（如图 5.12 - 1 所示），形成光电流，由此产生的光生电流由基极进入发射极，从而在集电极回路中得到一个放大了相当于 β 倍的信号电流。不同材料制成的光电三极管具有不同的光谱特性，与光电二极管相比，前者具有很大的光电流放大作用，即很高的灵敏度。

光电三极管一般在基极开放状态下使用（外部导线有两条线的情形比较多），而将电压施加至发射极、集电极的两个端子，以便将偏置电压施加到集电极接合部。在这个状态下，光线入射到基极的表面时，受到偏置电压影响的基极、集电极之间会有光电流 I_p 流过，发射极接地的晶体管也与上述情况一样，电流被放大了 β 倍（晶体管的电流放大率为 β），成为流至外部端子的光电流。

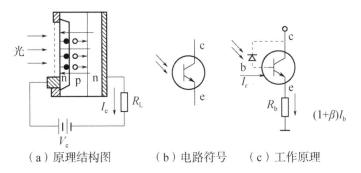

（a）原理结构图　　　（b）电路符号　　　（c）工作原理

图 5.12 - 1　3DU 型光电三极管结构及电路符号

3. 光电池工作原理和特性

光电池的结构及工作原理如图 5.12 - 2 所示。当 n 型半导体和 p 型半导体结合在一起后，由于热运动，n 区的电子向 p 区扩散，而 p 区的空穴也向 n 区扩散。结果是 n 区靠近交界处留下较多的空穴，而 p 区靠近交界处留下较多的电子，于是在交界处形成一个电场，由 n 区指向 p 区。当光照射 pn 结区时，如果光子能量足够大，将在结区附近激发出电子 - 空穴对，称为光生空穴或光生电子。在 pn 结电场的作用下，n 区的光生空穴被拉到 p 区，p 区的光生电子被拉到 n 区，结果，在 n 区聚积负电荷，p 区聚积正电荷。这样，n 区和 p 区之间就出现了电位差。若将 pn 结两端用导线连起来，电路中就有电流流过，电流方向由 p 区经外电路至 n 区。

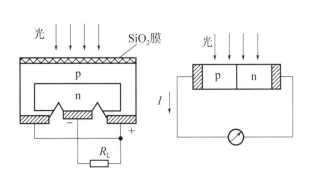

图 5.12 - 2　光电池结构及工作原理图　　　图 5.12 - 3　光电池的光谱特性曲线

光电池对不同波长的光的灵敏度是不同的，这称为光谱特性。由不同半导体材料制成的光电池的光谱特性不同，如图 5.12 - 3 所示。

在不同光照度下，其光电流和光生电动势是不同的，它们之间的关系称为光照特性，如图 5.12 - 4 所示。

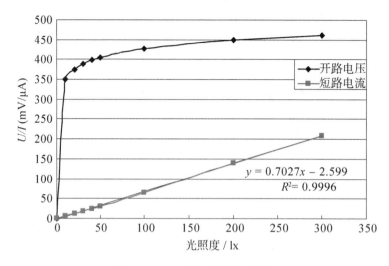

图 5.12 - 4　光电池的光照特性

4. 灵敏度和线性度的概念

灵敏度和线性度是包括光电探测器在内的各种传感器的重要特性指标。灵敏度表征传感器对输入量变化的反应能力，其数值由系统输出变化量与引起该变化量的输入变化量的比值来表示，具体到本实验所要研究的光电探测器，灵敏度的数值就是光电流（或者电阻值）的变化量和光照强度变化量的比值，可以用下列公式表示：

$$S = \frac{\Delta y(\text{光电流值变化})}{\Delta x(\text{光通量变化})}$$

当光电探测器响应特性是一条理想的直线时，直线的斜率即为灵敏度，是一个常数；当响应特性表现为非线性时，灵敏度不为常数，通常用指定测试范围内的平均灵敏度来分段表示，灵敏度 S 的值越大，表示相同的输入量引起的输出量变化越大，则探测器的灵敏度越高。

通常情况下，光电探测器的响应特性表现为非线性，可以用下列多项式表示：

$$y = s_0 + s_1 x + s_2 x^2 + s_3 x^3 + \cdots + s_n x^n$$

通常可以根据所测量的输出值和输入值，利用最小二乘法对曲线进行拟合。同其它传感器一样，光电探测器的线性度也是指探测器响应特性对选定拟合直线的接近程度。换言之，也就是在整个测量范围内，探测器的灵敏度变化情况。

三、实验仪器及准备

1. 实验仪器

电压源，LED（1 W），光电三极管，光电池，电阻，照度计，电流表，电压表。

2. 预习要求

学生要先学习光电检测技术中有关光电检测器的内容，掌握光电三极管和光电池的工作原理。

四、实验内容与步骤

1. 光电三极管的光照度特性测试

按图 5.12 – 5 所示接好线路，将可调电源调至 0V，打开电源，调节电源电压至 LED 开启，随后缓慢增加电源电压以改变 LED 亮度（可以通过调节 LED 距离改变光强，LED 电压不可超过 3.7V）。读出照度计上的光照度为 500 lx 时，取偏置电压 0 ～ 9V 中 5 个点，作出光电三极管偏置电压 – 光电流关系曲线。

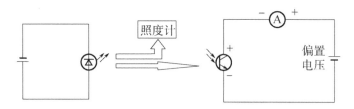

图 5.12 – 5 光电三极管光电特性测试

2. 光电三极管伏安特性测试

如图 5.12 – 5 所示，将光电三极管"+"端与电流表"–"端用导线连接，光电三极管"–"端与电源负端相连。

取偏置电压为 6V，按前述方法改变 LED 亮度，分别测量出光电三极管在 0 ～ 1000 lx 内 10 个不同照度下的光电流，即可得出光电三极管的光电特性曲线。

3. 光电池的光电特性测试

1）开路电压特性测试

如图 5.12 – 6 所示，将光电池电压输出"+"端与电压表"+"端相连，光电池电压输出"–"端与电压表"–"端相连。电压表挡位调至 2V 挡，调节 LED 电压，逐渐增大光照度，记下不同光照度下的开路电压值，作出光照度 – 开路电压特性曲线。

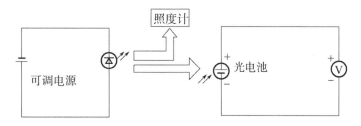

图 5.12 – 6 开路电压特性测试

2）短路电流特性测试

如图 5.12 – 7 所示，将光电池电压输出"+"端与电流表"+"端相连，光电池电压输出"–"端与电流表"–"端相连。电流表挡位调至 2mA 挡，调节 LED 电压，逐渐增大光照度，记下不同光照度下的短路电流值，作出光照度 – 短路电流特性曲线。

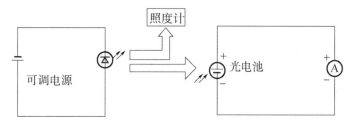

图 5.12 – 7 短路电流特性测试

4. 光电池负载特性测试

如图 5.12 - 8 所示，负载电阻选择为 $R_L = 1k\Omega$，光照度调至最小，电压表选择 2V 挡，电流表选 2mA 挡。打开电源，将光照度调到 100 lx，记录电流和电压。

负载电阻分别选 1kΩ、10kΩ、100kΩ、1MΩ，记录下相应的电流和电压，作出光电池的光生电流和光生电压随负载变化的曲线。

在 0 ～ 2000 lx 内 10 个不同光照度下重复上述步骤，测出负载特性曲线。

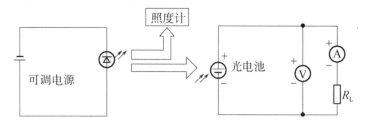

图 5.12 - 8　光电池伏安特性测试

实验完成后，计算光电三极管和光电池的灵敏度和线性度。

五、注意事项

（1）接线时应关闭电源，电压调节时不要超过元件最高电压；

（2）当电表显示为"1."时，说明超出了量程，应换大量程；

（3）要注意光电三极管和光电池的极性连接的正确性。

六、思考题

（1）搜索光电二极管资料，了解如何辨别光电二极管和光电三极管。

（2）比较不同光照度下，光电三极管和光电池特性曲线的区别。

（3）比较不同光照度下，光电池伏安特性曲线的区别，分析产生的原因。

实验 5.13　调制传递函数的测量和成像系统像质评价

光学成像系统是信息传递的系统，光波携带输入图像的信息从物平面传播到像平面，输出像的质量完全取决于光学系统的传递特性。理想成像要求物平面与像平面之间一一对应。实际中，点物不能成点像，其原因就是通过成像系统后像质会变坏。传统的光学系统像质评价方法是星点法和鉴别率法，但它们均存在自身的缺点。

20 世纪 50 年代，霍普金斯（H. H. Hopkins）提出了光学传递函数的概念，其处理方法是将输入图像看作由不同空间频率的光栅组成，通过研究这些空间频率分量在系统传递过程中丢失、衰减、相移等的变化情况，计算出光学传递函数的值并作出曲线来表征光学系统对不同空间频率图像的传递性能，这种方法是一种比较科学和全面的评价成像系统成像质量的方法。现在人们广泛用传递函数作为像质评价的判据，使质量评价进入客观计量。

一、实验目的

（1）了解传递函数测量的基本原理，掌握传递函数测量和成像质量评价的近似方法；

（2）通过对不同空间频率的矩形光栅进行成像，测得透镜的调制传递函数。

二、实验原理

任何二维物体 $g(x, y)$ 都可以分解成一系列沿 x 方向和 y 方向的不同空间频率（ν_x, ν_y）的简谐函数（物理上表示正弦光栅）的线性叠加：

$$g(x,y) = \int_{-\infty}^{\infty} \int_{-\infty}^{\infty} G(\nu_x,\nu_y)\exp\left[\,\mathrm{i}2\pi(\nu_x x + \nu_y y)\,\right]\mathrm{d}\nu_x\mathrm{d}\nu_y \qquad (5.13-1)$$

式中 $G(\nu_x, \nu_y)$ 是物体函数 $g(x, y)$ 的傅里叶谱，它表示物体所包含的空间频率（ν_x, ν_y）的成分含量，其中低频成分表示缓慢变化的背景和大的物体轮廓，高频成分则表征物体的细节。

当该物体经过光学系统后，各个不同频率的正弦信号发生两种变化：首先是对比度下降，其次是相位发生变化，而相应的 $G(\nu_x, \nu_y)$ 变为像的傅里叶谱 $G'(\nu_x,\nu_y)$，这一综合过程可表示为：

$$G'(\nu_x,\nu_y) = G(\nu_x,\nu_y) \cdot H(\nu_x,\nu_y) \qquad (5.13-2)$$

式中 $H(\nu_x, \nu_y)$ 称为光学传递函数，它是一个复函数，可以表示为：

$$H(\nu_x,\nu_y) = m(\nu_x,\nu_y)\exp\left[\,\mathrm{j}\phi(\nu_x,\nu_y)\,\right] \qquad (5.13-3)$$

它的模 $m(\nu_x, \nu_y)$ 被称为调制传递函数（modulation transfer function，MTF），相位部分 $\phi(\nu_x,\nu_y)$ 则称为相位传递函数（phase transfer function，PTF）。

对像的傅里叶谱 $G'(\nu_x,\nu_y)$ 再做一次逆变换，就得到像的复振幅分布：

$$g'(x,y) = \int_{-\infty}^{\infty} \int_{-\infty}^{\infty} G'(\nu_x,\nu_y)\exp\left[\,-\mathrm{i}2\pi(\nu_x x + \nu_y y)\,\right]\mathrm{d}\nu_x\mathrm{d}\nu_y \qquad (5.13-4)$$

空间频率是用一种叫"光栅"的目标板来测试，它的线条从黑到白逐渐过渡，见图 5.13 − 1。

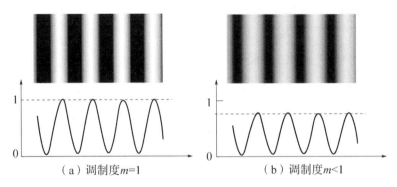

（a）调制度 $m=1$　　　　　　　　（b）调制度 $m<1$

图 5.13 − 1　正弦光栅及其规一化光强分布

相邻的两个最大值的距离是正弦光栅的空间周期，单位是毫米（mm）。空间周期的倒数就是空间频率（spatial frequency），单位是线对/毫米（lp/mm）。正弦光栅最亮处与最暗处的差别，反映了图形的反差（对比度）。设最大亮度为 I_{max}，最小亮度为 I_{min}，我们用调制度（modulation）表示反差的大小。调制度 m 定义如下：

$$m = \frac{I_{max} - I_{min}}{I_{max} + I_{min}} \qquad (5.13-5)$$

很明显，调制度介于 0 和 1 之间。图 5.13 – 1a 表示 $m=1$ 的情况，图 5.13 – 1b 表示 $m<1$ 的情况。显然，调制度越大，反差越大。当最大亮度与最小亮度完全相等时，反差完全消失，这时的调制度等于 0。

光学系统的调制传递函数表示为给定空间频率情况下，像和物的调制度之比：

$$\mathrm{MTF}(\nu_x, \nu_y) = \frac{m_i(\nu_x, \nu_y)}{m_0(\nu_x, \nu_y)} \qquad (5.13-6)$$

$\mathrm{MTF}(\nu_x, \nu_y)$ 表示在传递过程中调制度的变化，一般来说 MTF 越高，系统的像越清晰。显然，当 MTF $=1$ 时，表示像包含了物的全部信息，没有失真。但由于光波在光学系统孔径上发生的衍射以及像差（包括光学元件设计中的余留像差及装调中的误差），信息在传递过程中的失真不可避免。总的来讲，空间频率越高，传递性能越差。除零频以外，MTF 的值永远小于 1。平时所说的光学传递函数往往就是指调制度传递函数 MTF。图 5.13 – 2 给出一个光学镜头的 MTF 曲线。

本实验用 CCD 对矩形光栅的像进行抽样处理，测定像的归一化的调制度，并观察离焦对 MTF 的影响。

一个给定空间频率下的满幅调制（调制度 $m=1$）的矩形光栅目标物如图 5.13 – 3a 所示，横坐标是光栅的分布，纵坐标是规一化光强分布。如果光学系统生成无失真像，则抽样的结果只有 0 和 1 两种数据，像仍为矩形光栅，如图 5.13 – 3b。在软件中对像进行抽样统计，其直方图为一对 δ 函数，位于 0 和 1，如图 5.13 – 3c 所示，图的横坐标是规一化光强从 0 ～ 1，纵坐标是对应于光强值的统计结果。

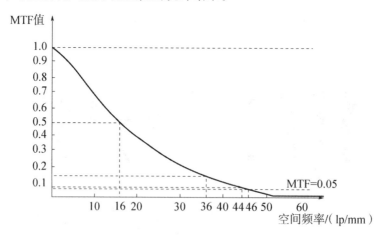

图 5.13 – 2　光学镜头的 MTF 曲线

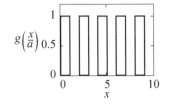

（a）满幅调制(调制度$m=1$)的
矩形光栅目标函数

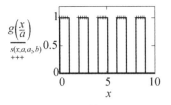

（b）对矩形光栅的无失真像进行
抽样（样点用"+"表示）

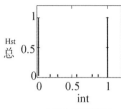

（c）直方图统计

图 5.13 - 3 矩形光栅调制（无失真情况）

由于衍射及光学系统像差的共同效应，实际光学系统的成像不再是矩形光栅，如图 5.13 - 4a 所示，波形的最大值 I_{max} 和最小值 I_{min} 的差代表成像的调制度。对图 5.13 - 4a 所示图形实施抽样处理，其直方图见图 5.13 - 4b。找出直方图高端的极大值 m_H 和低端极大值 m_L，它们的差 $m_H - m_L$ 近似代表在该空间频率下的调制传递函数 MTF 的值。为了比较全面地评价系统的像质，除了要测量出高、中、低不同频率下的 MTF，还应测定不同视场下的 MTF 曲线。

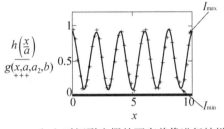

（a）对矩形光栅的不完善像进行抽样
（抽样点用"+"表示）

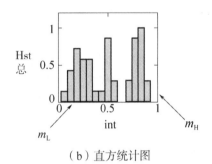

（b）直方统计图

图 5.13 - 4 矩形光栅调制（实际光学系统成像）

镜头是照相机的关键部件，用 MTF 曲线可以定量评价镜头成像质量的优劣。图 5.13 - 5 是照相机镜头随频率 ν 变化的两条 MTF 函数曲线。两个镜头系统①和②的截止频率（当某一频率的对比度下降至零时，说明该频率的光强分布已无亮度变化，即把该频率叫截止频率）$\nu_①$ 和 $\nu_②$ 不同，$\nu_① < \nu_②$，但曲线在①低频部分的值较②大得多。对摄影而言，曲线①的 MTF 值大于曲线②，说明镜头①较镜头②有较高的分辨率，

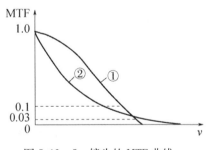

图 5.13 - 5 镜头的 MTF 曲线

且镜头①在低频部分有较高的对比度，用镜头①能拍摄出层次丰富、真实感强的图像。由于人眼的对比度阈值大约为 0.03，在图 5.13 - 5 中 MTF = 0.03 处，曲线②的 MTF 值大于曲线①，说明镜头②用作目视系统较镜头①有较高的分辨率。在实际评价成像质量时，不同的使用目的，其 MTF 的要求不一样。但镜头的 MTF 值越接近 1，镜头的性能越好。

三、实验仪器及准备

1. 实验仪器

硬件：三色面光源、目标板、待测透镜和 CCD，如图 5.13 - 6 所示；

软件：图像采集软件、调制传递函数计算软件。

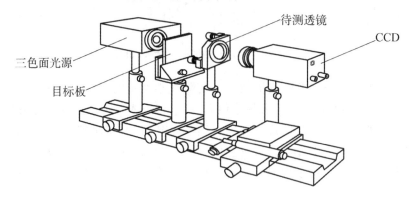

图 5.13 - 6　传递函数实验装置

2. 预备问题

（1）通过网络了解光学传递函数、调制传递函数在照相机镜头上的应用。

（2）什么是光学成像？为什么会产生成像失真？

（3）传统的评价成像质量好坏的方法有哪些？它们有何优缺点？

（4）25 lp/mm 的光栅表示什么意思？

四、实验内容及步骤

（1）参照光路示意图调整光路，将各部件固定到导轨上，调节目标板、待测透镜、CCD 同轴等高。

（2）将 CCD 与图像采集卡相连，打开图像采集软件，确定 CCD 和图像采集卡工作正常。

（3）用 CCD 在成像系统（或透镜）的像平面接收物像信息，调节目标板的位置，使目标板在显示器屏幕中得到相对清晰的放大像（一个条纹单元完整充满软件的显示窗口）。

（4）目标板上有不同空间频率的矩形光栅，每个单元由水平条纹、竖直条纹、全黑、全白四个部分组成，选择想要测量的空间频率的条纹单元，移动目标板使该单元移到光路中心。

（5）点击软件窗口左侧的"局部存储"按钮，此时整个图像静止，屏幕上会出现一红色方框。按住鼠标左键将该方框拖至水平条纹部分，双击方框内部，将所采集图像的数据文件命名并保存至 Mcad 文件夹中，文件后缀为 .prn 不变，如此类推，依次再将竖直条纹部分、全白部分、全黑部分采集并保存至 Mcad 文件夹中。应保证红色方框跨三条以上的明暗条纹。

（6）运行 Mcad 文件夹中的 MTF - new. MCD 文件。将先前保存在 Mcad 文件夹中的水平、竖直、白、黑的 4 个文件名分别粘贴在 MTF – new. MCD 文件相应位置的引号内,该程序将会自动处理,并在最后给出水平方向和竖直方向图文并茂的处理过程和 MTF 值。

(7) 对目标板上的四种空间频率进行测量对比。

(8) 光源分别发出红、绿、蓝三色光,可以用来分别测出三种波长光照下的 MTF 值。

按照以上实验过程,可以完成待测透镜的 MTF 曲线的测量。

五、思考题

根据实验得到的待测透镜的 MTF 曲线,分析此透镜的性能。

实验 5.14 空间滤波与 θ 调制

光学信息处理技术是近 20 多年来发展起来的,在现代光学中占有重要的位置。光学信息处理可以完成对二维图像的传输、变换、增强、恢复、彩色编码等操作。

光学信息处理的理论基础是阿贝二次衍射成像理论。阿贝成像理论认为,物体通过透镜成像的过程是物体发出的光波经过物镜,在其后焦面上产生夫琅和费衍射的光场分布(即第一次衍射的像,傅里叶频谱);然后该衍射像作为新的波源,由它发出的次波在像面上干涉而构成物体的像,称为第二次衍射成像,如图 5.14 – 1 所示。许多的处理是在频谱面上进行。

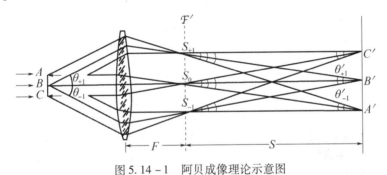

图 5.14 – 1 阿贝成像理论示意图

一、实验目的

(1) 了解光学图像信息处理的基本理论和技术;

(2) 通过实验,了解空间滤波、假彩色编码等。

二、实验原理

1. 阿贝成像及空间滤波实验

图 5.14 – 2 是利用阿贝成像原理设计的图像处理系统。P_1 为物平面,由点光源 S 通过透镜形成的平行光照射此平面上的图片(衍射屏);L_1 后焦面 P_2 为变换面,在此平面上形成图片的频谱;通过此频谱面的光在 P_3 上相干叠加生成像,P_3 为像平面。

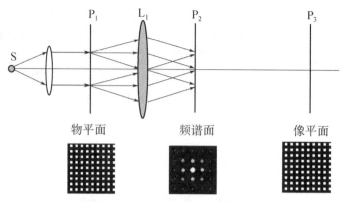

图 5.14 - 2　空间滤波光路示意图

如果输入物体是一维光栅（竖条纹），在频谱面上放置一个遮光屏，只允许某些空间频率的光信号通过，这样所得到的像就只含有和透过的空间频率相对应的光信息，可以取得原图像信息中那些人们特别感兴趣的光学信息。放在频谱面上的遮光屏起到选频的作用，因而遮光屏又称为空间滤波器。图 5.14 - 3a 为滤波器让所有的频谱点通过，输出面上出现与原物一样的图像；图 5.14 - 3b 为滤波器只在中央留有一个孔的遮光屏，这样的滤波器只让 0 级通过，网格全部消失在像平面上，没有呈现原图像；图 5.14 - 3c 是让 0 级和 ±1 级频谱通过，输出平面上看到了明暗相间的条纹，但清晰度很低，图 5.14 - 3d 是让 0 级和 ±1 级、±2 级频谱通过，输出平面上看到了明暗相间的条纹，清晰度有提高；图 5.14 - 3e 是让 0 级和 ±2 级频谱通过，输出平面上看到的像，其周期是物周期的一半，像的结构是余弦振幅光栅；图 5.14 - 3f 是挡去 0 级，输出图像，但衬度反转。

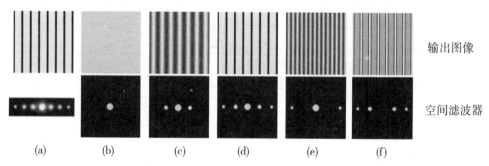

输出图像

空间滤波器

(a)　　(b)　　(c)　　(d)　　(e)　　(f)

图 5.14 - 3　各种空间滤波的输出效果

2. θ 调制实验

θ 调制技术是阿贝成像原理的一种巧妙应用，它将原始像变换成为按一定角度的光栅调制像，将该调制像置于光路中，白光通过这个物片后，将产生数条不同取向的彩色光谱，每一条彩色光谱对应于物片上的一个部分。对于物片的不同部分截取不同的彩色，可形成图像的彩色像，实现假彩色编码，从而得到彩色的输出像。由于这种彩色图像是对不同角度 θ 的光栅产生的光学信息选择的结果，所以称之为 θ 调制。

（1）光路如图 5.14 - 4 所示，按图调节各部件使它们共轴，使图像经透镜成像于毛玻璃屏，此时图像的像不显彩色。

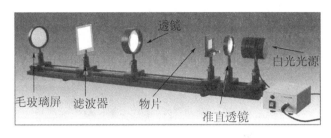

图 5.14 – 4　θ调制光实验装置

（2）物片如图 5.14 – 5 a 所示，天安门分成三部分（如蓝天、红墙、黄地），以不同方向的光栅予以调制，三部分光栅互成一定角度，水平带相应于地，竖直带相应于墙，斜带相应于天。白光通过这个物片后，在傅里叶焦平面上会出现不同方向的彩色光谱带，如图 5.14 –5b 所示，每一条彩色光谱对应于物片上的一个部分。

（3）制作滤波器，使图像中墙所对应的一级光谱中红光能透过，地所对应的一级光谱中黄光能透过，天所对应的一级光谱中蓝光能透过，如图 5.14 – 5c，白色区域表示透光部分，黑色表示不透光部分。将此滤波器放在傅氏面上，使开口对准所需的色光，则在毛玻璃屏上的像呈现彩色：蓝天、红墙、黄地，如图 5.14 – 5d 所示。

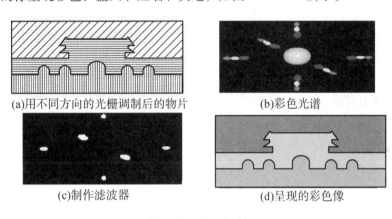

(a)用不同方向的光栅调制后的物片　　　(b)彩色光谱

(c)制作滤波器　　　　　　　(d)呈现的彩色像

图 5.14 – 5　θ 调制

三、实验仪器及准备

1. 实验仪器

图 5.14 – 6 是本实验的系统光路与装置。系统包含了白光光源（溴钨灯）、小孔滤波器、准直镜、输入物体、傅里叶变换透镜、频谱滤波器、场镜、彩色 CCD、彩色监视器等。

2. 预备问题

（1）什么是阿贝成像理论?

（2）了解阿贝 – 波特实验的原理;

（3）了解空间频谱、空间滤波等概念。

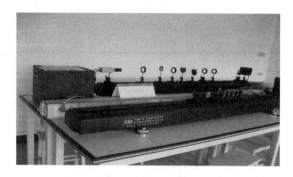

图 5.14 - 6　实验系统光路与装置

四、实验内容及步骤

1. 空间滤波实验

（1）装上单色光源（本实验用 He - Ne 激光器），按照空间滤波实验的要求搭光路（4f 系统）。以正交光栅（网格）作为输入物，在平行单色光照射下，在频谱面放置不同的滤波器来改变物的频谱结构，观察像面上的输出结果并记录下来。

（2）打开白光光源（本实验用溴钨灯），按照空间滤波实验的要求搭光路（4f 系统），在物面位置放置彩色画片。打开白光光源和彩色监视器开关，拿走 CCD 镜头盖，按照同轴等高的原则调节光路，使得监视器上显示清晰的彩色图片。在频谱面处放置圆孔滤波器，改变滤波器的孔径大小，观察显示器上彩色图像的清晰度并记录下来。

2. θ 调制技术实验

光路同上，以 θ 调制板（"天安门"或"三个圆"）作为输入物，在白光照射下，在频谱面对三个衍射方向的一级频谱分别进行红、绿、蓝滤波，观察输出像面上出现的彩色图像，将结果记录下来。

五、思考题

（1）各种空间滤波器（低通、高通、方向）分别有什么作用？

（2）θ 调制技术实验里，原图像上刻蚀不同方向的刻线（光栅）起到什么作用？

实验 5.15　不规则面积的非接触测量

在工业生产中，经常需要对形状不规则的平面物体进行面积测量，例如皮革面积、印刷线路板的线路面积的在线测量等。由于其面积通常比较复杂，而且要求测量快速，通常的方法往往无能为力。本实验是一种能够快速测量不规则面积的方法，它采用图像采集技术，将被测目标的图像采集到计算机中，再应用数字图像处理技术自动计算出被测目标的面积。该方法具有速度快、测量准确等特点，适合各种场合的面积测量。

一、实验目的

（1）掌握基于图像采集的面积测量方法；

（2）掌握图像采集的方法。

二、实验原理

用图像采集处理技术进行不规则面积的测量，其核心是通过图像处理，使待测物体像和背景分离，计算出待测物体像的像素数目，而后计算出待测物体的面积。假定标准物体的面积为 S_s，其像的像素数目为 N，在同样的成像放大倍数下，待测物体像的像素数目为 M，则待测物体的面积为 $S = MS_s / N$。

本实验系统主要包括三部分：①图像采集；②图像处理；③面积计算。流程图如图 5.15 – 1 所示，以 Labview 为平台建立实验系统。

图 5.15 – 1 系统流程图

Labview 是一种图形语言（G 语言），用图标和连线编写程序，它为用户提供了简单、易学的图形编程方式，设计者可以像搭积木一样，用线把各种模块连接起来就可以实现复杂的功能，轻松组建测量系统的仪器面板。在本实验中，使用 NI 的 Vision 模块实现图像的采集。

与图像采集相关的模块如图 5.15 – 2 所示，从左至右依次表示：摄像头列举、初始化、连续图像采集初始化、单次图像采集、连续图像采集、结束。与图像预处理有关的模块如图 5.15 – 3 所示，依次表示：图像的参数调节（亮度、对比度、伽马值）、直方图。

图 5.15 – 2 和图像采集相关的模块

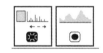

图 5.15 – 3 和图像
预处理有关的模块

实验系统的框图如图 5.15 –4a ～ d 所示。各分图可实现的处理如下：

（a）USB 摄像头的初始化。

（b）用 While 循环对信息进行连续采集，并进行成像系统的初步调节，当放大倍数满足要求、成像清晰时，退出循环，进行单次采集，以进行后续的分析。

（c）图像的预处理，包括亮度、对比度的调节，然后给出直方图，观察前景和背景的分离情况，如果不满意继续调节，直到满足要求，退出循环。

（d）在前景和背景之间选取合适的阈值，计算待测目标所占像素数目。

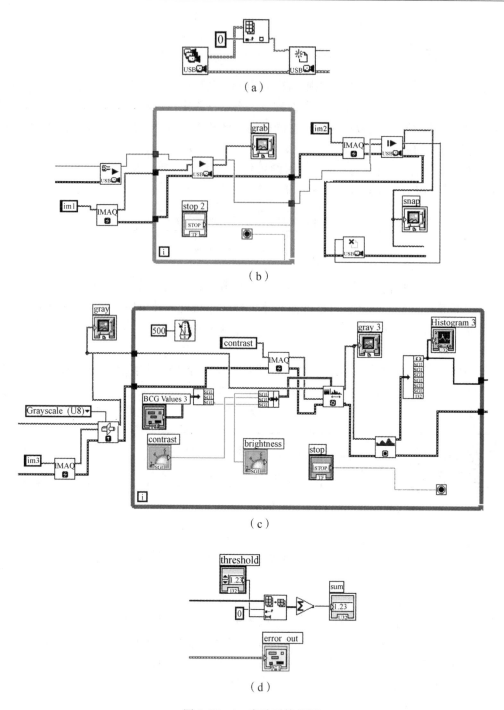

（a）

（b）

（c）

（d）

图 5.15 - 4　实验系统框图

三、实验仪器

图像传感器，计算机，Labview 软件。

四、实验内容与步骤

①建立不规则面积测量系统，编写程序；

②标准样品成像，计算标准样品图像的像素数目，计算出一个像素表示的面积 ΔS；

③确定测量误差；

④待测样品成像；

⑤图像预处理（滤波、亮度和对比度的调节），根据直方图，确定合适的阈值；

⑥计算待测样品图像所占像素数目 M；

⑦计算出待测样品的面积 S。

五、思考题

（1）传统的平面物体面积测量方法有哪些？它们有何优缺点？

（2）确定本测量系统的误差以及误差来源和减小误差的方法。

第二部分　虚拟仿真实验

实验 6.1　LED 伏安特性测量

一、实验目的

（1）理解 LED 的发光机理；

（2）熟悉 LED 的特点；

（3）掌握 LED 的伏安特性测量。

二、实验原理

通常，人们把物体向外发射出可见光的现象称为发光。实际上，发光还有红外、紫外等不可见波段的辐射。目前注入式半导体发光器件已被得到广泛应用。

1. LED 的发光机理

LED 是一种注入型电致发光器件，它由 P 型和 N 型半导体组合而成。

处于平衡状态的 PN 结，存在一定高度的势垒区，注入发光能带的结构如图 6.1 – 1 所示。当在 PN 结的两端加正向偏压时，PN 结区的势垒将降低，大量非平衡载流子从扩散区 n 区注入 p 区，并与 p 区向 n 区扩散的空穴不断地产生复合而发光，由于空穴的扩散速度远小于电子的扩散速度而使发光主要发生在 p 区。

复合的过程是电子从高能级跌落到低能级的过程，若以光辐射的形式释放能量便产生光的辐射或称发光。

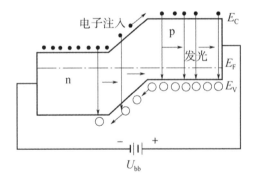

图 6.1 – 1　LED 的发光机理

常见的草帽形 LED 的基本结构如图 6.1 – 2 所示，是一块电致发光的半导体材料，置于一个有引线的架子上，然后四周用环氧树脂密封，起到保护内部芯线的作用。

2. LED 的特点

① 体积小，重量轻，便于集成；

② 工作电压低，耗电少；

③ 颜色多样，色度好；

④ 发光亮度高，亮度便于调节。

3. LED 的伏安特性

LED 的伏安特性与普通二极管大致相同，如图 6.1-3 所示，电压小于开启点的电压值时无电流，电压一超过开启点就显示出欧姆导通的正向特性，当反向电压超过一定数值后，反向电流急剧增加，LED 将被反向击穿，这是 LED 的反向特性。

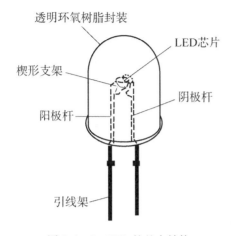

图 6.1-2 LED 的基本结构

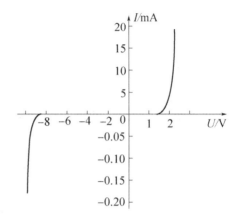

图 6.1-3 LED 的伏安特性曲线

三、实验仪器

①NI ELVIS 仪器 1 台；
②红、绿、蓝、白 LED 光源各 1 个；
③双公杜邦线若干。

四、实验内容及步骤

1. 测量 LED 的伏安特性

（1）LED 的长针脚为正极，短针脚为负极。

（2）将 LED（红、绿、蓝、白 LED 均可）的正极和负极分别插入原型板上左侧的 Terminal Strips 的 DUT +（第 29 行）和 DUT −（第 30 行）接口，如图 6.1-4 所示，原型板上 "30" 之间的 4 个小孔为一组，这 4 个小孔都连接着 Impedance Analyzer（阻抗分析仪）的 DUT −输出端，同样，第 29 行（原型板上未标出）的 4 个小孔都连接着 Impedance Analyzer（阻抗分析仪）的 DUT + 输出端。

（3）检查 NI ELVIS 仪器的数据线是否有连接电脑，电源是否接好，打开 NI ELVIS 仪器的工作台和原型板的电源。

（4）打开 NI ELVISmx Instrument Launcher（NI ELVISmx 仪器发射台），如图 6.1-5 所示。点击 "2-Wire" 选项打开 Two-Wire Current-Voltage Analyzer（双线伏安特性分析仪），如图 6.1-6 所示，在 "Device" 的下拉框选择已连接电脑的 NI ELVIS 仪器。设置扫描电压的参数，"Start"（开始电压）= 0 V，"Increment"（增加步长）= 0.20 V，"Stop"（停止电压）= 5.00 V。设置限制电流，防止 LED 被烧坏或击穿，"Negative"（反向电流）≤ −20.00 mA，"Positive"（正向电流）≤ 20.00 mA。其它设置，"Gain" = Low，电压和电流都选择线性坐标，在 "Cursor On" 前面的方框打钩。

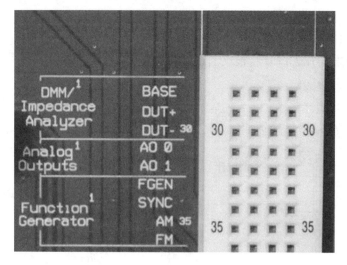

图 6.1 - 4　DUT + 和 DUT - 接口

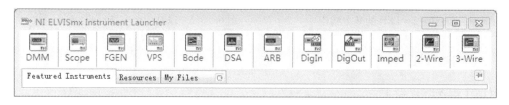

图 6.1 - 5　NI ELVISmx Instrument Launcher 界面

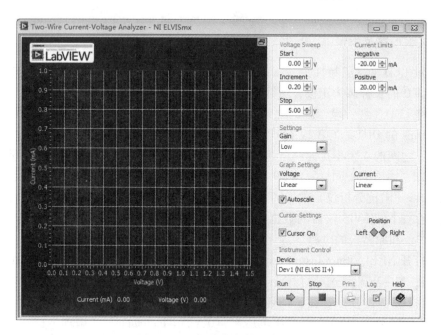

图 6.1 - 6　双线伏安特性分析仪

（5）检查无误后，点击 Two - Wire Current - Voltage Analyzer 的 "Run" 按钮开始测试。

（6）选取绿色 LED，测试结果如图 6.1 - 7 所示，图表的上方提示"Positive current limit exceeded"表明 LED 的正向电流已达到 20mA 的极限，测试自动停止，在"Cursor On"前面的方框打钩，将光标移到图表的最右端，可以看到此时的电流为 20.5 mA，电压为 3.13V。同理，移动光标可以测量 LED 的开启电压和其它参数。

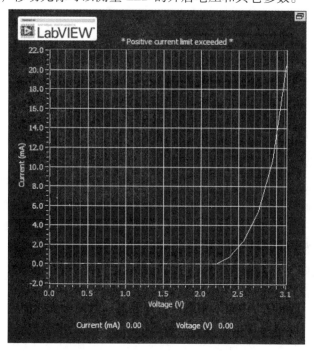

图 6.1 - 7　绿色 LED 的正向伏安特性

（7）点击 Two - Wire Current - Voltage Analyzer 右下角的"Log"按钮保存测试数据。其它颜色的 LED 特性测试请读者自行完成，这里不再赘述。

五、思考题

试分析红、绿、蓝、白 LED 光源的特性的差异。

实验6.2　光电传感器的时间响应测量

一、实验目的

（1）理解光电传感器的时间响应的定义；

（2）掌握光电传感器的时间响应的测量方法；

（3）比较不同光电传感器的时间响应的差异。

二、实验原理

1. 光敏电阻

利用具有光电导效应的材料（如硅、锗等本征半导体与杂质半导体、硫化镉、硒化镉、氧化铅等）可以制成电导率随入射光度量变化的器件，称为光电导器件或光敏电阻。

光敏电阻在微弱辐射作用下，光电导灵敏度与光敏电阻两极间的距离的平方成反比。强辐射作用下，灵敏度与两电极间的二分之三次方成反比。因此，灵敏度与两电极间的距离有较大的关系，为提高灵敏度，应尽量缩短光敏电阻两电极间的距离。图6.2-1所示为常见的蛇形结构的光敏电阻。

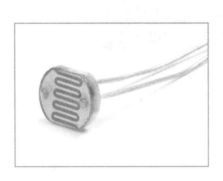

图6.2-1　蛇形结构的光敏电阻

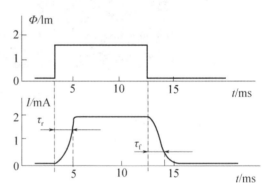

图6.2-2　弱辐射下的时间响应

1）弱辐射下的时间响应

如图6.2-2所示，光敏电阻的上升时间常数τ_r，即光敏电阻的光电流上升到稳态值$I_{\Phi e0}$的63%所需要的时间。在辐射停止后，光敏电阻的光电流下降到稳态值的37%所需要的时间称为光敏电阻的下降时间常数，记为τ_f。

光敏电阻在弱辐射作用下，$\tau_r \approx \tau_f$。

2）强辐射下的时间响应

如图6.2-3所示，光敏电阻的上升时间常数τ_r，即光敏电阻的光电流上升到稳态值$I_{\Phi e0}$的76%所需要的时间。在辐射停止后，光敏电阻的光电流下降到稳态值的50%所需要的时间称为光敏电阻的下降时间常数，记为τ_f。

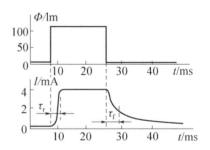

图6.2-3　强辐射下的时间响应

光敏电阻在强辐射作用下，$\tau_r < \tau_f$。

2. 光电二极管

光电二极管是最简单、最具有代表性的光生伏特器件。

光电二极管的时间响应（频率响应）主要由载流子的渡越时间和 RC 时间常数决定。其中载流子的渡越时间包括：

（1）漂移时间：在 PN 结区内光生载流子渡越结区的时间，$\tau_{dr} \approx 10^{-9}$ s。

（2）扩散时间：在 PN 结外产生的光生载流子扩散到结区内所需要的时间 τ_p。

影响光电二极管时间响应的主要因素是扩散时间。

增大反向偏压能够减少扩散时间，但也会使 RC 时间常数增大；从 PN 结的结构设计方面考虑，在不使偏压增大的情况下，使耗尽层扩展到整个 PN 结器件，也能够减少扩散时间。

3. PIN 型光电二极管

在 P 型半导体和 N 型半导体之间夹着一层很厚的本征半导体，称为 I 型层，如图 6.2 – 4 所示。由于 I 层较厚，因此 PN 结的内电场就基本上全集中于 I 层，使 PN 结间距离拉大，结电容变小。由于工作在反向偏压下，随着反偏电压的增大，结电容变得更小，从而提高了 PIN 光电二极管的频率响应。

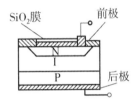

图 6.2 – 4　PIN 型光电二极管

三、实验仪器

①NI ELVIS 仪器 1 台；

②光敏电阻 1 个；

③光电二极管 1 个；

④PIN 型光电二极管 1 个；

⑤C9014 三极管 1 个；

⑥电阻若干；

⑦双公杜邦线若干。

四、实验内容及步骤

1. 三极管和辐射源

三极管具有电流放大的作用，其实质是能够以基极电流微小的变化量来控制集电极电流较大的变化量。本实验中用到的三极管为硅 NPN 三极管，型号是 C9014，采用 TO – 92 封装，管脚图如图 6.2 – 5 所示。

我们选取白色 LED 作为入射辐射源，利用三极管的电流放大作用，在方波信号下得到一定频率的脉冲辐射，其电路图如图 6.2 – 6 所示，其中，基极限流电阻 R_b 通常取 100Ω，发射极电阻 R_e 可以取 1 ～ 10kΩ，V_{CC} 选取 +5V 电压，利用示波器观测辐射开启和停止的时间点。

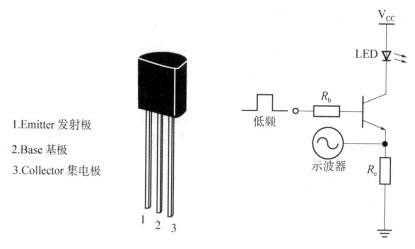

1.Emitter 发射极

2.Base 基极

3.Collector 集电极

图 6.2 - 5　三极管的管脚图　　图 6.2 - 6　脉冲辐射源电路

2. 光敏电阻的时间响应

在脉冲辐射的作用下，光敏电阻的光电流将发生变化。为了实时测量光敏电阻的光电流的变化，设计偏置电阻 R_L 将光电流的变化转变成输出电压 U_o 的变化，利用示波器进行观测，如图 6.2 -7 所示，偏置电阻 R_L 可以取 $1 \sim 10\text{k}\Omega$，V_{CC} 选取 +5V 电压。

1）弱辐射下的时间响应

① 在 NI ELVIS 仪器的 Prototyping Board（白色面板）上面搭建脉冲辐射源电路（图 6.2 -6）和观测光敏电阻光电流变化的电路（图 6.2 -7），电路参数如表 6.2 -1 所示，V_{CC} 和 Ground 分别位于原型板上左侧的 Terminal Strips 的第 54 行和第 53 行，如图 6.2 -8 所示。确保白色 LED 的发光面正对着光敏电阻的光敏面，同时将白色 LED 和光敏电阻置于暗室中，避免环境光对测量的影响。

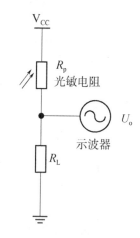

图 6.2 - 7　观测光敏电阻光电流变化的电路

表 6.2 - 1　电路参数

R_b	R_e	R_L
100Ω	$1\text{k}\Omega$	$1\text{k}\Omega$

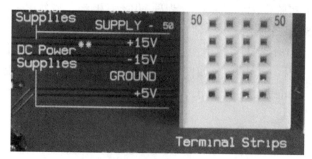

图 6.2 - 8　V_{CC} 和 Ground

② 检查 NI ELVIS 仪器的数据线是否有连接电脑，电源是否接好，打开 NI ELVIS 仪器的工作台和原型板的电源。

③ 打开 NI ELVISmx Instrument Launcher，点击"FGEN"选项打开 Function Generator（波形发生器），如图6.2－9 所示，在"Waveform Settings"（波形设置）里面选择方波，"Frequency"（频率）设置为5Hz，"Amplitude"（振幅）设置为0.90，"Duty Cyde"（占空比）设置为50%，"DC Offset"（直流偏移）设置为0.00。参数设置完毕后，点击"Run"按钮，能够观察到白色 LED 在不停地闪烁，而且发光非常微弱，营造弱辐射实验条件。

④ 点击 NI ELVISmx Instrument Launcher 的"Scope"选项打开 Oscilloscope（示波器），如图6.2－10 所示，在"Device"的下拉框选择已连接电脑的 NI ELVIS 仪器，设置"Coupling"（耦合）选择"DC"（直流），"Scale Volts/ Div"（Y 轴灵敏度/ 格）＝10 mV，"Time/ Div"（X 轴扫描速度/ 格）＝50ms，CH0 和 CH1 的设置都一样，点击"Run"按钮，能够观察到脉冲辐射和光敏电阻的电压变化波形。

⑤ 绿色的波形曲线代表的是脉冲辐射，蓝色的波形曲线代表的是光敏电阻的电压变化。选择波形图下方的"Cursor On"，如图6.2－11 所示，可以看到蓝色波形的 Vp-p ＝9.97mV。

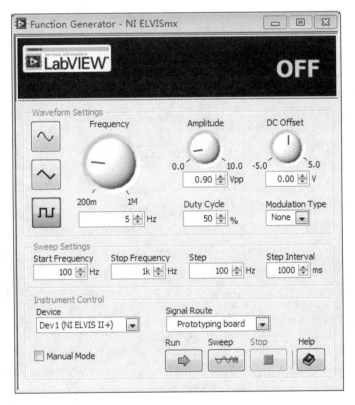

图6.2－9 波形发生器的设置

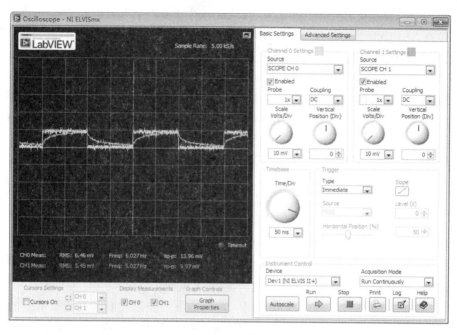

图 6.2 – 10　虚拟示波器

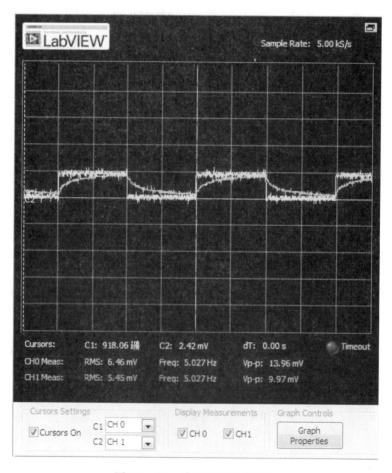

图 6.2 – 11　波形图的自动测量

⑥ 根据弱辐射下光敏电阻的时间响应定义，$63\% \times$ Vp-p ≈ 6.3mV，移动 Cursor C1 和 C2 到合适的位置，可以测出光敏电阻在弱辐射下的上升时间约为23.00ms，如图6.2 - 12 所示。同理，可以测出光敏电阻在弱辐射下的下降时间约为23.20ms，如图6.2 - 13 所示。

2）强辐射下的时间响应

测量方法和弱辐射下的时间响应的测量方法基本相同，电路参数根据实际情况可以做小幅度的修改，这里不再赘述，请读者自行完成。

3. 光电二极管和 PIN 二极管的时间响应

测量方法和光敏电阻的时间响应的测量方法基本相同，电路参数根据实际情况可以做小幅度的修改，这里不再赘述，请读者自行完成。

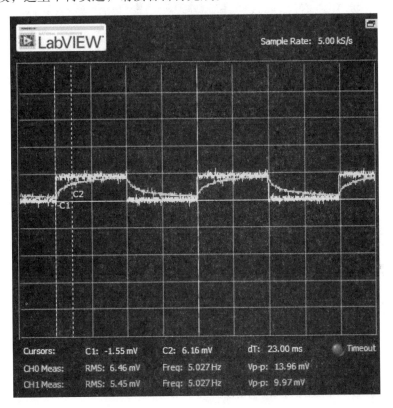

图6.2 - 12　上升时间的测量

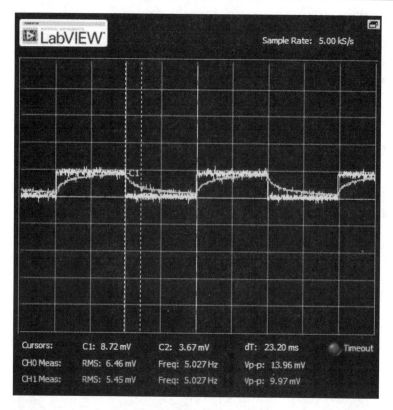

图 6.2 – 13　下降时间的测量

五、注意事项

严禁带电操作。

六、思考题

实验中，三种不同的光电传感器的时间响应有何区别？为什么？

实验 6.3　太阳能电池性能测量

一、实验目的

（1）理解光生伏特效应的机理；

（2）熟悉常见的光生伏特器件的制备；

（3）掌握太阳能电池的性能参数及其测量方法。

二、实验原理

1. 光生伏特效应

光生伏特效应是基于半导体 PN 结的一种将光能转换成电能的效应。当入射辐射作用在半导体 PN 结上产生本征吸收时，价带中的光生空穴与导带中的光生电子在 PN 结内建电场作用下分开，并分别向两个方向运动，形成光生伏特电压或光生电流，如图 6.3 - 1 所示，电子运动到 N 区，空穴运动到 P 区，结果 P 区带正电，N 区带负电。

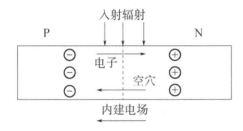

图 6.3 - 1　光生伏特效应

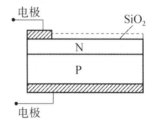

图 6.3 - 2　2DR 型硅光电池

2. 硅光电池

太阳能硅光电池主要用作向负载提供电源，由于它具有结构简单、体积小、重量轻、可靠性高、寿命长、可直接将太阳能转换成电能的特点，因此被广泛应用。

硅光电池的制备一般是在 P 型（或 N 型）半导体硅表面扩散一层 N 型（或 P 型）杂质以形成 PN 结，再经过各种工艺处理，分别在衬底和光敏面上制作输出电极。常见的单晶硅光电池按衬底材料的不同可分为 2DR 型和 2CR 型。图 6.3 - 2 所示为 2DR 型硅光电池，以 P 型硅为衬底（即在本征型硅材料中掺入三价元素硼或镓等），然后在衬底上扩散磷而形成 N 型层并将其作为受光面。2CR 型硅光电池是以 N 型硅为衬底，在衬底上扩散硼形成 P 型薄层，形成 PN 结。图 6.3 - 3 为光敏面为 $3\text{mm} \times 3\text{mm}$ 的硅光电池实物照片。

图 6.3 - 3　硅光电池实物照片

3. 聚合物太阳能电池

聚合物太阳能电池是指核心组成为共轭聚合物（高分子）半导体材料的一种新型的

太阳能电池，具有重量轻、材料来源丰富、价格低廉、可通过印刷技术大面积制备成柔性器件以及不需要高温制备工艺等诸多优点，是一种有潜力的低成本可再生能源技术。

典型的聚合物太阳能电池如图 6.3－4 所示，由聚噻吩类材料 P3HT（电子给体）和 C60 的可溶性衍生物 PCBM（电子受体）的共混膜（光敏层）夹在 ITO 透光电极（正极）和 Al 等金属电极（负极）之间所组成。一般地，为了提高空穴载流子的传输速度，ITO 电极上需要旋涂一层透明导电聚合物 PEDOT：PSS 修饰层。

华南理工大学团队利用一种倒置结构实现了效率达到 10% 以上的聚合物太阳能电池，这已经十分接近非晶硅太阳能电池的水平，通过进一步进行大面积电池均匀性研究和提高能量转换效率以及加强长期室外稳定性的研究，相信它是一类值得大力支持发展的薄膜太阳能电池。

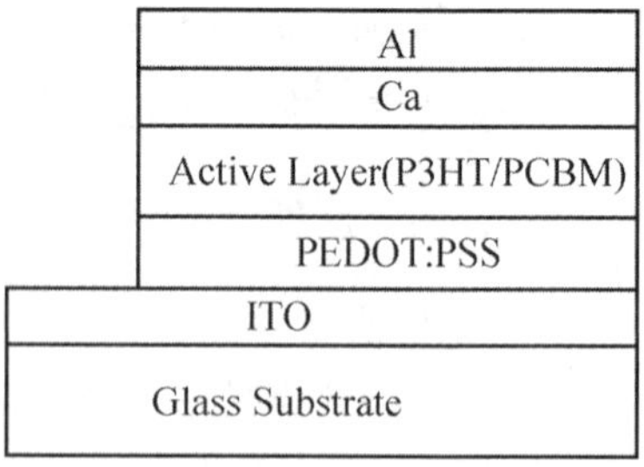

Al
Ca
Active Layer(P3HT/PCBM)
PEDOT:PSS
ITO
Glass Substrate

图 6.3－4　典型的聚合物太阳能电池

4. 太阳能电池的性能参数

在没有光照的情况下，测量太阳能电池的电压－电流曲线，即暗电流曲线，如图 6.3－5 所示。当入射光照射到太阳能电池上时，可以测得一个端电压和电路中通过负载的工作电流的关系曲线，即太阳能电池的光电流曲线，如图 6.3－6 所示。

（1）短路电流（I_{sc}）

短路电流是光电流曲线上对应电压为零时的电流值。

（2）开路电压（V_{oc}）

开路电压是用来测量内建电势的，因为内建电势决定了太阳能电池的激子分离能力和电极对电荷的收集能力。

（3）填充因子（FF）

FF 定义为最大输出电子能量值与开路电压、短路电流乘积的比率。

$$FF = \frac{V_{MPP} \times I_{MPP}}{V_{oc} \times I_{sc}} \tag{6.3-1}$$

（4）光电转换效率（η_e）

$$\eta_e = \frac{I_{sc} \times V_{oc} \times FF}{P_{in}} \tag{6.3-2}$$

其中，P_{in}为输入光功率。

I/A
V/V

图 6.3－5　太阳能电池的暗电流曲线

I/A
V/V
Vmax
Voc
Imax
Isc

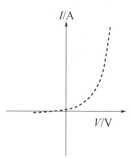

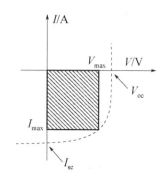

图 6.3－6　太阳能电池的光电流曲线

三、实验仪器

① NI ELVIS 仪器 1 台；
② 模拟太阳光源 1 个；
③ 硅光电池 1 个；
④ 聚合物太阳能电池 1 个；
⑤ 鳄鱼夹若干；
⑥ 双公杜邦线若干。

四、实验内容及步骤

1. 太阳能电池的电路符号

在本实验中，我们定义太阳能电池的电路符号如图 6.3 - 7 所示。

2. 测量太阳能电池的暗电流

1）硅光电池的暗电流

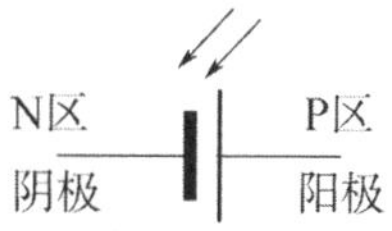

① 仔细分辨硅光电池的阳极（P 区）和阴极（N 区），将硅光电池的阳极和阴极分别插入原型板上左侧的 Terminal Strips 的 DUT +（第 29 行）和 DUT -（第 30 行）接口，如图 6.3 - 8 所示，并保证硅光电池置于暗室（无任何光照）中。原型板上"30"之间的 4 个小孔为一组，这 4 个小孔都连接着 Impedance Analyzer（阻抗分析仪）的 DUT - 输出端，同样，第 29 行（原型板上未标出）的 4 个小孔都连接着 Impedance Analyzer（阻抗分析仪）的 DUT + 输出端。

图 6.3 - 7 太阳能
电池的电路符号

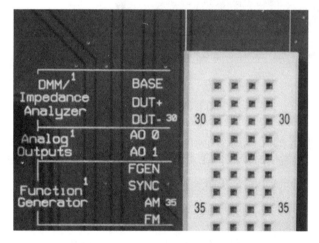

图 6.3 - 8 DUT + 和 DUT - 接口

② 检查 NI ELVIS 仪器的数据线是否有连接电脑，电源是否接好，打开 NI ELVIS 仪器的工作台和原型板的电源。

③ 打开 NI ELVISmx Instrument Launcher，如图 6.3 - 9 所示。点击"2 - Wire"选项打开 Two - Wire Current - Voltage Analyzer（双线伏安特性分析仪），如图 6.3 - 10 所示，在

"Device" 的下拉框选择已连接电脑的 NI ELVIS 仪器。设置扫描电压的参数,"Start"(开始电压) = 0.00V,"Increment"(增加步长) = 0.10V,"Stop"(停止电压) = 0.70V。设置限制电流,防止硅光电池被击穿,"Negative"(反向电流) ≤ −10.00mA,"Positive"(正向电流) ≤ 10.00mA。其它设置,"Gain" = Low,电压和电流都选择线性坐标。

图 6.3 − 9　NI ELVISmx Instrument Launcher 界面

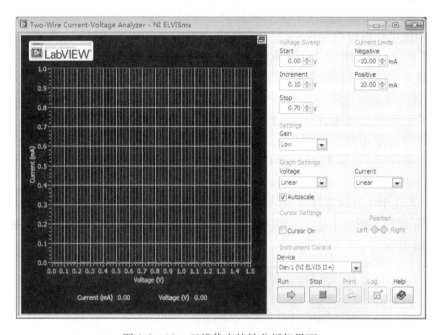

图 6.3 − 10　双线伏安特性分析仪界面

④ 检查无误后,点击 Two − Wire Current − Voltage Analyzer 的 "Run" 按钮开始测试。

⑤ 实验中选取常见的光敏面为 3mm × 3mm 的硅光电池,测量结果如图 6.3 − 11 所示。在 "Cursor On" 前面的方框打钩,将光标移到图表的最右端,可以看到当电压为 0.69V 时,电流为 1.85mA。点击 Two − Wire Current − Voltage Analyzer 右下角的 "Log" 按钮保存测试数据。

2)硅光电池的光电流

(1)测量光电流时,硅光电池的电路连接和测量暗电流时一样。将硅光电池暴露在 AM 1.5G(100mW/cm)的模拟太阳光源下。

(2)打开 NI ELVIS 仪器的工作台和原型板的电源,打开 "太阳能电池性能测量. VI" 的测量程序。点击 "运行" 按钮。

(3)实验中选取常见的光敏面为 3mm × 3mm 的硅光电池,测量结果如图 6.3 − 12 所示。

（4）右键点击图表曲线，选择导出，将测量数据导出保存。

3. 聚合物太阳能电池的性能测量

请读者自行完成，这里不再赘述。

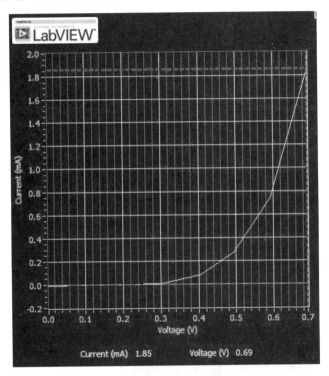

图 6.3 - 11　硅光电池的暗电流曲线

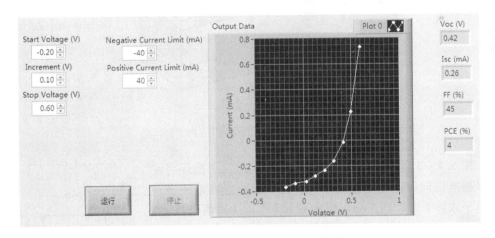

图 6.3 - 12　硅光电池的光电流曲线

五、思考题

从太阳能电池的暗电流曲线，可以分析得到哪些实验结果？

实验 6.4　FET 特性测量

一、实验目的

（1）理解场效应管 FET 的工作原理；
（2）理解增强型 N 沟道 MOS FET 的工作原理；
（3）掌握 FET 的特性测量。

二、实验原理

1. 场效应管 FET

场效应管 FET 是一种由电场强度来控制输出电流的半导体器件，其工作电流主要由多数载流子的漂移运动形成。FET 具有输入阻抗高、热稳定性好、噪声低、抗辐射能力强和制造工艺简单、易于大规模集成等优点。

2. 增强型 N 沟道 MOS FET

增强型 N 沟道 MOS FET 的结构如图 6.4 – 1 所示，其中，L 是沟道长度，W 是沟道宽度，t_{ox} 是绝缘体厚度。

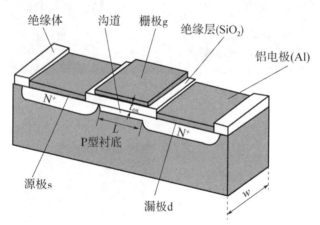

图 6.4 – 1　增强型 N 沟道 MOS FET 的结构

如图 6.4 – 2 所示，当 $u_{ds} = 0$，$u_{gs} > 0$ 时，正栅压将产生从栅极指向衬底的垂直电场，使衬底表面空穴浓度下降，电子浓度上升。当正栅压增大到 $u_{gs} > u_T$（阈值电压）时，衬底表面的薄层中，电子浓度大于空穴浓度，变成了可导电的电子层，即 N 型层。N 型层把两个 N⁺ 区连通，形成了源极与漏极之间的 N 型导电沟道，即 N 沟道。

FET 的导电沟道形成后，若 $u_{ds} > 0$，则将产生沿沟道从漏极指向源极的横向电场。在横向电场的作用下，源区的电子经沟道漂移到漏区而形成漏极电流 i_d，如图 6.4 – 3

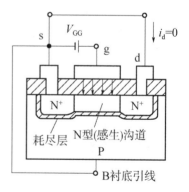

图 6.4 – 2　导电沟道的形成

所示，当 u_{ds} 较小时，沟道呈线性电阻特性。

继续增大 u_{ds}，源端沟道变厚，漏端沟道变薄，沟道厚度出现不均匀分布，最终漏端沟道将消失，如图 6.4－4 所示，即被夹断。

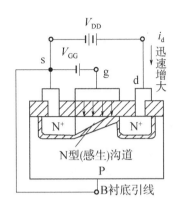 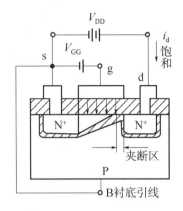

图 6.4－3 u_{ds} 对导电沟道的影响   图 6.4－4 导电沟道的夹断

3. FET 的特性测量

1）输出特性曲线

FET 的输出特性曲线描述为当 u_{gs} 为常量时，漏极电流 i_d 随源漏电压 u_{ds} 变化的特性，即

$$i_d = f(u_{ds})|_{u_{gs} = \text{cons}} \qquad (6.4-1)$$

2）转移特性曲线

FET 的转移特性曲线描述为当 u_{ds} 为常量时，漏极电流 i_d 随栅源电压 u_{gs} 变化的特性，即

$$i_d = f(u_{gs})|_{u_{ds} = \text{cons}} \qquad (6.4-2)$$

三、实验仪器

①NI ELVIS 仪器 1 台；

②2N7000 N 沟道 MOS FET 1 个；

③电阻若干；

④双公杜邦线若干。

四、实验内容及步骤

1. 认识 2N7000

2N7000 是常见增强型 N 沟道 MOS FET，采用 TO－92 封装，管脚图和内部结构如图 6.4－5 所示。

2. 测量 FET 的输出特性曲线

（1）在 NI ELVIS 仪器的 Prototyping Board（白色面板）上面搭建 FET 输出特性测量电路，如图 6.4－6 所示。其中，AO 0、BANANA B、BANANA C、SUPPLY ＋、GROUND 的接口分别位于原型板上左侧的 Terminal Strips 的第 31 行、第 39 行、第 40 行、第 48 行、

第 49 行。

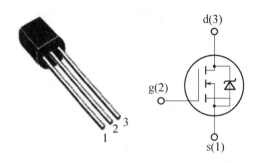

图 6.4 − 5　2N7000 的管脚和内部结构

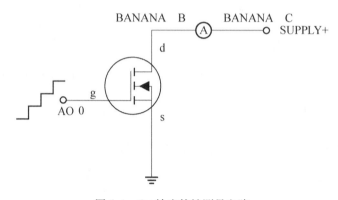

图 6.4 − 6　输出特性测量电路

（2）检查 NI ELVIS 仪器的数据线是否连接了电脑，电源是否接好，打开 NI ELVIS 仪器的工作台和原型板的电源。

（3）打开电脑和 LabVIEW 软件，打开"FET 输出特性测量 . vi"程序，设定测量参数，如图 6.4 − 7 所示，"Vgs"设定为 3V、6V、9V，"Vds"设定为 0 ～ 4.5V，每隔 0.25V 扫描一次电压电流值，点击"开始"运行，即可在左侧的 XY 图中自动绘制出 FET 的输出特性曲线。

（4）将鼠标移至 XY 图，点击右键选择"导出"就能保存测量数据。

3. 测量 FET 的转移特性曲线

（1）在 NI ELVIS 仪器的 Prototyping Board（白色面板）上面搭建 FET 转移特性测量电路，如图 6.4 − 8 所示。

（2）检查 NI ELVIS 仪器的数据线是否连接了电脑，电源是否接好，打开 NI ELVIS 仪器的工作台和原型板的电源。

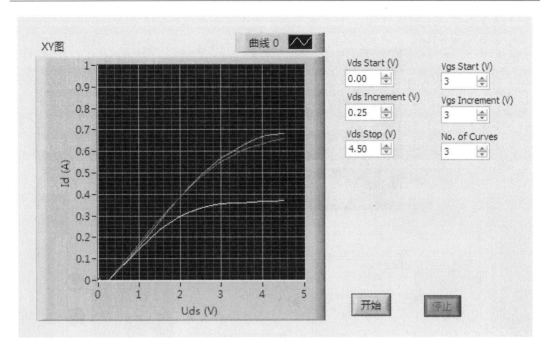

图 6.4 - 7　输出特性的测量

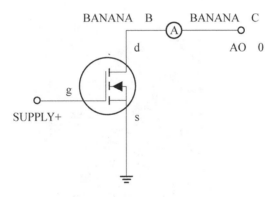

图 6.4 - 8　转移特性测量电路

（3）打开电脑和 LabVIEW 软件，打开"FET 转移特性测量.vi"程序，设定测量参数，如图 6.4 - 9 所示，"Vds"设定为 5V，"Vgs"设定为 0 ~ 5V，每隔 0.25V 扫描一次电压电流值，点击"开始"运行，即可在左侧的 XY 图中自动绘制出 FET 的转移特性曲线，同时计算出阈值电压 V_T。

（4）选择 XY 图下方的"游标 1"（选中后底色变成黄色），如图 6.4 - 10 所以，移动游标的位置，可以精确测量曲线各个位置的数据。

（5）将鼠标移至 XY 图，点击右键选择"导出"就能保存测量数据。

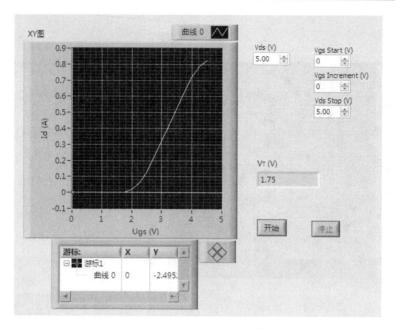

图 6.4 - 9　转移特性的测量

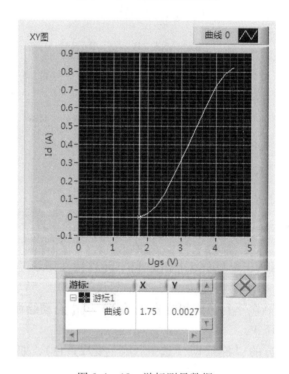

图 6.4 - 10　游标测量数据

五、思考题

如何测量耗尽型 N 沟道 MOS FET 的特性？

实验 6.5　LED 照明器件光学模拟仿真

一般设计好的光学系统都需要进行验证分析，确认是否满足设计需要。采用计算机进行模拟仿真是验证光学系统的有效手段。近年来，由于计算机技术以及 CAD 软件技术的高速发展，使得在计算机上模拟光学系统的光线真实传播过程成为可能，出现了一系列实现非成像光学系统光学仿真的专业软件，如 TracePro、Lighttools、ASAP 等。应用它们不仅可以减少产品研发的时间和花费，更重要的是可以在更短的时间内对更多的可能系统进行直接的研究与验证，这对照明光学的发展具有非常重要的意义。本实验将基于 TracePro 这一光学设计软件，进行 LED 照明系统模拟仿真。

一、实验目的

（1）掌握非成像光学模拟仿真的方法及流程；

（2）熟悉 TracePro 光学仿真软件的使用；

（3）熟悉 LED 照明器件光学模拟仿真及分析。

二、实验原理

TracePro 是 Lambda Research 公司研制的一套以符合工业标准的 ACIS 固体建模引擎为核心所发展出来的光学仿真软件，是一套结合了真实固体模型、强大光学分析功能、信息转换能力强及友好的使用界面的仿真软件。它可将真实立体模型与光学分析紧密结合起来，能够通过光线追踪显示系统中几何物体之间的散射、吸收、折射、偏振和反射等相互作用，具有强大的建模能力和接口功能，可以方便实现与其它 CAD 程序兼容，如 Pro/E、Catia、AutoCAD、Solidworks 等。同时，它还具备完全 Non - sequential 光线追迹。目前，国际上在照明工程、应用光学、LED 照明设计及应用等众多领域已经大量采用该软件进行计算机辅助设计。

采用 TracePro 进行 LED 中照明系统模拟仿真的基本流程为：首先建立相应的 3D 模型，然后定义模型中各元器件的光学属性；在模型的相应位置加入光源后，进行光线追迹；对光线追迹的结果进行分析，如果能够达到预期要求，则输出相应的模型，如未达到要求，则对模型进行修改；重复上述步骤，直至符合要求为止，如图 6.5 - 1 所示。

三、实验仪器

安装有 TracePro 光学软件的计算机 1 台。

四、实验内容及步骤

1. 实验内容

本实验通过对一个 LED 进行模拟仿真，来简单学习光学模拟仿

真的基本功能。以西门子 LWT676 LED 为例，根据其实际尺寸进行模型建立，定义各部件

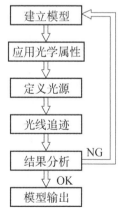

图 6.5 - 1　LED 照明系统模拟仿真流程图

259

的光学属性，对结果进行仿真分析，比较仿真结果与实际光强分布值，并分析该 LED 在受照面上的照度分布情况。

图 6.5 - 2a 为西门子 LWT676 LED 的外形尺寸图，图 6.5 - 2b 为 LED 的光强分布曲线。

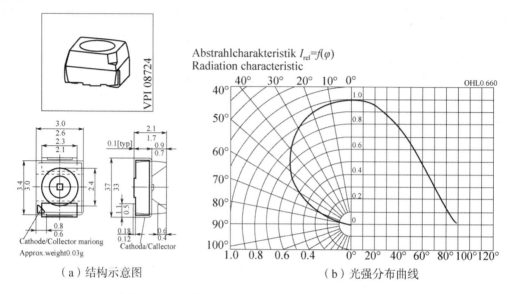

（a）结构示意图　　　　　　　　（b）光强分布曲线

图 6.5 - 2　西门子 LWT676 LED 结构及光强分布曲线

2. 实验步骤

1）LED 模型建立

本例采用 TracePro 自带的图形功能建立相应的三维模型，具体操作如下：

（1）打开 TracePro 软件，新建一个文件。

（2）点击"View"菜单，选中下拉菜单"Profiles"中的"XY"，将图形区设置为 *XY* 坐标轴显示。

（3）打开"Insert"下拉菜单，选中"Primative Solid - > Insert Primative Solid - > Thin Sheet Tab"，输入如图 6.5 - 3 所示数据。

（4）点击"Insert"，插入相应的图形。

（5）使用缩放图标工具，使刚建立的图形完全呈现在绘图窗口，如图 6.5 - 3 所示。

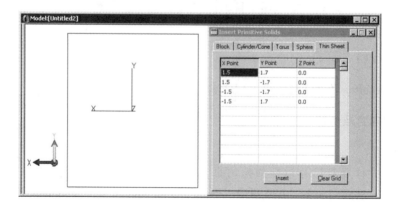

图 6.5 - 3　建立一个平面

（6）关闭"Insert Primative Solid"对话框。

（7）选择"View – > Profiles – > YZ"，将图形区设置为 YZ 坐标轴显示。

（8）在导航选项区，展开模型树，选中"Surface 0"，如图 6.5 – 4 所示。

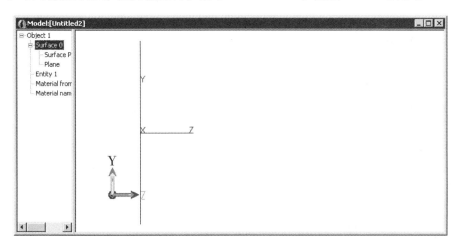

图 6.5 – 4 选中"Surface 0"面

（9）通过"Sweep"命令，来获得所需的图案。选中"Edit – > Surface – > Sweep"。

（10）输入如图 6.5 – 5 所示的参数，点击"Apply"按钮。将"Surface 0"面以 4°的发散角沿 Z 轴方向延伸 0.9mm。

（11）选择"Surface 4"，重复步骤（9）、（10），其中"Distance"设定为 0.2mm，"Draft"设定为 0°，将 Surface 4 延伸至 Surface 8。

（12）选择"Surface 4"，重复步骤（11），其中"Distance"设定为 0.2mm，"Draft"设定为 –4°，获得如图 6.5 –6 所示的图案。

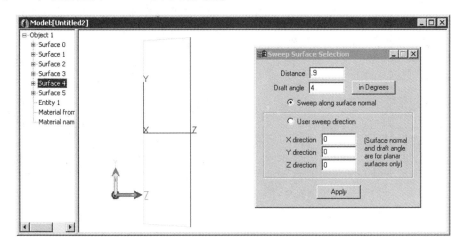

图 6.5 –5 应用"Sweep"命令将 Surface 0 延伸至 Surface 4

261

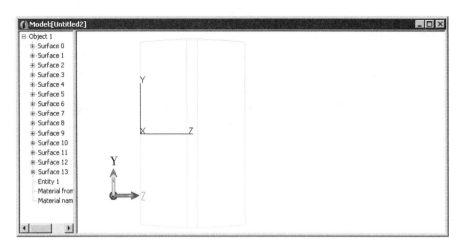

图 6.5 - 6 多次应用 "Sweep" 命令获得的模型图

（13）开始建立锥形反射孔。首先建立锥形模型，选择 "Insert – > Insert Primitive Solid – > Cylinder/Cone"，输入如图 6.5 - 7 所示参数。

（14）使用布林运算，完成锥形孔。同时选中 "Object 1" 和 "Object 2"，选择 "Edit – > Boolean – > Stubtrace"，去掉 "Object 2"，形成锥形反射孔。

（15）在锥形反射孔顶部建立扩散体，选择 "Insert – > Insert Primitive Solid – > Cylinder"，输入如图 6.5 - 8 所示参数。

（16）在反射孔中添加芯片。选择 "Insert – > Insert Primitive Solid – > Block"，建立 LED 芯片，具体参数如图 6.5 - 9 所示。

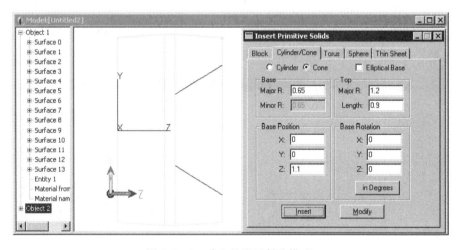

图 6.5 - 7 建立锥形反射孔模型

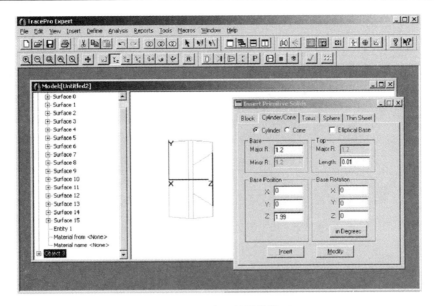

图 6.5 – 8　建立扩散体模型

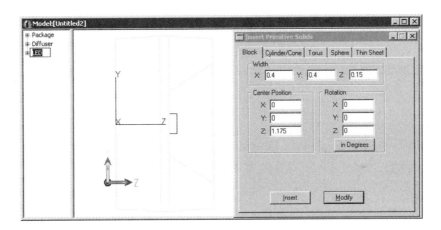

图 6.5 – 9　建立 LED 芯片模型

2）新表面属性的定义

建立好模型之后，需要对其进行光学属性的设置。在 TracePro 的数据库中，虽然已经内置了许多常用材料的光学属性，但在很多情况下有些属性还需要自己去定义，在本例中，需要定义扩散体 Lambertian Diffuser 属性。

（1）选择"Define – > Edit Property Data – > Surface Properties"，打开定义属性对话框。

（2）点击"Add Property"按钮，输入属性名为"Lambertian Diffuser"，并选择"ABg"。

（3）设置"Absorptance"值为 0，同时选择"Solve"为 BTDF（Bidirectional Transmission Distribution Function）。

（4）将定义的属性保存，将面属性保存到数据库中，如图 6.5 – 10 所示。

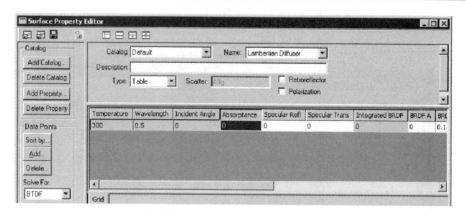

图 6.5 - 10　定义 Lambertian Diffuser 属性

3）设置模型的光学属性

对所建立的 3D 模型进行光学参数的设定，主要涉及扩散体、反射杯、LED 等元件的表面光学属性设定。

（1）设置扩散体表面光学属性。在导航选项栏中，展开"Object 3"（扩散体），选中"Surface 1"，在表面属性设置对话框中将此面属性设置为"Lambertian Diffuser"，如图 6.5 - 11 所示。

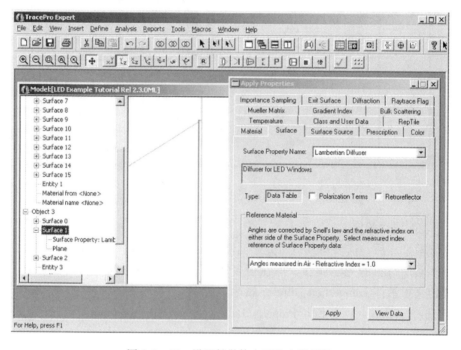

图 6.5 - 11　设置扩散体表面的光学属性

（2）设置反射杯内表面的光学属性。采用与上面设置相同的方法，将"Object 2"中的"Surface 0"和"Surface 1"设置为"Perfect Mirror"（见图 6.5 - 12），也就是说将反射杯的内表面设定为完美的镜面反射。

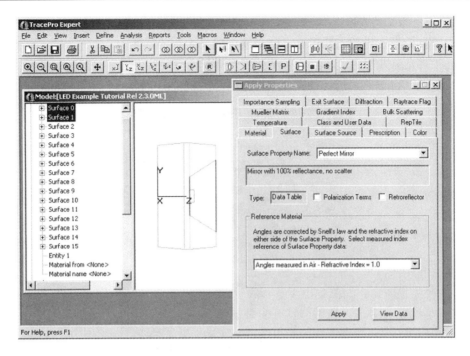

图 6.5 – 12 设置反射杯内表面的光学属性

（3）设置 LED 表面的光学属性。从导航选项栏中，选中"Object 4"（LED），采用上述方法将 LED 的各个表面都设置为"Lambertian"特性，如图 6.5 – 13 所示。

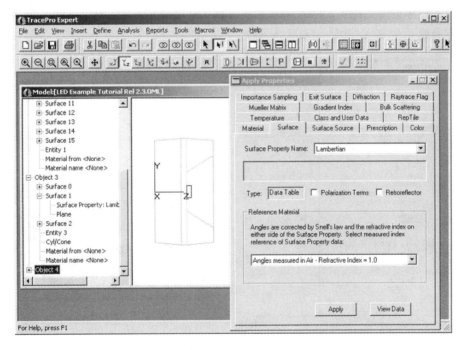

图 6.5 – 13 设置 LED 表面的光学属性

4）定义光源及光线追迹

要对 LED 的发光进行光线追迹，就必须先定义光源的特性。

（1）在对光源进行定义之前，需要对描光指令进行一些设置。打开下拉菜单"Analysis ->Raytrace Options"，进行如图 6.5 – 14 所示的设置。

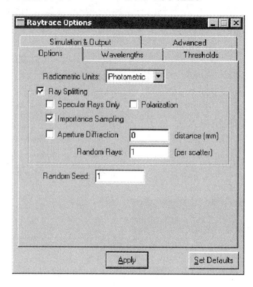

图 6.5 – 14　描光指令的设置

（2）展开"Object 4"（LED），选择"Surface 0"，打开属性设置对话框，在表面光源属性设置栏中输入如图 6.5 – 15 所示数据。将 LED 设定为表面光源，发光分布设为朗伯型，光通量 0.05 lm，设定 50 000 条光线。

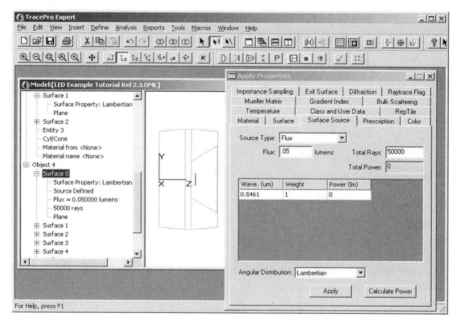

图 6.5 – 15　光源属性设定

（3）设定好所有的光学特性后，进行光线追迹。点击光线追迹的图标或选择"Analysis – > Source Raytrace – > Trace Rays"，将得到如图 6.5 – 16 所示的光线图。

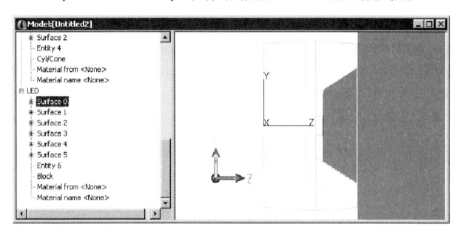

图 6.5 – 16 光线追迹结果

5）分析结果

（1）光强分析。

①在下拉菜单"Analysis"中选择"Candela Options"，打开对话框，并进行如图 6.5 –17 所示的设置。

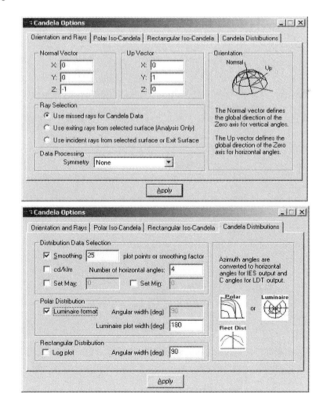

图 6.5 – 17 设置光强分析指令

②选择"Analysis – > Candela Plots – > Polar Candela Distribution"，进行光强分析，如图 6.5 – 17 所示。将仿真结果与实际测量的光强分布（LWT676 LED）曲线进行比较。

（2）照度分析。

①在离 LED 一定距离的位置，设置一个垂直于 Z 轴的平面作为受照面。

②点中该平面，并选择"Analysis – > Irradiance Maps"，可以很直观地获得照明系统在受照面上的照度分布。

五、注意事项

设定光源时，定义光线的数量不能太少，否则会影响仿真结果。

六、思考题

一般而言，仿真结果与实际效果会存在细微的差异。思考产生这种差异的原因。

附录 静电与洁净室知识

一、静电知识

（一）静电现象

1. 带电现象

物质呈现带电的现象，称为带电现象（自然现象）。按物质所带电荷的存在与变化状态，又可分为动电现象和静电现象。

其中，相对于观察者而言，所带电荷处于静止或缓慢变化的相对稳定状态的，称之为静电现象。

2. 静电产生的原因

根据分子和原子结构的理论，物质是由分子构成，而分子又由原子组成，原子是由带正电的原子核和核外带负电的电子组成。而分层存在的电子，则是根据一定的物理规律，以固定的数量存在于不同层次的轨道上。在正常状况下，一个原子的质子数与电子数量相同，物质处于电平衡的中性状态，对外表现出不带电的现象。

当两种物质紧密接触时，不稳定物质的外层的负电子，会从一方的物质中游离到另一方物质的分子中。当一方物质中得到一个电子，则该物质的带电性便会呈现负极性，叫阴离子；而失去电子的物质，其分子的带电性则呈正极性，叫阳离子。

静电产生的一个根本问题，是原子结构的不稳定性。外层的电子由于离核较远，受核束缚力小，在一定外力影响下（如动能、位能、热能、化学能等），物质中的电子受外力而脱离轨道，造成不平衡电子分布，丢失或得到电子，物质就由中性状态变为带电状态，如电荷不能很好地被移动，就形成了静电。

3. 静电产生的形式

静电产生的的过程为：电荷分离→电荷累积在设备、人体上→接触组件→静电放电（ESD）。ESD 是英文 electro static discharge 的缩写，是 20 世纪中期以来形成的以研究静电的产生与衰减、静电放电模型、静电放电效应（如电流热（火花）效应、静电引起的着火与爆炸）和电磁效应（如电磁干扰）等的学科，主要以人和设备为控制的着眼点。静电无处不在。物体只要有接触、摩擦、剥离、冲撞、破坏等行为存在，发生行为的双方所带电量就会有差距，产生静电。概括起来，产生静电的形式主要有下列几种：

（1）接触带电：两种物质只有经接触才会带电。

（2）摩擦带电：因摩擦而带电。

（3）感应带电（诱导带电）：因静电诱导而带电，是一种非接触带电。

（4）旋转带电：旋转体在另一物体上转动时产生的带电现象。

（5）剥离带电：因接触面相互剥离而带电。剥离得越快所带电量就越大。

（6）喷射带电：因高压气体或液体高速喷射，与喷嘴摩擦而带电。

即使是导体，如果不是处于接地状态，同样会带电。但通常绝缘性高的物质，带电量较多，也经常引起问题与故障。

（二）影响静电大小的因素

1. 内因（主要因素）

影响静电大小的主要因素是材料本身。而电阻率越高的物体，产生静电的可能性越大，积累静电的能力也越强。

2. 外因

静电大小还和下列因素有关：

（1）接触面积：接触面积越大，产生的静电量就会越大。

（2）摩擦频率：摩擦频率越高，产生的静电量就会越大。

（3）表面粗糙度：表面越粗糙，产生的静电量就会越大。

（4）压力：压力越大，产生的静电量就会越大。

（5）温度：温度越高物体的电阻值就越小，产生的静电量就会越大。

（6）湿度：湿度越大，产生静电量就会越小。

（7）杂质污染。

（三）静电的危害及特点

1. 静电的主要危害

静电的基本物理特性为：吸引或排斥；与大地有电位差；会产生放电电流或瞬间电压。这三种特性对人们的日常生产与生活主要造成下列影响。

（1）放电（由电位差引起）的危害。

①人体触电，主要在印刷、塑料等行业，由于材料所带静电量大，且会对人体连续放电，所以危害较大。

人体电容在 142 ～ 190pF 之间，在电压为 3kV 时就有感觉了。

对于静电来说，人体是导体，所以可以对人体采取接地的措施。

②特性的破坏（Broken）、电子组件的完全损坏（Complete Broken）。虽然线路本身是导体，具有一定量的电容，但如果积聚的电量较多时，会在线路最薄弱的地方击穿而释放电能（较细、尖、弯折处最易被破坏）。特别是在电场不均匀时，局部形成高电场强度，放电就更易发生了。储存的能量释放，瞬间会有很高的电流强度，并伴声光热等一起发生。线径越大，越不容易破坏（走最好走的路；累加击穿效应）。

由于静电放电会产生放电电流或瞬间电压，会使元件受到完全破坏而不能工作。例如，静电对 TFT – LCD 可能造成的损坏有：烧毁、击穿内部晶体管构造等，影响成品率。

③特性的劣化（Near Broken）、潜在性的不良破坏（Broken Inside）。静电放电电场或电流产生热，可能使元件受到没有不良症状的潜在损伤。

如果元件全部被破坏，必能在生产及品管中被察觉而排除，影响较小；如果元件轻微受损，在正常测试下不易发现，在这种情形下，常会因经过多层加工甚至已在使用时才发现破坏，不但检查不易，而且其损失亦难以预测。

④静电放电产生的电磁场幅度很大（达几百伏/米）、频谱极宽（从几十兆到几千兆），对电子产品造成干扰甚至损坏（电磁干扰）。

（2）对力学性能的危害。

①吸片：如果有静电力的存在，合在一起的两片东西更难撕开，使作业困难。

②粒子难清除。跟静电体带异种电荷的粒子将会因库仑力的吸引作用而吸附于静电体表面。又因粒子多了一个静电力的作用，所以较难清除。

具体来说，静电引力会影响：

A. 电子工业：电吸附灰尘，造成集成电路和半导体元件的污染，降低元件绝缘电阻（缩短寿命）并且影响显示效果，大大降低成品率。

B. 胶片和塑料工业：使胶片和薄膜收卷不齐；胶片、CD 塑盘粘满灰尘。

C. 造纸印刷工业：纸张收卷不齐，套印不准，吸污严重，甚至纸张黏结，影响生产。

D. 纺织工业：造成根丝飘动、缠花断头、纱线纠结等危害。

2. 静电危害的特点

（1）隐蔽性。

人体不能直接感知静电，除非发生静电放电；即使发生静电放电，人体也不一定能有电击的感觉，这是因为人体感知的静电放电电压为 2 ～ 3 kV 以上，所以静电具有隐蔽性。

（2）潜在性。

有些电子元器件受到静电损伤后的性能没有明显的下降，但多次累加放电会给器件造成内伤而形成隐患。因此静电对器件的损伤具有潜在性。

（3）随机性。

电子元件什么情况下会遭受静电破坏呢？可以这么说，从一个元件产生以后，一直到它损坏以前，所有的过程都受到静电的威胁，而这些静电的产生也具有随机性，其损坏也具有随机性。

（4）复杂性。

静电放电损伤的失效分析工作，因电子产品的精、细、微小的结构特点而费时、费力、费钱，要求较高的技术并往往需要使用扫描电镜等高精密仪器。即使如此，有些静电损伤现象也难以与其它原因造成的损伤加以区别，使人误把静电损伤失效当作其它失效。这在对静电放电损害未充分认识之前，常常归因于早期失效或情况不明的失效，从而不自觉地掩盖了失效的真正原因。所以静电对电子器件损害极其复杂。

（四）预防静电的设施简介

人体及其周围就带有很高的静电电压，几百伏、几千伏甚至几万伏。特别是在干燥的季节，当你脱衣服或用手去触摸金属体时会有电击感，此时你带静电达几千伏至几万伏以上。

在干燥的季节若穿上化纤衣服和绝缘鞋在绝缘的地面上行走等活动，人体身上的静电可达几千伏甚至几万伏，如下表所示。人体是最普遍存在的静电危害源。对于静电来说，人体是导体，所以可以对人体采取接地的措施。

人体动作所产生的静电压

人体动作	静电电位/kV	
	相对湿度 RH10% ～ 20%	相对湿度 RH40% ～ 50%
人在地毯上行走	35	15
人在乙烯树脂地板上行走	12	0.25
人在工作台上操作	6	0.1
包工作说明书的乙烯树脂封皮	7	0.6
从工作台上拿起普通聚乙烯袋	20	1.2
从垫有聚氨基甲酸泡沫的工作台上站起	18	1.5

1. 防静电设施

为了防止静电产生的危害，人们研制了多种多样的设施，概括起来，主要分为下面三大类别：

①防静电容器：静电袋、静电箱、静电盒、静电车；

②防静电服装：静电衣、静电帽、静电鞋、静电手套、静电环等；

③防静电工具与环境：静电消除器（离子风扇）、导电搬运车、导电椅、接地棚架、防静电桌垫、静电胶皮、接地线、静电地面、静电报表夹、静电刷、吸电枪等。

2. 使用防静电设施时的注意事项

（1）离子风静电消除器。

离子风静电消除器是将电离的空气输送到较远的地方去消除静电的一种静电消除器。其主要由电晕放电器、高压电源和送风系统组成。它是根据尖端放电和正负电"中和"原理设计制造的。它可消除绝缘材料及物品上的静电。按仪器释放出的离子极性分双极性和单极性离子消电器。双极性离子消电器对正负电荷均有消电作用。离子风静电消除器的有效使用距离较大。使用离子风静电消除器时应注意：

①每天检查离子风静电消除器是否正常放电及清洁离子风扇放电针；

②离子风静电消除器的滤网每个星期做清洁；风速的设定应保持最大风量，且出风口需有"风量显示胶带"，以利于人员辨认有无风量产出；

③降低保护膜剥离速度；

④离子风静电消除器须斜放，撕保护膜时应放慢速度，减少静电发生，达到最大静电消除的功用（静电风扇约30cm，45°角）。

（2）静电手环及服装

①工作人员配戴静电手环时需每日查检静电环。静电环测试时，亮红灯表示静电手环断路或断线，应立即更换。拿取 Panel 时，将静电手环的插头插入工作台的静电插孔。

②工作人员穿着含抗静电材质的导电线织制成的工作服、工作鞋及手套时，因穿着及体质不同，所带静电荷不同，为有效预防静电，穿着前，先做全身检测，以达到防护目的。无尘衣、鞋应每星期缴回管制部门送洗，以保持洁净度。

（五）解决静电问题的措施

对于不同材质的带电物，消除其静电的方法也不同。通常采用的方法有以下四种。

1. 接地

对于导体（包括人体），利用接地即可解决静电问题，但对于像塑料片、IC板、底片等绝缘体，由于其本身电阻大，电荷不易移动，因此接地方式行不通。

2. 提高电导率

让物体的电导率上升，一般是通过掺杂的方法来达到。掺杂的具体方法有：

（1）采取表面喷、涂、镀、敷、印、贴等方式附加一层物质以增加表面电导率，加速电荷的泄漏与释放。（表面）

（2）在塑料、橡胶、防腐涂料等非导电性材料中掺加金属粉末、导电纤维、炭黑粉等，以增加其电导。（内部）

（3）控制静电生成的环境。其主要有以下几个方面：

①湿度控制：吸湿性能好的物体难以产生静电。利用此特点，对易带静电的物体加湿，增加物体表面的湿度（RH60%以上），可有效地防止静电。但由于在物体表面增加湿度，会导致物体或附近的设备生锈，通常不受现场操作人员的欢迎（现在通常将湿度设定在55%）。

②在绝缘体表面涂抹防静电剂（表面活性剂），可以吸收空气中的湿气，使表面形成导电层，从而防止带电。但其耐久性不稳定，一般在数小时到几天之间，而且受环境影响也比较大。

③温度控制：在可能条件下应尽量降低温度，包括环境温度和物体接触温度。

④尘埃控制：除尘埃。

⑤地板、桌椅、工作者的衣服鞋袜等面料，尽可能用防静电材料。

3. 电荷中和

用理想的静电消除器，是解决静电问题最好、最有效的方法。

以高电压中和静电电荷（除静电刷）：在放电针上施以高电压，使放电针向带静电的物体释放出大量的正负电荷，从而达到中和静电的目的。

高电压中和静电的方式通常有两种：一是用直流电，另一种是用交流电。交流电方式需要接地。

有关放电针的维护：除静电器长期使用的话，空气中飘浮的灰尘在高压电场中，就会吸附到放电针上。这些吸附的灰尘中的有机物，会因为高压放电而分解为热和臭氧，变成碳的微粒附着在放电针上，导致放电针表面的电阻下降，而向地极的漏电增加，除静电能力下降，因此要定期清扫放电针。

利用离子中和（除静电器）时应注意以下事项：

①空气的清洁：用压缩空气输送电荷时，因为压缩空气中带的灰尘易附着在放电针上，往往使得除静电能力下降。

②高压配线：几乎所有的除静电器都需要高压配线，大约会有5kV的高压流过，所以在安全上必须特别注意。

③环境的管理：因为静电受温度、湿度的影响很大，所以保持与检查时相同的环境很重要。

（六）防止静电的安全事项

（1）仅从防静电的角度考虑时，人体总的对地电阻越小越好，但最小值受到安全方面的限制，人体必须具有一定值的对地电阻，以便万一发生金属设备或装置与工频电源短接的情况下，该电阻能够限制流过操作的人体上的电流。电阻最小值不应小于 $10^5 \Omega$，最大不超过 $10^9 \Omega$。通常腕带的限流电阻在 1MΩ，防静电鞋的最小电阻应不小于 $10^5 \Omega$。

（2）除静电器尖端放电时应注意防止电击。

二、无尘室知识

1. 无尘室等级

因为空气中的灰尘粒子会附着在产品上，造成产品的损坏或故障，因此需将空气中的灰尘加以过滤，保证产品的质量和规格。一般来说，无尘室是以 class# 来区分其洁净程度的：

class1：每立方英尺空气只容许 1 个灰尘存在；

class10：每立方英尺空气只容许 10 个灰尘存在；

class1k：每立方英尺空气只容许 1000 个灰尘存在；

class10k：每立方英尺空气只容许 10 000 个灰尘存在；

class100k：每立方英尺空气只容许 100 000 个灰尘存在。

（备注：1 个灰尘的大小 ≤0.5μm）

在 TFT – LCD 制造过程中，主要零组件的无尘室等级要求分别为：

制造 TFT：class1 ～ class1k；

制造 C/F：class100 ～ class1k；

制造 LCD：class100 ～ class1k；

制造 LCM：class1k ～ class100k。

2. 为何要穿无尘衣

人体是灰尘与钠离子最大的来源，而钠离子是造成 IC 组件损坏的元凶之一，人体中所掉的皮屑或衣物的纤维及脚所带入的灰尘是污染的来源，故作业人员须遵照规定穿着无尘衣方可进入工作现场。